実例詳説

微分積分

宇佐美広介・澤田宙広
橋本隆司・宮島信也・室 政和
共著

培風館

はじめに

本書は，理工系学部初年次生を対象とする微分積分学の教科書である．想定する読者層は，問題解決の道具としての数学能力を十分に習得したいと望む諸君らである．予備知識は高校2年生程度までの数学とし，また，例・例題等ではできるだけ多くの計算手法を紹介するように心がけて執筆されている．

本書の内容を簡単に紹介しよう．

第1章では，数列・関数・極限・関数の連続性，に関する事項を扱っている．三角関数・指数関数・対数関数等の定義もここに与えている．特に具体的な数列の極限計算には力を入れ，さまざまな計算手法を紹介した．

第2章は，1変数関数の微分法を扱っている．特にその応用であるロピタルの定理，テイラーの定理，テイラー展開を重点的に扱った．

第3章では，1変数関数の積分法を扱った．不定積分の具体的な計算法の解説に力を入れた．また，定積分の定義の重要性も強調し，それがどのように応用されるかも紹介した．

第4章は，多変数関数 (主として2変数関数) の微分法である偏微分法を扱っている．微分法の本質は変数の数がいくつになっても変わらない．しかし，合成関数の偏微分や陰関数の極値問題のように具体的な計算に対しては読者の十分な理解と演習が必要とされるであろう．

第5章は，多変数関数 (主として2変数関数) の積分法である重積分法を扱っている．重積分の定義の本質も1変数関数の積分のそれと違いはない．しかし偏微分法と同様に，具体的な計算法の習得には読者の十分な演習が要求される．また，広がりをもつ物体に対する物理法則の記述にはほとんどの場合，重積分の概念が用いられる．ここでも読者には十分な理解と演習が要求される．

最後の第6章では，級数，特に関数項級数を扱った．通常のカリキュラムでは初年次にこの部分が扱われることはほとんどないと思われる．しかし2年次以降に学習するより広範囲の数学系科目の基礎知識として必要となる内容である．初年次のみならず，折にふれて本章に取り組んでもらいたい．

このように本書は理工系学部生が必要とする微分積分学の基礎的テーマをほぼ網羅している．ただし，やや特殊な単元には $*$ を付けて読者の便も図った．初修時には，その部分の学習は必要度等に応じて適宜割愛してもよいであろう．

ところで，本書では多くの計算例があげられているが，数学の学習目標とは単なる計算手法の習得だけには終わらない．上記でも述べたように，種々の概念やそれの意味するものを把握すること，いわば数学的感覚を身につけることもまた重要な目標である．数学的感覚の一例をあげてみよう．

「漸化式 $a_{n+1} = 2a_n + 1$, $a_1 = 1$，で定義される数列 $\{a_n\}$ の極限を求めよ．」という問題が与えられたとする．どう考えるか？　次のような考え方がある．
——極限値を α とおく．漸化式で $n \to \infty$ として $\alpha = 2\alpha + 1$ を得る，つまり $\alpha = -1$．よって極限値は -1 である．——

この解答はおかしいとすぐわかるだろうか？　この数列の最初の数項を求めてみれば $a_n > 0$ と予想できるであろう．そうすると，極限値が負数になるというのは不合理であろう…．確かな数学的感覚をもった諸君にはこのようなことはすぐに見破れるはずである．

一方，次のような考え方はどうか．——$a_n > 0$ のようなので，この極限値 α も非負数であろう．α が有限の数とすると上述のように矛盾がでてしまう．ということは α は有限の数ではない．しかし $\alpha = \infty$ とすれば $\alpha = 2\alpha + 1$ はそれなりに成立すると考えてもよいだろう．よって極限は ∞ であろう．——

実際，この論法の正否はともかくとしてこの結果は正しい．また，この論法は，じつは数学的に正当化できる．このような数学的感覚を身につけると，計算をあまりすることなく状況を的確に見通すことができる．

微分積分学は，大学生には必須の数学的素養といえる．読者の多くは2年次以降には微分方程式，フーリエ解析，数値解析等の学習に向かうと思うが，そこでは微分積分学の十分な理解が前提とされている．本書を十二分に活用して，より進んだ数学にも意欲的に取りくみ，充実した学生生活を送ってほしい．

2018 年 11 月

著者しるす

目　　次

1
数列と関数

数列と関数の計算が正確にできるようになるためには，まずその極限値の概念と計算法を修得する必要がある．本章では，数列や関数の素朴で直感的な取り扱いからはじめて，うっかり直感的な処理をすると間違う計算例を含めて，それらの極限値の正確な計算ができるようにいろいろな技法を紹介する．概念を正確にとらえることと正しい計算ができることは，微積分を理解するための基礎として非常に重要なことである．

1.1　数列とその極限

本節では数列の極限の計算を扱う．微積分は，その基本的な定義で極限値の概念を必要とする．極限値とは，**限りなく近づく**ときのその近づいた先の値のことである．ここでは，まず数列の極限値を説明して，その計算の仕方に習熟する．極限値の正確な定義は少しまわりくどい方法をとるので最後に説明する．

1.1.1　実数・数列

微積分を使って計算を行うとき，その変数がとる値は**実数**である．これは，自然数 $\mathbf{N} = \{1, 2, 3, \ldots\}$ や整数 $\mathbf{Z} = \{0, \pm 1, \pm 2, \ldots\}$，有理数 $\mathbf{Q} = \{p/q \mid p, q \in \mathbf{Z},\ q \neq 0\}$ を含む四則演算ができる集合であるが，特徴的なことは，極限値の計算がこの集合上でできるということである．実数は，無限小数で表される数値であって，各数値が視覚的にみれば数直線上の点に対応する．数直線はすべての実数を直線上に小さい数から大きい数に向かって並べたもので，この直線上で，数列がひとつの数値に近づいたりする．実数全体の集合を通常は $\mathbf{R}$ と表す．本書では，実数の基本的な計算法則・性質は既知として議論をはじめる．

まず，数列の定義とその極限値の定義を復習しておこう．**数列** (sequence) とは

$$a_1, a_2, a_3, \ldots, a_n, \ldots$$

のように，自然数 $n \in \mathbf{N}$ に対して n 番目の数 a_n が決まっている数の列のことをいう．数列の各数を**項**といい，a_1 を初項，以下第 2 項 a_2，第 3 項 a_3 と続き，a_n を第 n 項という．自然数は無限に続くので，ここで数列は常に**無限数列**であるが特に無限であると断わらず，単に数列という．数列を $\{a_n\}$ あるいは $\{a_n\}_{n=1,2,\ldots}$ と書く．

1.1.2 数列の極限の計算例

n を限りなく大きくしていくとき，数列 $\{a_n\}$ がひとつの数値 a に**限りなく近づいていくとき**，$\{a_n\}$ は a に**収束する**といい

$$\lim_{n\to\infty} a_n = a \quad \text{あるいは} \quad a_n \to a \ \ (n \to \infty)$$

と書く．この a を数列 $\{a_n\}$ の**極限値**という．極限値が存在しないときは，数列は**発散する**という．

数列の極限値は，数列の一般項が式で与えられているときはその式を変形していくことで求められることが多い．その基礎となる変形の方法は次の公式による．

定理 1.1 (極限値と加減乗除)．数列 $\{a_n\}$ と $\{b_n\}$ は収束し，$\lim_{n\to\infty} a_n = a$，$\lim_{n\to\infty} b_n = b$ であるとする．c を定数とする．このとき

(1) $\lim_{n\to\infty} ca_n = ca$

(2) $\lim_{n\to\infty} (a_n \pm b_n) = a \pm b$

(3) $\lim_{n\to\infty} a_n b_n = ab$

(4) $\lim_{n\to\infty} \dfrac{a_n}{b_n} = \dfrac{a}{b}$ (ただし $b \neq 0$)

注意 1.1. これらの公式は，極限をとる操作と加減乗除の操作の順番を入れ換えてもよい，という意味である．その意味では，例えば

$$\lim_{n\to\infty}(a_nb_n)=\lim_{n\to\infty}a_n\cdot\lim_{n\to\infty}b_n \quad \text{とか} \quad \lim_{n\to\infty}\left(\frac{a_n}{b_n}\right)=\frac{\displaystyle\lim_{n\to\infty}a_n}{\displaystyle\lim_{n\to\infty}b_n}$$

のように書いたほうがわかりやすいかもしれない．

注意 1.2. 逆に $\lim_{n\to\infty}(a_n\pm b_n)$ が収束するとしても，$\lim_{n\to\infty}a_n$ や $\lim_{n\to\infty}b_n$ が収束するわけではない．例えば，$a_n=n$ で $b_n=-n$ ならば $a_n+b_n=0$ だから $\lim_{n\to\infty}(a_n+b_n)=0$ だが，$\lim_{n\to\infty}a_n$ や $\lim_{n\to\infty}b_n$ は発散する．同じく，$\lim_{n\to\infty}(a_nb_n)$ や $\lim_{n\to\infty}\left(\dfrac{a_n}{b_n}\right)$ が収束しても $\lim_{n\to\infty}a_n$ や $\lim_{n\to\infty}b_n$ が収束するわけではない．(自分で例をつくって確かめてほしい．)

命題 1.1 (極限値と冪乗と冪乗根)**.** 数列 $\{a_n\}$ は各項が $a_n\geq 0$ で $\lim_{n\to\infty}a_n=a$ であるとする．このとき，整数 k に対して

(1) $\displaystyle\lim_{n\to\infty}(a_n)^k=a^k$

(2) $\displaystyle\lim_{n\to\infty}\sqrt[k]{a_n}=\sqrt[k]{a}$ 　(ただし $k>0$)

注意 1.3. ここで k は整数と仮定したが，実際には有理数でよい．さらに実数であってもこの公式は成り立つ．

これらの公式を使っていくつか極限値の計算をしてみよう．いずれも公式を使える形に式を変形することが重要である．

◇例題 1.1. 次の極限値を計算せよ．ただし，a, b は根号の中が正であるようにとる．

(1) $\displaystyle\lim_{n\to\infty}\frac{2n^2+3n+1}{3n^2+2n+3}$　　(2) $\displaystyle\lim_{n\to\infty}\frac{\sqrt[3]{n^2}+\sqrt{n^3}}{\sqrt[3]{n^2}-\sqrt{n^3}}$

(3) $\displaystyle\lim_{n\to\infty}\frac{n}{\sqrt[3]{an^6-n^5}-\sqrt[3]{an^6+n^5}}$　　(4) $\displaystyle\lim_{n\to\infty}\frac{\sqrt[5]{-a+n-1}-\sqrt[5]{a+n-2}}{\sqrt[5]{n+b}-\sqrt[5]{-b+n}}$

解答例. (1) 分子と分母を最高次の項 n^2 で割る．$\lim_{n\to\infty}\left(\dfrac{1}{n}\right)=0$ と $\lim_{n\to\infty}\left(\dfrac{1}{n^2}\right)=0$ を使えば

$$\lim_{n\to\infty}\frac{2n^2+3n+1}{3n^2+2n+3}=\lim_{n\to\infty}\frac{2+3/n+1/n^2}{3+2/n+3/n^2}=\frac{\lim_{n\to\infty}(2+3/n+1/n^2)}{\lim_{n\to\infty}(3+2/n+3/n^2)}$$

$$=\frac{2+3\lim_{n\to\infty}(1/n)+\lim_{n\to\infty}(1/n^2)}{3+2\lim_{n\to\infty}(1/n)+3\lim_{n\to\infty}(1/n^2)}=\frac{2}{3}.$$

(2) $\alpha<0$ ならば $\lim_{n\to\infty}n^\alpha=0$ を使う．

$$\lim_{n\to\infty}\frac{\sqrt[3]{n^2}+\sqrt{n^3}}{\sqrt[3]{n^2}-\sqrt{n^3}}=\lim_{n\to\infty}\frac{n^{2/3}+n^{3/2}}{n^{2/3}-n^{3/2}}=\lim_{n\to\infty}\frac{n^{2/3-3/2}+n^0}{n^{2/3-3/2}-n^0}$$

$$=\lim_{n\to\infty}\frac{n^{-5/6}+1}{n^{-5/6}-1}=\frac{\lim_{n\to\infty}n^{-5/6}+1}{\lim_{n\to\infty}n^{-5/6}-1}=-1.$$

(3) $A=\sqrt[3]{an^3-n^2}$, $B=\sqrt[3]{an^3+n^2}$ とおくと $A^3-B^3=-2n^2$ となる．このとき

$$\lim_{n\to\infty}\frac{A^2}{A^3-B^3}=\lim_{n\to\infty}\frac{A^2}{-2n^2}=\lim_{n\to\infty}\frac{(a-(1/n))^{2/3}}{-2}=-\frac{a^{2/3}}{2}$$

である．同様に，

$$\lim_{n\to\infty}\frac{AB}{A^3-B^3}=-\frac{a^{2/3}}{2},\qquad \lim_{n\to\infty}\frac{B^2}{A^3-B^3}=-\frac{a^{2/3}}{2}$$

であるので，

$$\lim_{n\to\infty}\frac{n}{\sqrt[3]{an^6-n^5}-\sqrt[3]{an^6+n^5}}=\lim_{n\to\infty}\frac{1}{\sqrt[3]{an^3-n^2}-\sqrt[3]{an^3+n^2}}$$

$$=\lim_{n\to\infty}\frac{1}{A-B}=\lim_{n\to\infty}\frac{A^2+AB+B^2}{A^3-B^3}=-\frac{3}{2}a^{2/3}.$$

(4) $A=\sqrt[5]{-a+n-1}$, $B=\sqrt[5]{a+n-2}$, $C=\sqrt[5]{n+b}$, $D=\sqrt[5]{-b+n}$ とおく．

$$\lim_{n\to\infty}\frac{\sqrt[5]{-a+n-1}-\sqrt[5]{a+n-2}}{\sqrt[5]{n+b}-\sqrt[5]{-b+n}}=\lim_{n\to\infty}\frac{A-B}{C-D}$$

$$=\lim_{n\to\infty}\frac{A^5-B^5}{C^5-D^5}\cdot\frac{C^4+C^3D+C^2D^2+CD^3+D^4}{A^4+A^3B+A^2B^2+AB^3+B^4}$$

ここで，

$$\lim_{n\to\infty}\frac{C^4+C^3D+C^2D^2+CD^3+D^4}{n^{4/5}}\cdot\frac{n^{4/5}}{A^4+A^3B+A^2B^2+AB^3+B^4}$$

$$= 5 \cdot \frac{1}{5} = 1$$

であるので，

$$\lim_{n\to\infty} \frac{A^5 - B^5}{C^5 - D^5} \cdot \frac{C^4 + C^3D + C^2D^2 + CD^3 + D^4}{A^4 + A^3B + A^2B^2 + AB^3 + B^4}$$

$$= \lim_{n\to\infty} \frac{A^5 - B^5}{C^5 - D^5} = \lim_{n\to\infty} \frac{(\sqrt[5]{-a+n-1})^5 - (\sqrt[5]{a+n-2})^5}{(\sqrt[5]{n+b})^5 - (\sqrt[5]{-b+n})^5} = \frac{-2a+1}{2b}.$$

したがって，

$$\lim_{n\to\infty} \frac{\sqrt[5]{-a+n-1} - \sqrt[5]{a+n-2}}{\sqrt[5]{n+b} - \sqrt[5]{-b+n}} = \frac{-2a+1}{2b}. \qquad \square$$

問 1.1. 次の極限値を求めよ．

(1) $\displaystyle \lim_{n\to\infty} \left(\sqrt[3]{1 - \frac{1}{n}} - \sqrt[3]{1 + \frac{1}{n}} \right) n$

(2) $\displaystyle \lim_{n\to\infty} \sqrt[3]{n^2} \left(\sqrt[3]{a+n+1} - \sqrt[3]{a+n-1} \right)$　　(3) $\displaystyle \lim_{n\to\infty} \frac{n^{\frac{1}{\sqrt{n}}}}{n^{\frac{1}{\sqrt{n}}} - n^{\frac{1}{\sqrt{n+1}}}}$

1.1.3　関数で表された数列の極限

$f(x)$ を，多項式や有理関数，無理関数に加えて指数関数や三角関数のような初等関数によって表せる関数とする．また，$\{a_n\}$ を数列として $\lim_{n\to\infty} a_n = a$ とする．もし，$f(x)$ が $x = a$ において定義されて有限の値 $f(a)$ をもてば，数列 $\{f(a_n)\}$ の極限値は

$$\lim_{n\to\infty} f(a_n) = f\left(\lim_{n\to\infty} a_n \right) = f(a)$$

によって計算してよいことがある．これは正確にいえば，$f(x)$ が $x = a$ で連続である場合に成り立つことである．このような**関数の連続性**を使った極限値の計算は，普通は特に連続性を意識せずにあたりまえに使われているが，ここでは，この計算を連続性を意識して使った極限値の計算例を示す．

$$\lim_{n\to\infty} \left(\sqrt{n^2+n+1} - \sqrt{n^2-n+1} \right) = \lim_{n\to\infty} \frac{(\sqrt{n^2+n+1})^2 - (\sqrt{n^2-n+1})^2}{\sqrt{n^2+n+1} + \sqrt{n^2-n+1}}$$

$$= \lim_{n\to\infty} \frac{(n^2+n+1) - (n^2-n+1)}{\sqrt{n^2+n+1} + \sqrt{n^2-n+1}} = \lim_{n\to\infty} \frac{2n}{\sqrt{n^2+n+1} + \sqrt{n^2-n+1}}$$

$$= \lim_{n\to\infty} \frac{2}{\sqrt{1 + 1/n + 1/n^2} + \sqrt{1 - 1/n + 1/n^2}} = 1$$

であるが，この計算では

$$f(x) = \frac{2}{\sqrt{1+x+x^2}+\sqrt{1-x+x^2}}, \quad a_n = \frac{1}{n}$$

とおいて

$$\begin{aligned}\lim_{n\to\infty} &\frac{2}{\sqrt{1+1/n+1/n^2}+\sqrt{1-1/n+1/n^2}} \\ &= \lim_{n\to\infty} f(a_n) = f\left(\lim_{n\to\infty} a_n\right) = f(0) = \frac{2}{2} = 1\end{aligned}$$

と計算していることになる．ここでは，正確にいえば，$f(x)$ が $x=0$ で連続な関数 (定義 1.3 (p.19)) になっていることを使って計算している．

◇**例題 1.2.**

$$\lim_{n\to\infty}\left(\frac{1}{n^2}+\frac{2}{n^2}+\cdots+\frac{n}{n^2}\right) = \frac{1}{2}$$

証明. $1+2+\cdots+n = \dfrac{(n+1)n}{2}$ なので，

$$\begin{aligned}\lim_{n\to\infty}\left(\frac{1}{n^2}+\frac{2}{n^2}+\cdots+\frac{n}{n^2}\right) &= \lim_{n\to\infty}\frac{n(n+1)/2}{n^2} \\ &= \lim_{n\to\infty}\frac{1}{2}\frac{n(n+1)}{n^2} = \frac{1}{2}.\end{aligned}$$

□

◇**例題 1.3.** $a>1$ のとき $\displaystyle\lim_{n\to\infty}\frac{a^n}{n}=\infty$ を示せ．また，$0<a<1$ のとき $\displaystyle\lim_{n\to\infty} na^n = 0$ を示せ．

解答例. $a>1$ とすると，$a=1+\varepsilon$ としたとき $\varepsilon>0$ である．2 項定理より

$$\begin{aligned}\frac{a^n}{n} = \frac{(1+\varepsilon)^n}{n} &= \frac{1+n\varepsilon+\frac{n(n-1)}{2}\varepsilon^2+\cdots+\varepsilon^n}{n} \\ &\geq \frac{1+n\varepsilon+\frac{n(n-1)}{2}\varepsilon^2}{n} = \frac{1}{n}+\varepsilon+\frac{(n-1)}{2}\varepsilon^2 \to \infty \quad (n\to\infty)\end{aligned}$$

だから $\displaystyle\lim_{n\to\infty}\frac{a^n}{n}=\infty$ となる．$0<a<1$ のときは，$b=1/a$ とおくと $b>1$ であるので，$\displaystyle\lim_{n\to\infty}\frac{b^n}{n}=\infty$ となり，$\displaystyle\lim_{n\to\infty} na^n = \lim_{n\to\infty}\frac{n}{b^n} = 0$ である． □

問 1.2. k を正の整数とする．$a>1$ のとき $\displaystyle\lim_{n\to\infty}\frac{a^n}{n^k}=\infty$ を示せ．また，$0<a<1$ のとき $\displaystyle\lim_{n\to\infty} n^k a^n = 0$ を示せ．

◇**例題 1.4.** 次を証明せよ．

(1)　$a>0$ ならば $\lim_{n\to\infty}\sqrt[n]{a}=1$

(2)　$\lim_{n\to\infty}\sqrt[n]{n}=1$

(3)　$\lim_{n\to\infty}\sqrt[n]{1+2+\cdots+n}=1$

証明. (1)　$\lim_{n\to\infty}\sqrt[n]{a}=1$ を証明する．まず $a\geq 1$ を仮定して

$$a-1=(\sqrt[n]{a}-1)\{(\sqrt[n]{a})^{n-1}+(\sqrt[n]{a})^{n-2}+\cdots+1\}$$

であることより，

$$\begin{aligned}\sqrt[n]{a}-1&=\frac{a-1}{(\sqrt[n]{a})^{n-1}+(\sqrt[n]{a})^{n-2}+\cdots+1}\\&\leq\frac{a-1}{\underbrace{1+1+\cdots+1}_{n\text{ 個}}}=\frac{a-1}{n}\to 0\quad(n\to\infty)\end{aligned}$$

であるから $\sqrt[n]{a}\to 1$ である (ここで，$a>1$ なので $\sqrt[n]{a}>1$ であることに注意せよ)．$a<1$ の場合は $1/a>1$ なので，

$$\lim_{n\to\infty}\sqrt[n]{a}=\lim_{n\to\infty}\frac{1}{\sqrt[n]{1/a}}=1$$

によって証明できる．

(2)　整数 $n\geq 2$ に対して $\sqrt[n]{n}>1$ であるので，$a_n=\sqrt[n]{n}-1>0$ とおくと

$$n=(\sqrt[n]{n})^n=(1+a_n)^n>1+na_n+\frac{n(n-1)}{2}a_n^2>1+\frac{n(n-1)}{2}a_n^2.$$

これより

$$0<a_n^2<(n-1)\frac{2}{n(n-1)}=\frac{2}{n}\to 0\quad(n\to\infty)$$

なので $a_n\to 0$．よって $\lim_{n\to\infty}\sqrt[n]{n}=1$．

(3)　まず，

$$\sqrt[n]{1+2+\cdots+n}=\sqrt[n]{\frac{n(n+1)}{2}}=\frac{\sqrt[n]{n+1}\,\sqrt[n]{n}}{\sqrt[n]{2}}$$

に注意する．整数 $n\geq 2$ に対して，

$$1\leq\frac{\sqrt[n]{n+1}}{\sqrt[n]{n}}=\sqrt[n]{1+\frac{1}{n}}\leq\sqrt[n]{2}\to 1\qquad(n\to\infty)$$

であるから，$\lim_{n\to\infty}\left(\sqrt[n]{n+1}/\sqrt[n]{n}\right)=\lim_{n\to\infty}\sqrt[n]{n+1}\Big/\lim_{n\to\infty}\sqrt[n]{n}=1$ より

$$\lim_{n\to\infty}\sqrt[n]{n+1}=\lim_{n\to\infty}\sqrt[n]{n}=1$$

である．また，$\lim_{n\to\infty}\sqrt[n]{2}=1$ なので，

$$\lim_{n\to\infty}\sqrt[n]{\frac{(n+1)n}{2}}\lim_{n\to\infty}\frac{\sqrt[n]{n+1}\,\sqrt[n]{n}}{\sqrt[n]{2}}=1.$$ □

1.1.4　数列の発散

収束しない数列を**発散する**という．発散する数列には種々のタイプがある．例えば，

(1) 正の値をとり限りなく大きくなる，あるいは負の値をとりその絶対値が限りなく大きくなる．例えば，$\{n^2\}$ とか $\{-\sqrt{n}\}$ など．このとき $\lim_{n\to\infty} n^2=+\infty$ であり $\lim_{n\to\infty}(-\sqrt{n})=-\infty$ である．これらの数列をそれぞれ $+\infty$ に発散する，$-\infty$ に発散するという．

(2) 1つの値に収束しない．例えば，数列 $\{(-1)^n\}$ $(n=1,2,\ldots)$ は収束しない．

◆**例 1.1** ($\pm\infty$ に発散する数列)．$+\infty$ に発散する数列は，収束する数列と同じ $+\infty$ に近づくのだから，これを収束先と考えて

$$\lim_{n\to+\infty} a_n=+\infty$$

と書き，収束と同様に取り扱ってもよい場合もある．しかし $+\infty$ は数ではないので取り扱いには注意をする必要がある[1)]．■

1.1.5　級　　数

級数については後の第6章で取り上げるが，ここでも簡単にふれておく．

数列 $\{a_n\}$ が与えられたときその n 部分和 $s_n=a_1+a_2+\cdots+a_n$ の数列 $\{s_n\}$ を考える．この数列の極限を**無限級数** (infinite series) あるいは単に**級数** (series) といって

$$a_1+a_2+\cdots+a_n+\cdots$$

と書く．その極限値である級数の和は数列 $\{s_n\}$ の極限値

$$s=\lim_{n\to\infty}s_n=a_1+a_2+\cdots+a_n+\cdots$$

1) 例えば，$\infty-\infty=0$ は正しいとは限らない．

のことと定義する．この極限値を $s=\sum_{k=1}^{\infty}a_k$ とも書く．よく知られた無限級数の計算例として，

$$1+\frac{1}{2}+\frac{1}{2^2}+\cdots=\lim_{n\to\infty}\left(1+\frac{1}{2}+\frac{1}{2^2}+\cdots+\frac{1}{2^n}\right)$$
$$=\lim_{n\to\infty}\frac{1-\left(\frac{1}{2}\right)^{n+1}}{1-\frac{1}{2}}=\frac{1-\lim_{n\to\infty}\left(\frac{1}{2}\right)^{n+1}}{1-\frac{1}{2}}=\frac{1}{1-\frac{1}{2}}=2$$

がある．

注意 1.4. 収束しない級数を収束するとして形式的に計算すると誤りになることがある．特に，級数において，収束するかどうかを確かめず，足していく順番を入れ換えたり無限個の項をまとめたりすると極限値が変わってしまうことがある．例えば，$a_n=(-1)^n$ とおき $s=\sum_{k=1}^{\infty}a_k$ としてみよう．

$$s=-1+1-1+1+\cdots=-1+(1-1+1+\cdots)$$
$$=-1-(-1+1-1+\cdots)=-1-s$$

したがって，$2s=-1$ だから $s=-1/2$ とする計算は間違いである．実際には，数列 $s_n=\sum_{k=1}^{n}a_k$ は -1 と 0 の値を交互にとるので収束しない．同様に，$a_n=2^n$ に対して，

$$s=1+2+2^2+\cdots=1+2(1+2+2^2+\cdots)$$
$$=1+2s$$

と計算すると $(1-2)s=1$ となるから，これより $s=-1$ と結論するのは正しくない (正の数を足した結果が負の数になるはずがない．この場合 s は存在しない)．ただし，$a_n=(1/2)^n$ に対して

$$s=1+\frac{1}{2}+\frac{1}{2^2}+\cdots=1+\frac{1}{2}\left(1+\frac{1}{2}+\frac{1}{2^2}+\cdots\right)$$
$$=1+\frac{1}{2}s$$

より，$(1-\frac{1}{2})s=1$ と計算して $s=2$ と結論するのは正しい．(s が存在するのでこのような計算が可能である．)　このように，収束しない級数を収束するものとして扱うと間違った結論がでることがある．

1.1.6 数列の極限の計算方法

極限値を求める方法には大ざっぱに次の方法がある．

(1) 数列を表す式を変形して計算する．これは，いわゆる不定形の極限値である数式を四則演算などで不定形にならない形に変形して計算する方法である．

(2) はさみうちの方法を使う．これは，直接に極限値を求めることができない数列 $\{a_n\}$ に対して，
$$b_n \leq a_n \leq c_n$$
となる数列 $\{b_n\}, \{c_n\}$ があって
$$\lim_{n\to\infty} b_n = \lim_{n\to\infty} c_n = a$$
ならば，
$$\lim_{n\to\infty} a_n = a$$
と結論する方法である．

(3) 数列が収束することをまず証明して，その具体的な値は代数的な関係式から導く．

(4) よく知られた数列の一般公式を使う．直接に求めることができない数列の極限値は，やはり数式の変形によって，既知の極限値に帰着させる．

また，数列の極限値が存在することと，その値を具体的に求めることは別の問題である．そもそも，極限値が存在するかしないのかわからない数列があるし，極限値の存在は証明できても，それが有理数なのか無理数なのかわからない，どのくらいの大きさなのかもわからない，わかっているのは有限桁数の小数で近似した値である，ということもある．

1.1.7 数列の極限の正確な定義

数列の極限は，あるとすればそれを具体的に計算することが重要な問題になるし，ないとすればないことを示す必要がある．微分や積分で極限値が必要な理由は，微分や積分の計算や定義には極限値が多用されており，これを理解して計算ができないと微分や積分の意味が理解できないからである．

我々は前節までで，この「限りなく」という言葉の正確な意味は説明しないで，ただ極限値の具体的な計算の方法を述べてきた．そこでは極限値の計算に

必要な公式を明確に述べてそれを使って計算してきた．しかし，それらの公式が成り立つ根拠を明らかにするには極限値の正確な定義が必要になる．以下，その定義を述べる[2)]．

定義 1.1 (数列の極限). 数列 $\{a_n\}$ が数 a に**収束する**とは，どのような正の数 $\varepsilon > 0$ に対しても，十分大きな自然数 N_ε がとれて $n \geq N_\varepsilon$ であれば $|a_n - a| \leq \varepsilon$ が成立することである．このとき，

$$\lim_{n\to\infty} a_n = a$$

と書く．

この定義 1.1 を使って，どのように収束が証明されるのかを例を使って説明する．

◆**例 1.2.** $a_n = 1/n$ が 0 に収束することをこの定義を使って証明してみよう．$\varepsilon > 0$ をひとつ固定する．これに対して正の整数 N_ε を $N_\varepsilon = \lceil 1/\varepsilon \rceil$ とする．ここで $\lceil 1/\varepsilon \rceil$ は ($1/\varepsilon$ の天井 (ceil) という) $1/\varepsilon$ より小さくならない整数のうち $1/\varepsilon$ にいちばん近いものを表す[3)]．このとき $n \geq N_\varepsilon$ とすると

$$n \geq N_\varepsilon = \lceil 1/\varepsilon \rceil \geq 1/\varepsilon > 0$$

なので

$$\frac{1}{n} \leq \frac{1}{N_\varepsilon} = \frac{1}{\lceil 1/\varepsilon \rceil} \leq \varepsilon$$

となり，$|a_n - 0| = 1/n \leq \varepsilon$ が証明される．すなわち，どんな小さな正の数 $\varepsilon > 0$ をとっても N_ε (これより大きな整数であればよい) をとれば，$n \geq N_\varepsilon$ であるすべての n に対して $|a_n - 0| \leq \varepsilon$ が証明された．

ここでの証明のポイントは，小さな $\varepsilon > 0$ (これはどんなに小さくてもよい) に対して N_ε をどうやって決めるかを具体的に式で与えていることである．実際には，そのような N_ε を具体的に決めなくても，ただ存在することをいえば十分である． ∎

問 1.3. 次の数列 $\{a_n\}$ の極限値が 0 であることを定義に従って証明せよ．

(1) $a_n = \dfrac{1}{\sqrt{n}}$　　(2) $a_n = \dfrac{1}{\sqrt{n^2+n+1}}$　　(3) $a_n = \dfrac{1}{\log n}$

---

2) もちろん，現実の問題では具体的に与えられた数列の極限値を計算するときは，いちいちこのような定義にもどって計算するのではなく，すでに収束する値がわかっている数列を組み合わせたり，比較して計算すればよい．

3) 簡単にいえば，$a > 0$ であるとき $\lceil a \rceil$ は a を小数で表示して小数点第 1 位で切り上げた整数のことである．例えば，$\lceil 4/3 \rceil = \lceil 1.333\cdots \rceil = 2$.

次の例題は，数列の収束の厳密な定義の有効性を示す．

◇例題 1.5. 数列 $\{a_n\}$ の極限値が a であるとき

$$b_n = \frac{a_1 + a_2 + \cdots + a_n}{n}$$

によって定義される数列 $\{b_n\}$ の極限値も a であることを示せ．

解答例. 証明は，高等学校までと違って緻密な論理の積み重ねで行われる．証明を自分でできるようになる必要はないが，理解できるように努力すべきである．

i) まず，$a = 0$ の場合に証明する．

ii) 最初に目標を決める．目標は，「任意の $\varepsilon > 0$ に対して，自然数 N_ε が存在して $n > N_\varepsilon$ ならば

$$\left| \frac{a_1 + a_2 + \cdots + a_n}{n} \right| < \varepsilon$$

となる」ことを証明することである．

iii) したがって，この N_ε をどうやって定めるか問題になる．ここでは，少し唐突だが，まず

$$K = \text{すべての } |a_1|, |a_2|, \ldots \text{ より大きな数}$$

として 1 つ決めて，さらに自然数 N' を $N' > 2K/\varepsilon$ が成り立つようにとる．この N' を必要があればさらに十分に大きくとると

$$\boxed{n \geq N' \text{ であれば } |a_n| < \varepsilon' = \frac{\varepsilon}{2}} \quad (*)$$

とすることができる．これは，$\lim_{n\to\infty} a_n = 0$ であることから，どんな $\varepsilon' > 0$ に対しても，自然数 N' を十分大きくとれば $(*)$ とできることからわかる．

iv) このとき，$n > N'^2$ であるならば

$$\begin{aligned}
\left| \frac{a_1 + a_2 + \cdots + a_n}{n} \right| &\leq \left| \frac{a_1 + a_2 + \cdots + a_{N'}}{n} \right| + \left| \frac{a_{N'+1} + a_{N'+2} + \cdots + a_n}{n} \right| \\
&\leq \left| \frac{a_1 + a_2 + \cdots + a_{N'}}{n} \right| + \frac{|a_{N'+1}| + |a_{N'+2}| + \cdots + |a_n|}{n} \\
&\leq \frac{N'K}{n} + \frac{(n - N')\varepsilon}{2n} < \frac{\varepsilon}{2} + \frac{\varepsilon}{2} = \varepsilon
\end{aligned}$$

となる．ここでは，$K < \dfrac{\varepsilon N'}{2}$ であることに注意して

$$\frac{N'K}{n} < \frac{\varepsilon N'N'}{2n} = \frac{\varepsilon (N')^2}{2n} < \frac{\varepsilon n}{2n} = \frac{\varepsilon}{2}$$

となることを使っている.

v) したがって, $N_\varepsilon = (N')^2$ とおくことによって, 定義にもどって数列の収束が証明できた.

vi) 必ずしも $a = 0$ と限らないときは, $b_n = a_n - a$ とおけば $\lim_{n\to\infty} b_n = 0$ となるので,

$$\lim_{n\to\infty}\left(\frac{a_1 + a_2 + \cdots + a_n}{n} - a\right) = \lim_{n\to\infty}\frac{(a_1 - a) + (a_2 - a) + \cdots + (a_n - a)}{n}$$
$$= \lim_{n\to\infty}\frac{b_1 + b_2 + \cdots + b_n}{n} = 0$$

となり

$$\lim_{n\to\infty}\frac{a_1 + a_2 + \cdots + a_n}{n} = a$$

が証明できた.

このような論法は, 具体的に式で表された数列以外において, 一般的な証明を行うときには避けてとおれないものである. 数学の計算には, このような方法で行われるものもあることを知ってほしい. □

例題 1.5 (p.12) を用いて次の数列の極限値を求めることができる. この極限値は覚えておくと統計学等での計算に便利である.

◇例題 1.6.

$$\lim_{n\to\infty}\frac{n}{\sqrt[n]{n!}} = e$$

を証明せよ. ここで $e = \lim_{n\to\infty}\left(1 + \frac{1}{n}\right)^n$ である (この極限値の存在 (収束) は後述の命題 1.2 (p.15) で示す).

証明. これは次のようにして証明する. $p_1, p_2, p_3, \ldots$ を正の数列で $\lim_{n\to\infty} p_n = p$ であるとする. このとき, 例題 1.5 (p.12) により

$$\lim_{n\to\infty}\frac{\log p_1 + \log p_2 + \cdots + \log p_n}{n} = \log p$$

である. これより

$$\lim_{n\to\infty}\sqrt[n]{p_1 p_2 \cdots p_n} = p$$

となる．そこで $p_n = \left(\dfrac{n+1}{n}\right)^n$ とおくと

$$p = \lim_{n\to\infty} \sqrt[n]{p_1 p_2 \cdots p_n} = \lim_{n\to\infty} \left(\frac{n+1}{n}\right)^n = \lim_{n\to\infty} \left(1 + \frac{1}{n}\right)^n = e.$$

一方，

$$\sqrt[n]{p_1 p_2 \cdots p_n} = \sqrt[n]{\left(\frac{2}{1}\right)^1 \left(\frac{3}{2}\right)^2 \cdots \left(\frac{n+1}{n}\right)^n} = \sqrt[n]{\frac{(n+1)^n}{n!}}$$

であるから，

$$\lim_{n\to\infty} \frac{n}{\sqrt[n]{n!}} = \lim_{n\to\infty} \sqrt[n]{\frac{(n+1)^n}{n!}} \frac{n}{n+1} = e. \qquad \square$$

1.1.8 数列の収束条件

数列が収束することの定義とその計算法について述べたが，じつは，数列が収束するときの極限値は計算できる (既知の数値を組み合わせた式で表す) ものばかりではない．実際には，未知の実数に収束する数列のほうがはるかに多い．ここでは，実数の性質に基づく数列の極限に関する有名・強力な結果をひとつ紹介する．

実数は次の基本的な性質をもつ．

定理 1.2 (実数の連続性)． 上に有界な単調増加数列は必ずある値に収束する．ここで，数列 $\{a_n\}$ が**上に有界**とは，ある定数 c があって，$a_n < c$ がすべての n に対して成り立つことである．同様に，**下に有界**な (つまり，ある定数 c に対して $a_n > c$ がすべての n に対して成り立つ) 単調減少数列は必ずある値に収束する．

上記の定理内で "$\{a_n\}$ が**単調増加数列**" とは

$$a_1 \leq a_2 \leq \cdots \leq a_n \leq a_{n+1} \leq \cdots$$

となることである．"**単調減少数列**" も同様である．

定理 1.2 は証明すべき定理というより，横に引いた直線上の点が実数であるというイメージの具体化して，実数がもつべき性質として要請したものと考えるのが自然である．これが数直線である．すなわち，$\mathrm{P}_1, \mathrm{P}_2, \ldots$ を横に引いた直線上の点列として，

(1)　点 P_{i+1} は必ず点 P_i の右にある．

(2)　どの点も点 Q の左にある．

とすれば，この点列は点 Q の左側にあるひとつの点に向かって限りなく近づいている，と考えるのは自然であろう．このような解釈から，横に引いた直線に座標を入れて，点 P_i の座標を a_i と考えて，点列と数列の間の関係をつければ，定理 1.2 の実数の連続性は直線上の点列の収束の問題と解釈できる．

◆**例 1.3.**　例えば，$a_n = \dfrac{1}{n}$ ならば，すべての n について $0 < a_n < 2$ だから，この数列は上にも下にも有界である．また $a_n = \dfrac{n-1}{n}$ $(n = 1, 2, \ldots)$ は単調増加である．しかも，分子が分母より小さいので $a_n \leq 1$ がすべての n に対して成り立ち，上に有界である．実際に

$$\lim_{n\to\infty} \frac{n-1}{n} = \lim_{n\to\infty} \left(1 - \frac{1}{n}\right) = 1$$

となって収束する．∎

実数の連続性によって単調で有界な数列には極限値が存在するが，その極限値が，分数や平方根といった既存の数を使った式の組合せでは書けない数列も多く存在する．そのなかで代表的なものが自然対数の底として使われる e (ネピアの数) である．この数は数列の極限値として定義されるし，また極限値の考え方がなければ正確な定義ができない．以下では，自然対数の底 e がどのように定義されるかみてみよう．

自然対数の底 e は次の極限値によって定義される：

$$\lim_{n\to\infty} \left(1 + \frac{1}{n}\right)^n = e.$$

この数列の極限値は，形式的には 1^∞ の形なので 1 に収束するようにもみえるのだが，じつはそうではない．この極限は，極限値は存在するが**既存の数を組み合わせた式では書けない**例である．しかも，円周率 π と違って，幾何学的な意味付けも自明ではない．しかし，指数や対数を考えるときに基本的な役割を果たす．対数を発明したネピア (Napier) にちなんで**ネピアの数**ともよばれる．

この数列が収束することを証明するには次のことを確かめればよい．

命題 1.2.　$a_n = \left(1 + \dfrac{1}{n}\right)^n$　$(n = 1, 2, \ldots)$ とおく．このとき，次が成り立つ．

(1)　$\{a_n\}$ は単調増加数列である．

(2) $\{a_n\}$ は上に有界な数列である.

証明. (1) 2 項定理によれば,

$$\begin{aligned} a_n &= \sum_{k=0}^{n} \frac{n!}{k!(n-k)!} 1^{n-k} \left(\frac{1}{n}\right)^k \\ &= \sum_{k=0}^{n} \frac{1}{k!} \frac{n(n-1)(n-2)\cdots(n-k+1)}{n^k} \\ &= \sum_{k=0}^{n} \frac{1}{k!} 1 \cdot \left(1-\frac{1}{n}\right)\cdots\left(1-\frac{k-1}{n}\right) \end{aligned}$$

となる. これより

$$\begin{aligned} a_n &< \sum_{k=0}^{n} \frac{1}{k!} \cdot 1 \cdot \left(1-\frac{1}{n+1}\right)\cdots\left(1-\frac{k-1}{n+1}\right) \\ &= \sum_{k=0}^{n} \frac{1}{k!} \left(\frac{n+1}{n+1}\right) \cdot \left(\frac{n}{n+1}\right)\cdots\left(\frac{n-k+2}{n+1}\right) \\ &= \sum_{k=0}^{n} \frac{1}{k!} \left(\frac{(n+1)n\cdots(n-k+2)(n-k+1)\cdots 1}{(n-k+1)\cdots 1}\right) \cdot \left(\frac{1}{n+1}\right)^k \\ &= \sum_{k=0}^{n} \frac{(n+1)!}{k!(n-k+1)!}(n+1)^{-k} < \sum_{k=0}^{n+1} \frac{(n+1)!}{k!(n-k+1)!}(n+1)^{-k} = a_{n+1}. \end{aligned}$$

すなわち, $a_n < a_{n+1}$ であるので単調増加数列である.

(2) $k \geq 1$ のとき $k! \geq 2^{k-1}$ なので,

$$\begin{aligned} a_n &< \sum_{k=0}^{n} \frac{1}{k!} \left(\frac{n+1}{n+1}\right) \cdot \left(\frac{n}{n+1}\right)\cdots\left(\frac{n-k+2}{n+1}\right) \\ &< \sum_{k=0}^{n} \frac{1}{k!} < 1 + \sum_{k=1}^{n} \frac{1}{2^{k-1}} = 1 + \left(1 + \frac{1}{2} + \cdots + \frac{1}{2^{n-1}}\right) \\ &< 1 + \left(1-\frac{1}{2}\right)^{-1} = 3. \end{aligned}$$

これより上に有界である.

以上の結果により, a_n は 3 以下の数に収束する. □

この数値を実際に計算してみると, $e = 2.718281828\cdots$ と続くことがわかる[4). e に関するもっとも重要な公式は

---

4) e も円周率 π と同じく, 分数や平方根を使っても表せない**超越数**である.

$$1+\frac{1}{1!}+\frac{1}{2!}+\frac{1}{3!}+\cdots=e$$

である．(第 2 章を参照のこと．)

問 1.4. 次の等式を証明せよ．

(1) $\displaystyle\lim_{n\to\infty}\left(1-\frac{1}{n}\right)^n=\frac{1}{e}$　　(2) $\displaystyle\lim_{n\to-\infty}\left(1+\frac{1}{n}\right)^n=e$

1.1.9　コーシー列と実数の完備性*

数列の理論の最後に，数列が収束するためのひとつの必要十分条件を与えよう．なお，本項の内容を初学者はすぐには理解できなくてもよいであろう．ただし，ここにあげる定理 1.3 は大変有名な結果であり，より進んだ数学理論の基礎とみなされている．

まず，次の定義からはじめる．

定義 1.2 (コーシー列). 数列 $\{a_n\}$ は，次が成立するとき**コーシー** (Cauchy) **列**とよばれる：

「どのような正の数 $\varepsilon>0$ に対しても，十分大きな自然数 N_ε がとれて，$n,m\geq N_\varepsilon$ であれば $|a_n-a_m|\leq\varepsilon$ が成立する．」

例えば，収束する数列はコーシー列である．(読者は確かめてみよ．)

実数の基本的な性質として連続性 (定理 1.2) をあげたが，これは次の実数の完備性によって保証される．

定理 1.3 (実数の完備性). 実数のコーシー列は必ずある実数に収束する，すなわち，数列が収束する必要十分条件は，それがコーシー列になることである．

この定理によって，実数のコーシー列の極限を考える限り実数は閉じた体系であり，微積分の根底にある数列の極限をとるという演算操作は，実数の範囲内で行うことがもっともふさわしいことがわかる．なお，この定理の証明は実数の根源的な性質に基づいており，本書の水準を越えるので割愛する．

1.2　関数とその極限

我々が微積分で扱うのは変数 x を含む数式によって表されている関数である．2 次関数や 3 次関数はその典型的なもので，変数 x の多項式で表される，そのほか，三角関数や指数関数，対数関数といったものが主に扱われる．実際に，我々が初等的な微積分で扱うのは，まず多項式と有理関数や無理関数，初等関数である三角関数や指数・対数関数，およびそれらの加減乗除や合成などによって得られる関数である．ここでは関数の範囲を厳密に限定せず，大ざっぱに「変数を含んだ数式によって表される」ようなものを関数と考える．すなわち，$f(x)$ が関数であるというのは，実数値をとる変数 x を含んだ数式で表されるもので，結果として変数 x の値を決めるごとに $f(x)$ の値が **1 つだけ**[5)]決まればよい．

1.2.1　関数の定義域と値域

微積分で扱う関数とは，実数 x に対して実数 $f(x)$ を対応させる仕組み f のことである．ここで x を f の**独立変数**という．$y = f(x)$ と書いて，$f(x)$ を x に応じて変わる変数と考えるとき y を**従属変数**という．

点 $(x, y) = (x, f(x))$ を xy 平面上にプロットしたものを $y = f(x)$ の**グラフ**という．グラフによって関数の性質が可視化されるので，グラフを描いて関数の性質を調べることは基本的で重要な手法である．

ただし，変数 x は実数であればなんでもよいのではない．$f(x) = \sqrt{x}$ のときは $x \geq 0$ である必要がある．そこで，実数全体の集合 $\mathbf{R}$ の部分集合 D をとる．このとき，$x \in D$ に対して実数値 $f(x)$ が 1 つ対応するならば，$f(x)$ を D を**定義域**とする関数という．また，$R = \{f(x) \mid x \in D\}$ を $f(x)$ の**値域**という．関数のグラフは集合 $D \times R = \{(x, y) \mid x \in D, y \in R\}$ のなかの曲線として表される．

微積分における関数は**定義域と値域がセットになって**定義される．定義式が同じでも異なった定義域 (したがって値域も異なることがある) をもつ関数は異なった関数と考える．例えば，$y = f(x) = \sqrt{x}$ を $\{x \mid x > 0\}$ を定義域とする関数と考えると値域も $\{y \mid y > 0\}$ となるが，$\{x \mid x > 2\}$ を定義域とする関数と考えると値域は $\{y \mid y > \sqrt{2}\}$ となる．

2 つの集合 D_1, D_2 が $D_1 \subset D_2$ となっている場合を考える．D_2 を定義域とする関数 $f(x)$ において，その定義域を D_1 に限定した関数 $g(x)$ を $f(x)$ の**制限**という．逆に，定義域 D_1 の関数 $g(x)$ が定義域 D_2 の関数 $f(x)$ の制限になっているとき，$f(x)$ を $g(x)$ の**拡張**という．

例えば，$f(x) = (x - 1)(x - 2)(x - 3) = x^3 - 6x^2 + 11x - 6$ で与えられる関数を考える．この $f(x)$ はすべての実数 x に対して定義されるから定

5)　したがって，$x^2 - y^2 = 1$ のような関係式によって x から y を決めるときは $y = \sqrt{x^2 - 1}$ か $y = -\sqrt{x^2 - 1}$ のどちらかの値を選ぶ必要がある．

義域としてはどのような $\mathbf{R}$ の部分集合をとってもよい．しかし，定義域が $[0,4]=\{x\in\mathbf{R}\mid 0\le x\le 4\}$ である関数 $f(x)=x^3-6x^2+11x-6$ と定義域が $[1,3]=\{x\in\mathbf{R}\mid 1\le x\le 3\}$ である関数 $g(x)=x^3-6x^2+11x-6$ は異なる．$g(x)$ は $f(x)$ の制限であり，$f(x)$ は $g(x)$ の拡張である．

このように，与えられている関数がどのような定義域の関数であるかは十分意識する必要がある．これは，逆関数を定義するときに必ず必要になる．

問 1.5. 次の関数 $f(x)$ の定義域を $[-1,1]$ に制限したときの値域を求めよ．

(1) $f(x)=(x-1)(x-2)(x-3)$　　(2) $f(x)=\sin((x^2+x+1)\pi)$

1.2.2　関数の極限と連続性

微積分では連続関数という概念が重要になる．関数の連続性を仮定することによって，具体的な式で表現されていない関数に対して，微分や積分がもつ一般的な性質を述べることができる．

$f(x)$ を区間 (a,b) を定義域に含む関数とする．$x_0\in(a,b)$ に対して x が x_0 に限りなく近づくならば $f(x)$ が実数 α に限りなく近づくとき，$f(x)$ の $x\to x_0$ の**極限値**は α であるといい

$$\lim_{x\to x_0} f(x)=\alpha, \qquad \text{または} \qquad f(x)\to\alpha \ \ (x\to x_0)$$

と書く．同様に，x が x_0 に $x>x_0$ の方向から限りなく近づくときの極限値を**右極限値**，$x<x_0$ の方向から限りなく近づくときの極限値を**左極限値**といい，それぞれ

$$\lim_{x\to x_0,\ x>x_0} f(x)=\lim_{x\to x_0+0} f(x)=\alpha, \qquad \text{または} \qquad f(x)\to\alpha \ \ (x\to x_0+0)$$

$$\lim_{x\to x_0,\ x<x_0} f(x)=\lim_{x\to x_0-0} f(x)=\alpha, \qquad \text{または} \qquad f(x)\to\alpha \ \ (x\to x_0-0)$$

と書く．しかし，限りなく近づくといういい方はあいまいなので，正確な定義では，次の ε–δ 論法を使う．

定義 1.3 (関数の極限). 区間 (a,b) をとり，$x_0\in[a,b]$ とする．$f(x)$ を $(a,b)\backslash\{x_0\}$ を定義域に含む関数とする．

(1) $a<x_0<b$ とする．どのように小さい実数 $\varepsilon>0$ に対しても，ある実数 $\delta>0$ をとることができて

$$x\in(a,b) \text{ かつ } 0<|x-x_0|<\delta \text{ となる } x \text{ に対して必ず } |f(x)-\alpha|<\varepsilon$$

であるとき，$f(x)$ の x_0 における**極限値**を α と定義する．

(2) $a \leq x_0 < b$ とする．どのように小さい実数 $\varepsilon > 0$ に対しても，ある実数 $\delta > 0$ をとることができて

$$x \in (a,b) \text{ かつ } 0 < x - x_0 < \delta \text{ となる } x \text{ に対して必ず } |f(x) - \alpha| < \varepsilon$$

であるとき，$f(x)$ の x_0 における**右極限値**を α と定義する．

(3) $a < x_0 \leq b$ とする．このとき，$f(x)$ の x_0 における左極限値も (2) の右極限値と同様にして定義される．

別のいい方をすれば，$f(x)$ の定義域を区間 $(x_0 - \delta, x_0 + \delta)$ に制限すれば，その値域は $(\alpha - \varepsilon, \alpha + \varepsilon)$ に含まれるということになる．**$f(x)$ の値域をいくら狭くとってもそれに応じて x の定義域を狭く制限すれば，関数のとりうる値はその値域の範囲に収まるといってもよい．**なお，ここで，$f(x)$ の定義域に x_0 が含まれている必要はない．また，極限値は変数 $x\,(\neq x_0)$ が x_0 に近づいていくときに $f(x)$ が近づく値であるので，$f(x_0)$ の値とは別である．

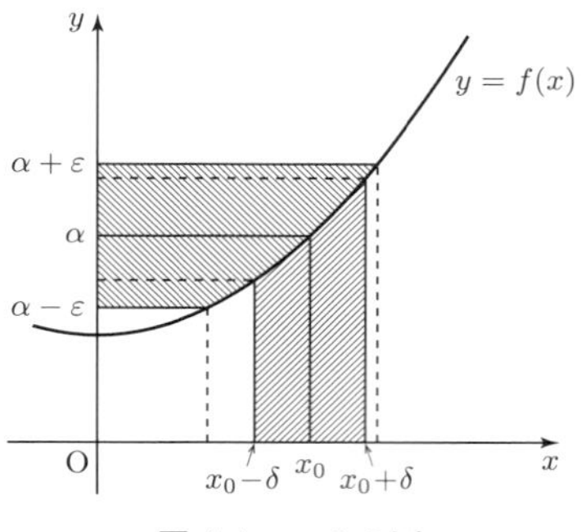

図 1.1 ε–δ の図

この定義では，$x_0 \in (a,b)$ のときは，左右の両極限値を定義できる．この両極限値が存在して一致するとき，すなわち

$$\lim_{x \to x_0 + 0} f(x) = \lim_{x \to x_0 - 0} f(x)$$

であるとき，極限値 $\displaystyle\lim_{x \to x_0} f(x)$ は存在してこの左右の両極限値に一致する．

数列の極限と関数の極限のあいだには次のような関係が成り立つ．(証明は割愛する．) この事実は，1.1.3 項ですでに用いられている．

命題 1.3. $$\lim_{x \to x_0} f(x) = y_0$$
であれば，x_0 に収束する任意の数列 $\{x_n\}$ に対して
$$\lim_{n \to \infty} f(x_n) = y_0$$
となる．また，この逆も成り立つ．

関数が $x = x_0$ で極限値をもつときは**収束する**といい，一方，極限値をもたないときは，**収束しない**あるいは**発散する**という．しかし，極限値が限りなく大きくなる ($+\infty$ に近づく) 場合と区別して，発散とは $+\infty$ や $-\infty$ に近づく場合に使うこともある．定義は次のとおりである．

定義 1.4 (極限が無限大). 区間 (a, b) をとり，$x_0 \in [a, b]$ とする．$f(x)$ を $(a, b) \setminus \{x_0\}$ を定義域に含む関数とする．このとき，どのような大きな実数 $N > 0$ に対しても，ある実数 $\delta > 0$ をとることができて
$$x \in (a, b) \text{ かつ } 0 < |x - x_0| < \delta \text{ となる } x \text{ に対して必ず } f(x) > N$$
であるとき，$f(x)$ の x_0 における極限を $+\infty$ と定義し，
$$\lim_{x \to x_0} f(x) = \infty$$
と書く．同様に，
$$x \in (a, b) \text{ かつ } 0 < x - x_0 < \delta \text{ となる } x \text{ に対して必ず } f(x) > N$$
であるとき，$f(x)$ の x_0 における右極限を $+\infty$ と定義し，
$$\lim_{x \to x_0 + 0} f(x) = \infty$$
と書く．左極限に対する $\displaystyle\lim_{x \to x_0 - 0} f(x) = \infty$ も同様に定義できる．

定義 1.5 (関数の連続性). $f(x)$ を区間 $[a, b]$ を定義域に含む関数とし，$x_0 \in [a, b]$ する．$f(x)$ が $x = x_0$ で**連続**であるとは
$$\lim_{x \to x_0} f(x) = f(x_0)$$
を満たすことをいう．

極限値が存在しない点 $x = x_0$ においては関数は連続にならない．また，極限値が存在してもその値が $f(x_0)$ と異なればやはりその関数は連続ではない．

大ざっぱにいえば，グラフを描いて，それがつながっているとき関数は連続であるといってよい．実際に我々が使う多項式や有理関数，無理関数，さらに指数関数や三角関数も，関数 $f(x)$ は $f(x_0)$ が有限の値をとればそこで連続である．したがって，

$$\lim_{x \to x_0} f(x) = f(x_0)$$

によって極限値を計算しても正しい答えが得られる．微積分における極限値の計算問題で注意しなければならないことは，直接に値を代入しても答えが ∞/∞ のような不定形になってしまうような場合の極限値の計算である．

関数の連続性を正確な定義に従って証明することは，時には複雑な計算になる．しかし，次の定理を使うと，連続な関数の加減乗除や合成は連続であることがわかる．これによって，多項式や分母がゼロにならない有理関数，無理関数などは連続関数になることがわかる．三角関数や指数・対数関数も値が定まらないところを定義域から除くと連続関数になっている．

定理 1.4 (連続関数の加減乗除). $f(x), g(x)$ を開区間 (a, b) 上で定義された連続関数とし，α, β を実数とする．このとき，

(1) $\alpha f(x) \pm \beta g(x)$ は連続関数である．また，積 $f(x)g(x)$ も連続関数である．

(2) 点 $x \in (a, b)$ において $g(x) \neq 0$ であるとすると，商 $f(x)/g(x)$ は連続関数である．

定理 1.5 (連続関数の合成). $f(x), g(x)$ を連続関数として，$f(x)$ の値域が $g(x)$ の定義域に含まれるとする．このとき，合成関数 $g \circ f(x) = g(f(x))$ は連続関数で，その定義域は $f(x)$ の定義域と一致する．

次に，連続関数に関して成り立つ重要な定理をあげる．

定理 1.6 (中間値の定理). $f(x)$ を閉区間 $[a, b]$ 上で定義された連続関数とする．ここで $f(a) \neq f(b)$ と仮定して，$f(a)$ と $f(b)$ の間にある任意の実数値 η に対して ($\eta = f(a)$ や $\eta = f(b)$ でもよい)，少なくとも 1 つの実数値 $\xi \in [a, b]$ が存在して，

$$\eta = f(\xi)$$

が成り立つ．

この定理の意味は，x を未知数とする方程式 $f(x)=\eta$ の解が少なくとも1つ閉区間 $[a,b]$ 内に存在するということである．直感的な説明をすれば，連続であるということは，$y=f(x)$ のグラフを描いたときそれがつながっているということだから，そのグラフが直線 $y=\eta$ をどこかで横切ることになり，その横切った点の x 座標が $x=\xi$ ということになる．

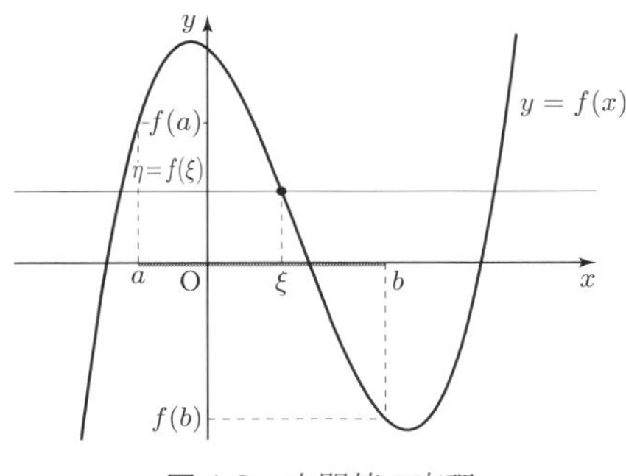

図 1.2　中間値の定理

定理 1.7 (連続関数の最大・最小)．$f(x)$ を閉区間 $[a,b]$ 上で定義された連続関数とする．このとき，$f(x)$ の最大値と最小値が存在する．

一般に連続でない関数の最大値や最小値は存在するとは限らない．また，連続であっても閉区間 $[a,b]$ 上でなければやはり最大値や最小値は存在しないことがある．

1.2.3　単調関数と逆関数

我々の定義では，関数 $y=f(x)$ が与えられたとき，x の値に対して y の値は1つに決まるが，逆に y に対応する x の値は1つではないことがある．たとえば2次関数 $y=x^2$ がそうである．したがって，逆の対応を表す関数を考えるときは少し工夫が必要になる．そのとき必要になるのが単調関数である．

定義 1.6 (単調関数)．$f(x)$ を定義域 D で定義された関数とする．x_1, x_2 を D の中の $x_1 < x_2$ である任意の2点とする．

(1)　$f(x_1) \leq f(x_2)$ が常に成り立つとき $f(x)$ を広義の単調増加関数といい，$f(x_1) \geq f(x_2)$ が常に成り立つとき $f(x)$ を広義の単調減少関数という．

(2) $f(x_1) < f(x_2)$ が常に成り立つとき $f(x)$ を狭義の単調増加関数といい，
$f(x_1) > f(x_2)$ が常に成り立つとき $f(x)$ を狭義の単調減少関数という．

狭義の単調増加関数あるいは**単調減少関数**を単に**単調関数という**．単調関数 $f(x)$ は定義域 D から値域 R への 1 対 1 の対応を定義する[6)]ので，逆に，値域 R の点 y に対して，$y = f(x)$ となる定義域 D の値 x が対応する．

定義 1.7 (逆関数)．値域 R の点 y に対して $y = f(x)$ となる定義域 D の値 x を対応させる関数を $f(x)$ の**逆関数**といい $f^{-1}(y)$ と書く[7)]．ここで，変数 x は $f(x)$ の定義域 D $(= f^{-1}(y)$ の値域$)$ の点であるが，変数 y は逆関数 $f^{-1}(y)$ の定義域 R $(= f(x)$ の値域$)$ の点である．

逆関数であるからといって変数 y の関数で表す必要はない．逆関数 $f^{-1}(y)$ の独立変数 y がもとの関数 $y = f(x)$ の従属変数になっているので y の関数で書いたにすぎない．逆関数を独立変数 x の関数として書くときは $f^{-1}(x)$ と書いてよい．

注意 1.5．$f^{-1}(x)$ は逆関数の記号であって，逆数の関数 $\dfrac{1}{f(x)}$ の意味ではない．混同しないように気をつけてほしい．

逆関数の定義から，次のことが成り立つ．

(1) 定義域 D で値域が R である単調関数 $f(x)$ に対して逆関数 $f^{-1}(x)$ が 1 つ定義され，同じ単調関数になる．$f(x)$ が狭義の単調増加 (あるいは減少) 関数ならば $f^{-1}(x)$ もそうである．逆関数 f^{-1} の定義域はもとの関数 f の値域で，f^{-1} の値域は f の定義域である．

(2) 関数とその逆関数との合成関数は恒等関数になり，その値は常にもとに戻る．

$$\begin{aligned} f \circ f^{-1}(x) &= x \quad (\text{ただし } x \in R), \\ f^{-1} \circ f(x) &= x \quad (\text{ただし } x \in D). \end{aligned} \tag{1.1}$$

関数 $f(x)$ の逆関数を考えるときは，特にその関数の定義域 D はどこか (D は逆関数の値域になる)，そこで関数は単調になっているか，また値域 R がどこか

---

6) 単調関数であることは，f が 1 対 1 の対応を定義するための十分条件であって必要条件ではない．一般に，逆写像は f が 1 対 1 の対応であれば定義できる．だから，単調関数である必要はないのだが，本書では単調関数に対してだけ逆関数を定義する．

7) 読み方は**エフ・インバース**でよいだろう．英語の inverse (逆) をそのまま読む．

を意識する必要がある (R は逆関数の定義域になる). 例えば, 関数 $f(x)=x^2$ はそのままでは単調関数ではない. 単調になるのは定義域が $D_+=\{x \mid x \geq 0\}$ か $D_-=\{x \mid x \leq 0\}$ に制限された場合である. どちらの場合も値域 R は D_+ である. D_+ に定義域が制限された $f(x)$ の逆関数は $f^{-1}(y)=\sqrt{y}$ であるが, D_- に定義域が制限された場合の逆関数は $f^{-1}(y)=-\sqrt{y}$ になる (ともに $f^{-1}(y)$ の定義域は D_+ である).

数式で表された逆関数を計算するには,

(1) 関数 $f(x)$ が単調関数になるように定義域と値域を定める.

(2) $y=f(x)$ を x を未知とする方程式と考えて解いて, $x=f^{-1}(y)$ の形に書き直す.

(3) 変数 y を x でおき直して $f^{-1}(x)$ の形に表示する.

といった手続きで計算できる.

上の例 $y=x^2$ であれば, 定義域を D_+ とすれば値域も D_+ で, $x=\sqrt{y}$ が逆関数となり, ここで従属変数 y を独立変数 x におき直すと $\sqrt{x}$ が逆関数になる. $y=-x^3$ であれば, 定義域も値域も実数全体 $\mathbf{R}$ の単調減少関数であり, 関係式を $x=-\sqrt[3]{y}$ と書き換えて y を x におき直し $-\sqrt[3]{x}$ が逆関数になる.

次の定理は証明しないが, 関数の合成の定義やグラフを思い浮かべると直感的には明らかであろう.

命題 1.4. $f(x), g(x)$ を単調関数として $f(x)$ の値域が $g(x)$ の定義域に含まれるとする. このとき,

(1) 合成関数 $g \circ f(x)=g(f(x))$ は単調関数で, $g \circ f(x)$ の定義域は $f(x)$ の定義域と一致し, 値域は $g(x)$ の値域に含まれる.

(2) $f(x), g(x)$ がともに単調増加, あるいはともに単調減少ならば, $g \circ f(x)$ は単調増加である. $f(x), g(x)$ の一方が単調増加でもう一方が単調減少ならば $g \circ f(x)$ は単調減少である.

(3) $(g \circ f)^{-1}(x)=f^{-1} \circ g^{-1}(x)$ である.

命題 1.5 (連続単調関数の逆関数). 連続な単調増加 (あるいは減少) 関数の逆関数はやはり連続な単調増加 (あるいは減少) 関数になる.

問 1.6. 命題 1.4, 1.5 を証明せよ.

問 1.7. $\alpha > 0$ を整数とする[8]. 定義域が $x \in [0, 1]$ である関数 $f(x) = x^\alpha$ と $g(x) = 1 - x^\alpha$ を考える.

(1) $f(x)$ は単調増加で $g(x)$ は単調減少であり, 値域が $[0, 1]$ であることを示せ.

(2) $\alpha = 2$ のとき, $f \circ g(x)$ と $g \circ f(x)$ を求め, そのグラフを描け.

(3) $\alpha = 2$ のとき, $f \circ g(x)$ と $g \circ f(x)$ の逆関数を求め, そのグラフを描け.

1.3 初等関数と初等超越関数

本節では, 微積分の初歩で使われる関数について調べる. 微積分で主に使われる関数は数式で表される. この数式には多項式や有理関数・無理関数をはじめとして, 冪乗の関数のほか, 指数関数や三角関数などが含まれる. そのほか, これらの関数の逆関数や関数の合成によって得られる関数が本書で扱う関数になる.

1.3.1 有理関数と無理関数

変数 x をもつ多項式は

$$f(x) = a_n x^n + a_{n-1} x^{n-1} + \cdots + a_1 x + a_0$$

によって表される関数である. 定義域は特に制限を加えない限り実数全体 $\mathbf{R}$ であるとしてよい. 値域は実数の集合の部分集合になる.

これに対して, 有理関数とは, 2 つの多項式 $f(x), g(x)$ を使って

$$h(x) = \frac{f(x)}{g(x)}$$

で表される関数である. ここで $g(x)$ はゼロでない多項式である. なお, 有理関数 $h(x) = \dfrac{f(x)}{g(x)}$ において, $f(x)$ と $g(x)$ が共通因子をもつことがあるが, そういう場合はあらかじめ約分して, 分母と分子が "既約な" 分数関数で書いたものを有理関数の定義とすることが多い. また, $g(x) = 0$ となる点は関数の定義域から除くか, 特に値を与えて定義域に含めることもある (連続性による関数の延長).

8) 実際には $\alpha > 0$ の実数であればよい.

◆**例 1.4.** 例えば

$$\frac{x^2+5x+6}{x^3+9x^2+23x+15} = \frac{(x+2)(x+3)}{(x+1)(x+3)(x+5)} = \frac{x+2}{(x+1)(x+5)} = \frac{x+2}{x^2+6x+5}$$

であるが，最初の表示式では $x=-3$ での値が定義できない．この場合は約分して最後の表示にすれば $x=-3$ での値 $1/4$ が定義できる．これが**延長** (extension) の一例である．この有理関数の定義域は $x \neq -1, -5$ である実数全体である．関数の連続性を使った延長は，微積分の計算ではしばしば断わりなく行われる． ■

無理関数とは，有理関数 $h(x)$ の n 乗根

$$\sqrt[n]{h(x)} = (h(x))^{1/n}$$

で表される関数のことで，通常は $h(x) \geq 0$ となるような領域を定義域とする関数である．

問 1.8. 次の命題は正しいか？

(1) 多項式で表される関数の合成は多項式になる．また，有理関数の合成はやはり有理関数になる．

(2) 多項式や有理関数の逆関数は多項式や有理関数になる．

1.3.2 冪乗関数

無理関数を一般化したものに冪乗関数がある．そのためにまず，正の数 a の冪乗(べきじょう)について復習しよう．

$a>0$ とする．整数 m と正の整数 n に対して，有理数 $p=m/n$ とおく．

$$a^p = \sqrt[n]{a^m}$$

によって a の p 乗が定義できる．任意の実数 b に対して，b に収束する有理数の数列 $\{p_n\}$ (すなわち $\lim_{n\to\infty} p_n = b$) をとると

$$a^b = \lim_{n\to\infty} a^{p_n}$$

として定義し，これを a の b 乗という．この値は有理数の数列 $\{p_n\}$ のとり方

によらず，b の値だけで決まる[9)]．a^b のことを，a が底で b が指数の a の**冪乗**，あるいは a の b **乗**とよぶ．また，$b \neq 0$ であるとき，$a^{1/b}$ を $\sqrt[b]{a}$ と書いて a の b **乗根**とよぶ．

冪乗の計算に必要な性質は次のように書ける．

命題 1.6. $a > 0$ とする．

(1) 任意の 2 つの実数 b, c に対して

$$a^{b+c} = a^b a^c \quad \text{また} \quad (a^b)^c = a^{bc} = (a^c)^b.$$

(2) $b > 0$ とする．$a > 1$ であれば $a^b > 1$ また $0 < a^{-b} < 1$ である．また，$0 < a < 1$ ならば $0 < a^b < 1$ また $a^{-b} > 1$ である．

(3) 任意の実数 b に対して，$a^b > 0$ かつ $a^0 = 1$ である．また，$a^{-b} = \dfrac{1}{a^b}$ が成り立つ．

$x > 0$ と実数 α に対して $f(x) = x^\alpha$ で**冪乗関数**が定義できる．これは，独立変数 x が底で実数の定数 α が指数である冪乗によって定義される[10)]．

命題 1.7. 冪乗関数は次の性質をもつ．

(1) (連続性)　冪乗関数は連続関数である．

(2) (定義域と値域)　冪乗関数 $f(x) = x^\alpha$ の定義域は正の実数全体 $\{x \in \mathbf{R} \mid x > 0\}$ で，$\alpha \neq 0$ であるならば値域も正の実数全体である．($\alpha = 0$ のときは定数関数 $f(x) = 1$ なので値域は $\{1\}$.)

(3) (単調性)　$\alpha > 0$ ならば狭義の単調増加，$\alpha < 0$ ならば狭義の単調減少なので，逆関数が存在し，それぞれ狭義の単調増加，狭義の単調減少となる．具体的にいえば $f(x) = x^\alpha$ の逆関数は $f^{-1}(x) = x^{1/\alpha}$ となる．

(4) (極限値)　$\alpha > 0$ ならば

$$\lim_{x\to\infty} x^\alpha = \infty, \qquad \lim_{x\to+0} x^\alpha = 0.$$

---

9)　この事実は証明を要する．$a > 1$ ならば，実数 x に収束する単調増加有理数列 $\{p_n\}$ と単調減少有理数列 $\{q_n\}$ に対して，$\{a^{p_n}\}$ は単調増加，$\{a^{q_n}\}$ は単調減少で $a^{p_n} \leq a^x \leq a^{q_n}$ であって，$\lim_{n\to\infty}(a^{q_n} - a^{p_n}) = 0$ なので，収束値が存在して 1 つであることがわかる．これは関数 $f(x) = a^x$ が連続であることと同値である．ここでは直感的に冪乗をとらえて，冪乗の指数の計算法則が使えればよい．

10)　正確にいえば，この関数の定義域は $\alpha \geq 0$ であれば $\mathbf{R}_{\geq 0} = \{x \mid x \geq 0\}$ で，$\alpha < 0$ であれば $\mathbf{R}_{>0} = \{x \mid x > 0\}$ である．しかし，定義域を常に $\mathbf{R}_{>0}$ としていることも多いようであるので，以下でも冪乗関数として扱うときはそのようにする．

また，$\alpha < 0$ ならば

$$\lim_{x \to \infty} x^{\alpha} = 0, \quad \lim_{x \to +0} x^{\alpha} = \infty.$$

問 1.9. $f(x) = x^{\sqrt{2}}$ とその逆関数 $f^{-1}(x)$ のグラフを描け．同様に，$f(x) = x^{-\sqrt{2}}$ とその逆関数 $f^{-1}(x)$ のグラフを描け．また，これらの関数の定義域と値域を求めよ．

1.3.3 指数関数と対数関数

指数関数は同じ数を複数回掛ける操作から派生した関数であり，急激に増加したり減少したりする現象を表すのに使われる．その逆関数である対数関数は，積の計算を和に直すことができるため，古くから複雑な掛け算を含む数値計算には対数関数の数値表である対数表が使われてきた．いずれも，超越関数のなかでも基本的なものであるが，ここではその基本的な定義と性質の復習を行う．

$a > 0$, $a \neq 1$ を定数，x を実数値全体をとる独立変数として，関数 $y = f(x) = a^x$ のことを，a を**底**とする**指数関数**とよぶ．指数関数の性質は次のようである．

(1) x の関数 a^x の定義域は実数全体 $\mathbf{R}$ で，値域は正の実数全体 $\{y \mid y > 0\}$ である．

(2) x の関数 a^x は連続関数である．また，$a > 1$ ならば単調増加関数で，$a < 1$ ならば単調減少関数である．

指数関数の単調性は次のようにして証明できる．

$a > 1$ のとき，$f(x) = a^x$ が単調増加であることを証明しよう．

$$f(x_2) - f(x_1) = a^{x_2} - a^{x_1} = a^{x_2}(1 - a^{x_1 - x_2})$$

ここで，$a^{x_2} > 0$ だから，$p = x_1 - x_2 < 0$ であれば $1 - a^p = 1 - a^{x_1 - x_2} > 0$ であることを示せばよい．これは，結局，$a > 1$, $p > 0$ ならば $a^p > 1$ であることに帰着する．これは指数の基本的な性質から導かれる．

指数関数 $f(x) = a^x$ の逆関数を**対数関数**といい

$$f^{-1}(x) = \log_a x$$

と書く．ここで，$a > 0$ かつ $a \neq 1$ であり，これを**対数関数の底**という[11)]．対数関数の計算に必要な性質は次のようである．

11) もとの指数関数の底である．

(1) 任意の 2 つの正の数 x, y に対して

$$\log_a(xy) = \log_a x + \log_a y.$$

(2) 任意の正の数 b と任意の実数 x に対して

$$\log_a b^x = x \log_a b.$$

したがって，$\log_a(1/b) = -\log_a b$，また，$\log_a 1 = 0$ である．

(3) 任意の $b > 0$ と任意の $c > 0$ かつ $c \neq 1$ に対して

$$\log_a b = \frac{\log_c b}{\log_c a}.$$

(4) x の関数 $\log_a x$ の定義域は正の実数全体 $\{x \mid x > 0\}$ で，値域は実数全体 $\mathbf{R}$ である．

(5) x の関数 $\log_a x$ は連続関数である．また，$a > 1$ ならば単調増加関数で，$a < 1$ ならば単調減少関数である．

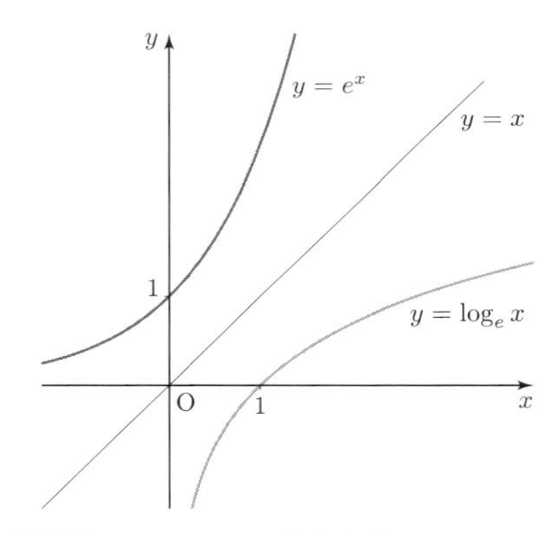

図 1.3 指数関数 $f(x) = e^x$ と対数関数 $f(x) = \log_e x$ のグラフ

指数関数と対数関数のなかで，とりわけ重要なのがネピアの数 e を底にもつ指数関数と対数関数である．e を底とする指数関数 e^x は

$$e^x = \exp(x)$$

とも書く[12)]．また，e を底とする対数関数 $\log_e x$ は**自然対数**といい

$$\log_e x = \log x = \ln x$$

12) $\exp(x)$ は指数 x を大きな文字で書くための工夫である．

とも書き表す．$\log x$ は底を省略した書き方であり，ln は自然対数のための対数記号である[13]．任意の底 a をもつ指数関数や対数関数は

$$a^x = e^{x \log a} = \exp(x \ln a), \quad \log_a x = \frac{\log x}{\log a} = \frac{\ln x}{\ln a}$$

と e を底にもつ指数関数 exp や対数関数 ln で書けることを知っておこう．

問 1.10. 次を示せ．

$$\lim_{x\to\infty}\left(1+\frac{1}{x}\right)^x = \lim_{x\to-\infty}\left(1+\frac{1}{x}\right)^x = e,$$

$$\lim_{x\to\infty}\left(1-\frac{1}{x}\right)^x = \lim_{x\to-\infty}\left(1-\frac{1}{x}\right)^x = \frac{1}{e}$$

問 1.11. 次を示せ．

$$\lim_{x\to 0}\frac{e^x-1}{x} = 1, \quad \lim_{x\to 0}\frac{\log(x+1)}{x} = 1$$

問 1.12. 次の極限値を求めよ．ここで $a > 0$, かつ $a \neq 1$ である．

$$\lim_{x\to 0}\frac{a^x-1}{x}, \qquad \lim_{x\to 0}\frac{\log_a(x+1)}{x}$$

1.3.4 三角関数とその逆関数

多項式や有理関数のような関数では表すことができない関数を**超越関数**という．その代表的なものは三角関数で，これは幾何学的に意味をもち，さらに周期をもつ波動を扱う場合に欠かせない重要な関数である．ここでは，三角形の幾何学的な意味から三角関数を定義しておこう．また，その逆関数である逆三角関数を導入する．

$\mathrm{P}(p,q)$ を原点中心の半径 1 の円周 $x^2+y^2=1$ 上の点とする．x 軸と $\overrightarrow{\mathrm{OP}}$ のなす角を x 軸の正の方向から左回りに測ったものを θ とする．このとき，

$$\sin\theta = q, \quad \cos\theta = p$$

として変数 θ の関数 $\sin\theta, \cos\theta$ を定義する．$\sin\theta$ を**正弦関数** (あるいはサイン)，$\cos\theta$ を**余弦関数** (あるいはコサイン) とよぶ．定義より，この二種の関数のあいだには基本的な関係式

$$(\sin\theta)^2 + (\cos\theta)^2 = 1$$

13) 10 を底にもつ常用対数 $\log_{10} x$ も $\log x$ と書かれることがあるため，それから区別するために導入された．

が成り立つ．そのほかの三角関数は

$$\tan\theta = \frac{\sin\theta}{\cos\theta}, \quad \cot\theta = \frac{\cos\theta}{\sin\theta},$$
$$\sec\theta = \frac{1}{\cos\theta}, \quad \csc\theta = \frac{1}{\sin\theta}$$

によって定義され，それぞれ**正接関数** (あるいはタンジェント)，**余接関数** (あるいはコタンジェント)，**正割関数** (あるいはセカント)，**余割関数** (あるいはコセカント) とよぶ．$\cot\theta$, $\sec\theta$, $\csc\theta$ はそれぞれ $\tan\theta$, $\cos\theta$, $\sin\theta$ の逆数なので，実際は $\tan\theta$, $\cos\theta$, $\sin\theta$ の 3 つの関数で十分である．上記の定義により，$\sin\theta$, $\cos\theta$ は 2π 周期関数，$\tan\theta$ は π 周期関数とわかる．

注意 1.6. 元来，余弦関数 $\cos\theta$ は $\operatorname{cosin}\theta$ の省略形で，余接関数 $\cot\theta$ は $\operatorname{cotan}\theta$ の省略形，また，余割関数 $\csc\theta$ は $\operatorname{cosec}\theta$ の省略形である．

これらの三角関数の定義域と値域をみてみる．以下，三角関数の独立変数を θ から x に変える．

命題 1.8 (三角関数の定義域と値域)**.** 三角関数の定義域と値域は次のとおりである．

(1) $\sin x$ と $\cos x$ の定義域は実数全体 $\mathbf{R}$ で，値域は $\{y \in \mathbf{R} \mid -1 \leq y \leq 1\}$ である．

(2) $\tan x$ の定義域は $\{x \in \mathbf{R} \mid x \neq \pm\frac{\pi}{2}, \pm\frac{3\pi}{2}, \ldots\}$ で，値域は実数全体 $\mathbf{R}$ である．

しかし，この定義域は関数の値が定義できる $\mathbf{R}$ の集合をとったもので，逆関数を定義するための単調性が成り立たない．そこで，三角関数の定義域を次のように制限して単調性を確保する．

(1) $\sin x$ の定義域を $\{x \in \mathbf{R} \mid |x| \leq \frac{\pi}{2}\}$ とすると単調増加である．また，$\cos x$ の定義域を $\{x \in \mathbf{R} \mid 0 \leq x \leq \pi\}$ とすると単調減少になる．

(2) $\tan x$ の定義域を $\{x \in \mathbf{R} \mid |x| < \frac{\pi}{2}\}$ とすると単調増加である．

上記の定義域に関数を制限したときにはその逆関数が一意に決まる．その逆関数は上記の定義域を値域とし，これを逆三角関数の**主値**という．このほかの主値を値域としない逆関数も主値を使った逆関数で表すことができるので，主値に値をとる逆関数だけを考えれば十分である．

正弦関数 $\sin x$ の (主値をとる) 逆関数を $\sin^{-1} x$ あるいは $\arcsin x$ と書き，

アークサイン[14](あるいは**サインインバース**) とよぶ．同様に，$\cos x$ の逆関数も定義できてそれぞれ $\cos^{-1} x$ あるいは $\arccos x$ と書き，**アークコサイン** (あるいは**コサインインバース**) とよぶ．さらに，$\tan x$ の逆関数を $\tan^{-1} x$ あるいは $\arctan x$ などと書き，同様のよび方をする．

注意 1.7 (記号に関する注意)．**逆三角関数を表す $\sin^{-1} x$ は逆数関数 $\dfrac{1}{\sin x}$ の意味ではない**．ここを混同しないようにしてほしい．計算式では $\sin^{-1} x$ のような表記を避けて代わりに $\arcsin x$ を使って混乱を避けることもある．ただし，$(\sin x)^2$ を $\sin^2 x$ と書くこともある．

命題 1.9 (逆三角関数の定義域と値域)．逆三角関数の定義域と値域は次のようになる．

(1) $\sin^{-1} x$ は定義域が $\{x \in \mathbf{R} \mid |x| \leq 1\}$ で値域が $\{y \in \mathbf{R} \mid |y| \leq \frac{\pi}{2}\}$ となる単調増加関数である．また，$\cos^{-1} x$ は定義域が $\{x \in \mathbf{R} \mid |x| \leq 1\}$ で値域が $\{y \in \mathbf{R} \mid 0 \leq y \leq \pi\}$ の単調減少関数になる．

(2) $\tan^{-1} x$ は定義域が実数全体 $\mathbf{R}$ で値域が $\{y \in \mathbf{R} \mid |y| < \frac{\pi}{2}\}$ となる単調増加関数である．

問 1.13. 次の逆三角関数の値を求めよ．

(1) $\sin^{-1} \frac{1}{2}$　(2) $\cos^{-1} \frac{1}{2}$　(3) $\tan^{-1} \sqrt{3}$　(4) $\cos^{-1} \frac{\sqrt{3}}{2}$

(5) $\sin^{-1} (-\frac{\sqrt{3}}{2})$　(6) $\cos^{-1} (-\frac{1}{2})$　(7) $\tan^{-1} (-\frac{1}{\sqrt{3}})$　(8) $\cos^{-1} (-\frac{\sqrt{3}}{2})$

1.3.5　逆三角関数の計算法

逆三角関数の公式は，三角関数の独立変数と従属変数の関係を入れ換えたものだから，その証明は三角関数の公式に帰着される．逆三角関数の公式は，三角関数に直して理解するとよい．なお本書では，三角関数の基本的な公式は既知として話を進める．

◆**例 1.5** (逆三角関数)．　$\sin^{-1} x + \cos^{-1} x = \dfrac{\pi}{2}$

証明． 通常の三角関数の公式に直すため $a = \sin^{-1} x$, $b = \cos^{-1} x$ とおく．このとき $x = \sin a = \cos b$ であって x の動きうる範囲 (逆三角関数の定義域) は $|x| \leq 1$，a, b の動きうる範囲 (逆三角関数の値域) はそれぞれ $-\frac{\pi}{2} \leq c \leq \frac{\pi}{2}$,

14)　アークとは弧の長さ (つまり角度) のことで，三角関数の値から逆に角度 (弧の長さ) を決める関数が逆三角関数であることからこのようによぶ．

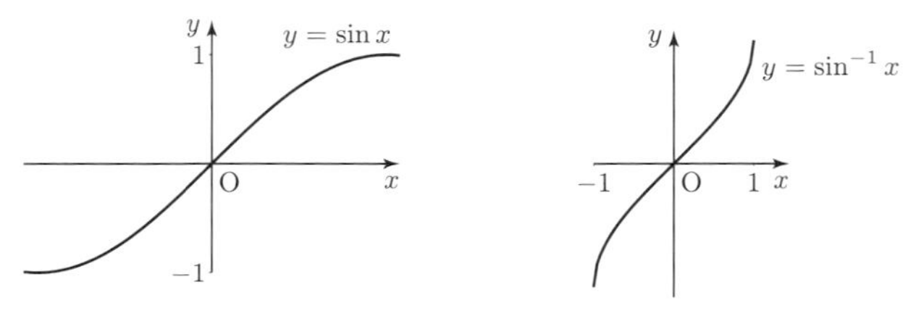

$\sin x$ と $\sin^{-1} x$ のグラフ

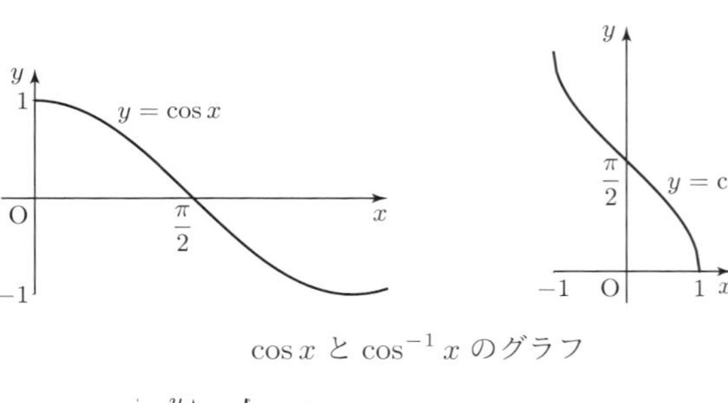

$\cos x$ と $\cos^{-1} x$ のグラフ

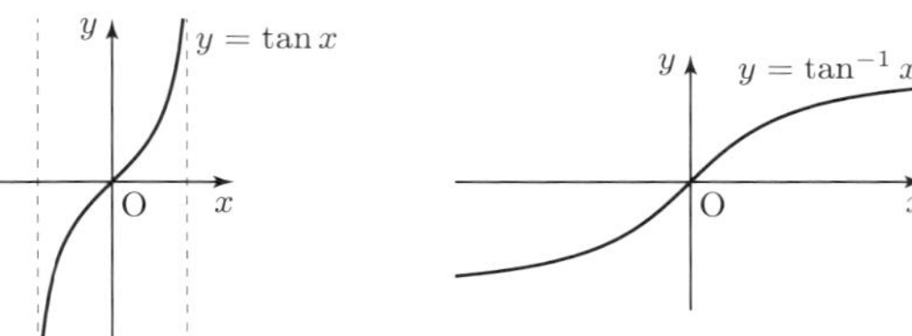

$\tan x$ と $\tan^{-1} x$ のグラフ

図 1.4　三角関数とその逆関数のグラフ

$0 \leq b \leq \pi$ である．したがって $\frac{\pi}{2} - b$ は $-\frac{\pi}{2} \leq \frac{\pi}{2} - b \leq +\frac{\pi}{2}$ の範囲に入る．ここで，

$$\sin a = \cos b = \sin\left(\frac{\pi}{2} - b\right)$$

であるので，$a, \frac{\pi}{2} - b$ の動きうる範囲は閉区間 $[-\frac{\pi}{2}, \frac{\pi}{2}]$ で同じであることに注意すれば，

$$a = \sin^{-1}\sin a = \sin^{-1}\sin\left(\frac{\pi}{2} - b\right) = \frac{\pi}{2} - b$$

が得られる．これより

$$a + b = \sin^{-1} x + \cos^{-1} x = \frac{\pi}{2}$$

が得られた． ∎

問 1.14. $\sin^{-1} x$, $\tan^{-1} x$ はともに奇関数であること，つまり $\sin^{-1}(-x) = -\sin^{-1} x$, $\tan^{-1}(-x) = -\tan^{-1} x$ であることを示せ．

問 1.15. 次の等式を証明せよ．

(1) $\sin(\cos^{-1} x) = \sqrt{1-x^2}$,　$\cos(\sin^{-1} x) = \sqrt{1-x^2}$

(2) $\cos^{-1}(\sin x) = \dfrac{\pi}{2} - x \quad \left(|x| \leq \dfrac{\pi}{2}\right)$

(3) $\sin^{-1} x = \begin{cases} \cos^{-1}(\sqrt{1-x^2}) & (0 \leq x \leq 1) \\ -\cos^{-1}(\sqrt{1-x^2}) & (-1 \leq x \leq 0) \end{cases}$

(4) $\sin^{-1} x = \tan^{-1}\left(\dfrac{x}{\sqrt{1-x^2}}\right) \quad (-1 < x < 1)$

問 1.16. 次の等式を証明せよ．

(1) $\tan^{-1} x + \tan^{-1} \dfrac{1}{x} = \dfrac{\pi}{2} \quad (x > 0)$

(2) $\tan^{-1} x + \tan^{-1} \dfrac{1}{x} = -\dfrac{\pi}{2} \quad (x < 0)$

◇例題 1.7. 次の極限値の等式を証明せよ．

(1) $\displaystyle\lim_{x\to 0} \frac{\sin x}{x} = 1$,　$\displaystyle\lim_{x\to 0} \frac{\tan x}{x} = 1$

(2) $\displaystyle\lim_{x\to 0} \frac{1-\cos x}{x^2} = \frac{1}{2}$

証明． まず，次の不等式が成り立つことを確かめる．

$$0 < \sin x < x < \tan x \quad \left(0 < x < \frac{\pi}{2}\right)$$

この x を $-x$ に置き換えると，不等号の向きが逆になって

$$0 > \sin x > x > \tan x \quad \left(-\frac{\pi}{2} < x < 0\right)$$

となる．ここではこの不等式を仮定して，はさみうちの原理で極限値の等式を証明する．$\frac{\pi}{2} > x > 0$ であるならば，

$$0 < \frac{\sin x}{x} < 1 < \frac{\sin x}{x}\frac{1}{\cos x}$$

であるので，

$$\cos x < \frac{\sin x}{x} < 1$$

となる．同様に，$-\frac{\pi}{2} < x < 0$ でも

$$\cos x < \frac{\sin x}{x} < 1$$

となる．ここで $x \to 0$ のとき $\cos x \to 1$ であるので

$$\lim_{x\to 0}\frac{\sin x}{x} = 1$$

となる．また，この公式を使って

$$\lim_{x\to 0}\frac{\tan x}{x} = \lim_{x\to 0}\frac{\sin x}{x}\frac{1}{\cos x} = 1,$$

$$\lim_{x\to 0}\frac{1-\cos x}{x^2} = \lim_{x\to 0}\frac{1-\{1-2\sin^2(x/2)\}}{x^2} = \lim_{x\to 0}\frac{1}{2}\left(\frac{\sin(x/2)}{x/2}\right)^2 = \frac{1}{2}$$

が得られる． □

注意 1.8. 不等式 $0 < \sin x < x < \tan x$ $(0 < x < \frac{\pi}{2})$ は幾何学的な図形の面積の比較に基づいて証明されることが多い．$0 < x < \frac{\pi}{2}$ のとき，右図において $\angle\mathrm{AOB} = x$ で $\mathrm{OA} = \mathrm{OB} = 1$ とすれば，面積は $\triangle\mathrm{OAB} = (1/2)\sin x$，扇形 $\mathrm{OAB} = (1/2)x$，$\triangle\mathrm{OAP} = (1/2)\tan x$ となるので，

$$\triangle\mathrm{OAB} < \text{扇形 OAB} < \triangle\mathrm{OAP}$$

より

$$\sin x < x < \tan x$$

となる．

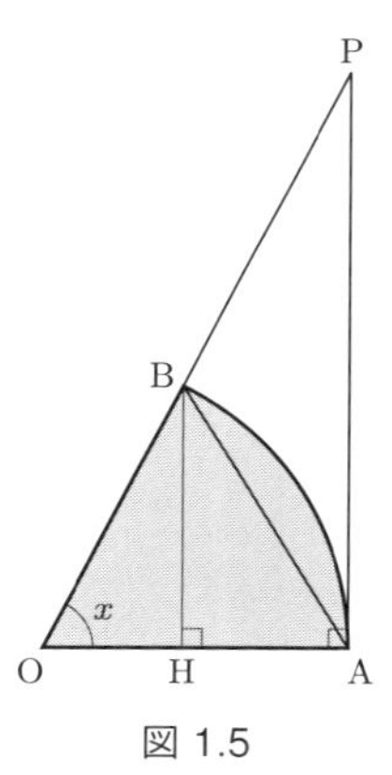

図 1.5

◇例題 1.8. $$\lim_{x\to 0}\frac{\sin^{-1}x}{x} = 1, \qquad \lim_{x\to 1-0}\frac{(\cos^{-1}x)^2}{1-x} = 2$$

証明. $t = \sin^{-1}x$ とおくと $x = \sin t$．ここで $x \to 0$ のとき $t = \sin^{-1}x \to 0$ なので

$$\lim_{x\to 0}\frac{\sin^{-1}x}{x} = \lim_{t\to 0}\frac{t}{\sin t} = 1.$$

また，$t = \cos^{-1}x$ とおくと $x = \cos t$．ここで $x \to 1-0$ のとき $t = \cos^{-1}x \to +0$ なので

$$\lim_{x\to 1-0}\frac{(\cos^{-1}x)^2}{1-x} = \lim_{t\to +0}\frac{t^2}{1-\cos t} = 2.$$ □

問 1.17. 次を証明せよ．

(1) $\displaystyle\lim_{x\to 0}\frac{\tan^{-1}(x/\sqrt{1-x^2})}{\sin x} = 1$ (2) $\displaystyle\lim_{x\to +0}\frac{(\cos^{-1}(1-x))^2}{\sin^{-1}x} = 2$

(3) $\displaystyle\lim_{x\to 0}\frac{(\cos^{-1}(1-x^2))^2}{1-\cos x}=4$　　(4) $\displaystyle\lim_{x\to\pm\infty}\tan^{-1}x=\pm\frac{\pi}{2}$

1.3.6　双曲線関数

双曲線関数は，指数関数を組み合わせて定義される関数である．

$$\sinh x=\frac{e^x-e^{-x}}{2},$$
$$\cosh x=\frac{e^x+e^{-x}}{2},$$
$$\tanh x=\frac{e^x-e^{-x}}{e^x+e^{-x}}=\frac{\sinh x}{\cosh x}$$

によって定義され，それぞれ**ハイパボリックサイン**，**ハイパボリックコサイン**，**ハイパボリックタンジェント**と読む[15)]．定義域はすべて実数全体 $\mathbf{R}$ である．値域は $\sinh x$ は実数全体 $\mathbf{R}$ で $\cosh x$ は $\{x\in\mathbf{R}\mid x\geq 1\}$ である．

単調関数になるのは $\sinh x$ と $\tanh x$ であって，ともに単調増加なので逆関数も単調増加になる．$\cosh x$ は $x\geq 0$ で単調増加で $x\leq 0$ で単調減少である．したがって，逆双曲線関数を考えるときは $x\geq 0$ を定義域として定義する．

逆双曲線関数の定義域と値域は次のとおりである．$y=\sinh x$ の定義域と値域はともに $\mathbf{R}$ で，逆関数 $y=\sinh^{-1}x$ も同様である．この関数は奇関数で $\sinh(-x)=-\sinh x$，また逆関数も $\sinh^{-1}(-x)=-\sinh^{-1}x$ となる．

$y=\cosh x$ の定義域と値域はそれぞれ $\mathbf{R}$ と $[1,\infty)$ で，逆関数 $y=\cosh^{-1}x$ は定義域 $[1,\infty)$ で値域を $[0,\infty)$ にとれば単調増加関数になる．$\cosh x$ は偶関数で $\cosh(-x)=\cosh x$ である．そこで，値域を $(-\infty,0]$ にした逆関数は定義域 $[1,\infty)$ の単調減少関数で $y=-\cosh^{-1}x$ になる．

注意 1.9. いうまでもないことであるが，$\sinh^{-1}x$ は $\sinh x$ の逆関数であって，逆数 $\dfrac{1}{\sinh x}$ の意味ではない．混同したくなければ $\sinh^{-1}x$ の代わりに $\operatorname{arcsinh}x$ を使うこともある．

---

15)　サインハイパボリックとよんだほうが読みやすいかもしれない．フランス語ではそう読んでいるので h が後についている．また，逆関数 $\sinh^{-1}$ は，三角関数の逆関数の読み方にならって，アークハイパボリックサインと読むのが普通だが，サインハイパボリックインバースと頭からよんでもよい．

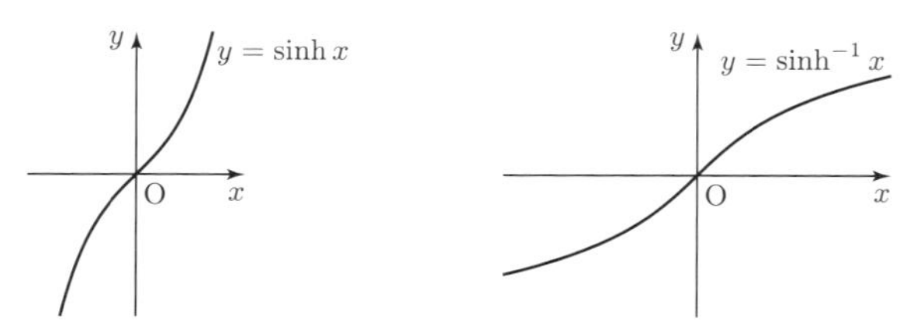

$\sinh x$ と $\sinh^{-1} x$ のグラフ

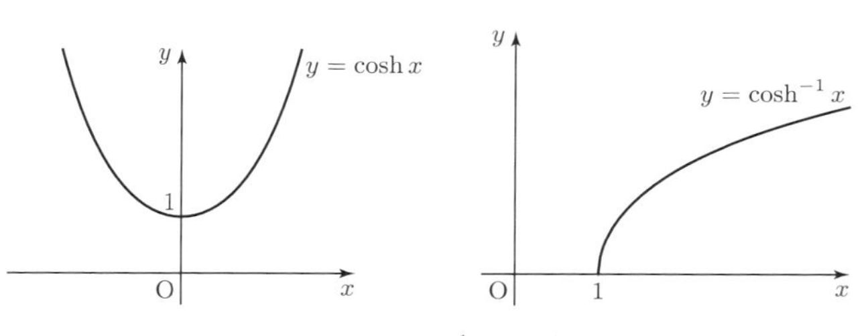

$\cosh x$ と $\cosh^{-1} x$ のグラフ

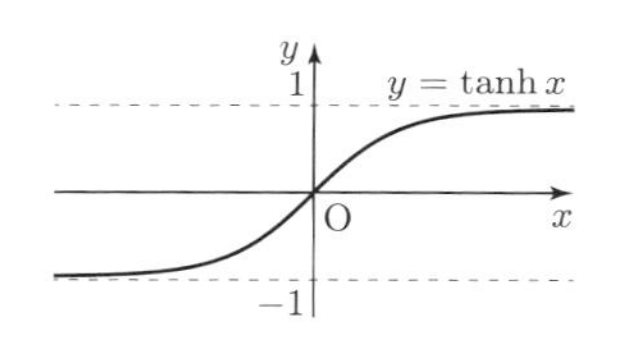

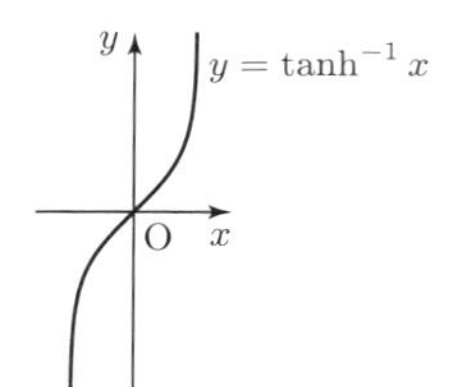

$\tanh x$ と $\tanh^{-1} x$ のグラフ

図 1.6　双曲線関数とその逆関数のグラフ

問 1.18. 次の公式を証明せよ．ここで n は正の整数である．

(1) $\cosh^2 x - \sinh^2 x = 1$

(2) $(\cosh x \pm \sinh x)^n = \cosh(nx) \pm \sinh(nx)$

問 1.19. 次を証明せよ．

(1) $\sinh^{-1} x = \log(x + \sqrt{x^2 + 1})$

(2) $\cosh^{-1} x = \log(x + \sqrt{x^2 - 1}) \quad (x \geq 1)$

(3) $\tanh^{-1} x = \dfrac{1}{2} \log\left(\dfrac{1+x}{1-x}\right) \quad (-1 < x < 1)$

章末問題

1. 次の極限値を計算せよ．

(1) $\displaystyle\lim_{n\to\infty}\frac{1\cdot 2+2\cdot 3+\cdots+n\cdot(n+1)}{n^3}$

(2) $\displaystyle\lim_{n\to\infty}\{\log(n+1)-\log(n)\}$

(3) $\displaystyle\lim_{n\to\infty}\left(e^{n+1}-e^n\right)$

(4) $\displaystyle\lim_{n\to\infty}\left(\sqrt{(n+a_1)(n+a_2)}-n\right)$ （ここで $a_1,a_2>0$）

(5) $\displaystyle\lim_{n\to\infty}\left(\sqrt[3]{(n+a_1)(n+a_2)(n+a_3)}-n\right)$ （ここで $a_1,a_2,a_3>0$）

2. 次の漸化式によって与えられる数列 $\{a_n\}$ の極限値を計算せよ．ここで $a>0$ は定数である．

$$a_0=\sqrt{a}>0,\quad a_1=\sqrt{aa_0}=\sqrt{a\sqrt{a}},\ \ldots,\ a_n=\sqrt{aa_{n-1}}$$

3. 次の関数の極限値を計算せよ．

(1) $\displaystyle\lim_{x\to+0}x\left(1-\cos\frac{1}{x}\right)$　(2) $\displaystyle\lim_{x\to+0}x\left(\sin\frac{1}{x}\right)$

(3) $\displaystyle\lim_{x\to 0}\frac{\sqrt{x^2+x+1}-\sqrt{x^2-x+1}}{\sqrt{1+x}-\sqrt{1-x}}$　(4) $\displaystyle\lim_{x\to 0}\frac{\sqrt{x^3+2x+1}-\sqrt{x^3-2x+1}}{\sqrt{1+x+x^2}-\sqrt{1-x+x^2}}$

4. 次の極限値を求めよ．

$$\lim_{x\to\infty}(a_1^x+a_2^x+\cdots+a_n^x)^{1/x}$$

ただし，$a_1,a_2,\ldots,a_n$ は正の定数で，$a_1>a_2>\cdots>a_n>0$ とする．

5. a_0,b_0,c_0 を初期値として，$n\geq 0$ に対して

$$a_n=\frac{b_{n-1}+c_{n-1}}{2},\quad b_n=\frac{c_{n-1}+a_{n-1}}{2},\quad c_n=\frac{a_{n-1}+b_{n-1}}{2}$$

によって定義される数列 $\{a_n\},\{b_n\},\{c_n\}$ は収束するか．収束するならば極限値を求めよ．収束しないならばそれを証明せよ．

6. $a_0,b_0,c_0>0$ を初期値として，$n\geq 0$ に対して

$$a_n=\sqrt{b_{n-1}c_{n-1}},\quad b_n=\sqrt{c_{n-1}a_{n-1}},\quad c_n=\sqrt{a_{n-1}b_{n-1}}$$

によって定義される数列 $\{a_n\},\{b_n\},\{c_n\}$ は収束するか．収束するならば極限値を求めよ．収束しないならばそれを証明せよ．

7. 定義域を閉区間 $[0,2]$ とする関数 $y=f(x)=4x^3-12x^2+9x+1$ を考える．

(1) この関数の値域は閉区間 $[1,3]$ であることを示せ．

(2) 定義域をある閉区間に制限してそこで単調関数になる最も大きな (すなわち，それ以上区間を拡げると単調でなくなる) 閉区間を考える．そのような閉区間は 3 つある．それらを求めよ．

(3) これらの閉区間を定義域とする 3 つの単調関数の値域はすべて閉区間 $[1,3]$ であることを示せ.

8. $\tan^{-1} a + \tan^{-1} b = \dfrac{\pi}{4}$ であるとき $(a+1)(b+1) = 2$ となること，およびその逆を示せ.

9. 前問を用いて，次の等式を証明せよ.

(1) (オイラー (Euler) の等式) $\tan^{-1}\left(\dfrac{1}{2}\right) + \tan^{-1}\left(\dfrac{1}{3}\right) = \dfrac{\pi}{4}$

(2) $\tan^{-1}\left(\dfrac{3}{4}\right) + \tan^{-1}\left(\dfrac{1}{7}\right) = \dfrac{\pi}{4}$

10. $|x| \leq \frac{1}{2}$ のとき次を示せ.

(1) $2\sin^{-1} x = \sin^{-1}(2x\sqrt{1-x^2})$

(2) $3\sin^{-1} x = \sin^{-1}(3x - 4x^3)$

2
1 変数関数の微分

この章では，まず 1 変数関数の微分とその計算法を解説する．微分法というアイデアはニュートンとライプニッツにその起源をもつ．この方法が非常に強力であることは，物体の運動の方程式をたてて解いたとき，実際に物体がそのとおりに動くことが観察されることからも理解できるであろう．ここでは，初等関数の微分の計算と，微分を計算する際の基本的な公式とその使い方を学ぶ．

本章後半部では，微分法の重要な応用であるテイラーの定理やテイラー展開について紹介する．

2.1 微分の定義

$f(x)$ を $x = a$ を含む開区間で定義された関数とする．極限値

$$\lim_{x \to a} \frac{f(x) - f(a)}{x - a}$$

を $f(x)$ の $x = a$ における**微分係数**といい $f'(a)$ で表す．もちろん，この極限値が存在するときにしか微分係数は存在しない．極限値が存在しなくても，左，あるいは右極限値が存在するとき

$$f'_-(a) = \lim_{x \to a-0} \frac{f(x) - f(a)}{x - a},$$

$$f'_+(a) = \lim_{x \to a+0} \frac{f(x) - f(a)}{x - a}$$

によって $f'_-(a)$, $f'_+(a)$ を定義し，それぞれ $x = a$ における**左微分係数**，**右微分係数**とよぶ．微分係数が存在するのは，右微分係数と左微分係数が存在して一致するときである．

微分係数は定数 a に対して計算されたが，この a を変数とみなしてこれを改めて x とおく．このとき，極限値

$$\lim_{h \to 0} \frac{f(x+h) - f(x)}{h}$$

で定義された関数を $f(x)$ の**導関数**といい $f'(x)$，あるいは $\dfrac{df}{dx}$ と書く[1]．これは独立変数 x の各点 x で定義された微分係数を従属変数として表される 1 変数関数になる[2]．導関数が存在する関数を**微分可能な関数**という．

極限値の計算を用いて基本的な関数の微分を計算する．さらに複雑な関数の微分も何らかの極限値の計算として計算できるが，これらの関数の微分をもとにして計算すると容易に計算できることが多い．まず，その計算に必要な公式を以下にあげる．

命題 2.1 (基本的な関数の微分)．次の公式が成り立つ．

(1) $f(x) = c$ 　(c は定数) に対して $f'(x) = 0$.

(2) $f(x) = x^n$ 　(n は正の整数) に対して $f'(x) = nx^{n-1}$.

(3) $f(x) = e^x$ に対して $f'(x) = e^x$.

(4) $\{\log x\}' = \dfrac{1}{x}$.

(5) $\{\sin x\}' = \cos x$.

(6) $\{\cos x\}' = -\sin x$.

証明. これらの関数の微分は定義に従って計算される．

(1) $\{c\}' = \lim_{h \to 0} \dfrac{c - c}{h} = 0$

(2) $\{x^n\}' = \lim_{h \to 0} \dfrac{(x+h)^n - x^n}{h}$

---

1) $y = f(x)$ と従属変数が明示されているときは y' とか $\dfrac{dy}{dx}$ とも書く．そのほか，$\{f(x)\}'$ や $\dfrac{df(x)}{dx}$, $\dfrac{d}{dx}f(x)$ などと書くときもある．どの変数を独立変数として微分しているのかがわかる書き方であれば，場面に応じて複数の書き方を使い分けて計算の過程が明確になるようにすればよい．

2) 導関数は，微分係数が存在する点においてのみ定義できるので，導関数 $f'(x)$ の定義域はもとの関数 $f(x)$ より小さくなることがある．

$$= \lim_{h\to 0}\frac{((x+h)-x)((x+h)^{n-1}+(x+h)^{n-2}x+\cdots+(x+h)x^{n-2}+x^{n-1})}{h}$$
$$= \lim_{h\to 0}\frac{h((x+h)^{n-1}+(x+h)^{n-2}x+\cdots+(x+h)x^{n-2}+x^{n-1})}{h}$$
$$= \lim_{h\to 0}((x+h)^{n-1}+(x+h)^{n-2}x+\cdots+(x+h)x^{n-2}+x^{n-1})$$
$$= nx^{n-1}$$

ここでは，$a^n-b^n=(a-b)(a^{n-1}+a^{n-2}b+\cdots+ab^{n-1})$ の因数分解の公式が使われる．

(3) $\{e^x\}'=\lim_{h\to 0}\frac{e^{x+h}-e^x}{h}=\lim_{h\to 0}e^x\frac{e^h-1}{h}=e^x$

ここでは，極限値の公式 (問 1.11 (p.31)) $\lim_{x\to 0}\frac{e^x-1}{x}=1$ を利用している．

(4) $\{\log x\}'=\lim_{h\to 0}\frac{\log(x+h)-\log x}{h}=\lim_{h\to 0}\frac{\log((x+h)/x)}{h/x}\frac{1}{x}$

$$=\lim_{h\to 0}\frac{\log(1+(h/x))}{h/x}\frac{1}{x}=\frac{1}{x}$$

ここでは x がゼロでない定数であるので，極限値の公式

$$\lim_{h\to 0}\frac{\log(1+(h/x))}{h/x}=\lim_{h/x\to 0}\frac{\log(1+(h/x))}{h/x}=1$$

を利用して計算している (問 1.11 (p.31))．

(5) $\{\sin x\}'=\lim_{h\to 0}\frac{\sin(x+h)-\sin x}{h}=\lim_{h\to 0}\frac{2\cos\left(x+\frac{h}{2}\right)\sin\frac{h}{2}}{h}$

$$=\lim_{h\to 0}\cos\left(x+\frac{h}{2}\right)\frac{\sin\frac{h}{2}}{\frac{h}{2}}=\cos x$$

ここでは，三角関数の公式 $\lim_{x\to 0}\frac{\sin x}{x}=1$ を用いた (例題 1.7 (p.35))．

(6) $\{\cos x\}'=\lim_{h\to 0}\frac{\cos(x+h)-\cos x}{h}=\lim_{h\to 0}\frac{-2\sin\left(x+\frac{h}{2}\right)\sin\frac{h}{2}}{h}$

$$=\lim_{h\to 0}\left\{-\sin\left(x+\frac{h}{2}\right)\frac{\sin\frac{h}{2}}{\frac{h}{2}}\right\}=-\sin x$$ □

微分可能性と連続性のあいだには，次のような関係がある．(これの証明は読者に委ねることにする．)

定理 2.1. 関数 $f(x)$ が $x=a$ で微分可能ならば $f(x)$ は $x=a$ で連続である．

2.1.1 微分の定義と基本公式

微分の計算において重要な基本公式は，関数を加減乗除したものの微分である．

命題 2.2 (微分の基本公式)**.** $f(x), g(x)$ をある開区間で微分可能な関数とする．a, b を定数とするとき，次の公式が成り立つ．

(1) $\{af(x)+bg(x)\}' = af'(x)+bg'(x)$

(2) $\{f(x)g(x)\}' = f'(x)g(x)+f(x)g'(x)$

(3) $\left\{\dfrac{f(x)}{g(x)}\right\}' = \dfrac{f'(x)g(x)-f(x)g'(x)}{g(x)^2}$

証明. 定理 2.1 を用いて以下のように証明できる．

(1) $$\{af(x)+bg(x)\}' = \lim_{h\to 0}\frac{(af(x+h)+bg(x+h))-(af(x)+bg(x))}{h}$$

$$= \lim_{h\to 0} a\frac{f(x+h)-f(x)}{h} + b\lim_{h\to 0}\frac{g(x+h)-g(x)}{h} = af'(x)+bg'(x)$$

(2) $$\{f(x)g(x)\}' = \lim_{h\to 0}\frac{f(x+h)\cdot g(x+h)-f(x)\cdot g(x)}{h}$$

$$= \lim_{h\to 0}\frac{f(x+h)\cdot g(x+h)-f(x)\cdot g(x+h)}{h}$$

$$+ \lim_{h\to 0}\frac{f(x)\cdot g(x+h)-f(x)\cdot g(x)}{h}$$

$$= \lim_{h\to 0}\frac{(f(x+h)-f(x))\cdot g(x+h)}{h} + \lim_{h\to 0}\frac{f(x)\cdot(g(x+h)-g(x))}{h}$$

$$= f'(x)\cdot g(x)+f(x)\cdot g'(x)$$

(3) $$\left\{\frac{f(x)}{g(x)}\right\}' = \lim_{h\to 0}\frac{f(x+h)/g(x+h)-f(x)/g(x)}{h}$$

$$= \lim_{h\to 0}\frac{f(x+h)g(x)-f(x)g(x+h)}{g(x)g(x+h)h}$$

$$= \lim_{h\to 0}\frac{(f(x+h)-f(x))g(x)-f(x)(g(x+h)-g(x))}{g(x)g(x+h)h}$$

$$= \lim_{h\to 0}\left(\frac{(f(x+h)-f(x))g(x)}{g(x)g(x+h)h} - \frac{f(x)(g(x+h)-g(x))}{g(x)g(x+h)h}\right)$$

$$= \frac{f'(x)\cdot g(x)-f(x)\cdot g'(x)}{g(x)^2}$$ □

2.1.2 合成関数と逆関数の微分法

まず，**ランダウ** (Landau) **の記号**について説明する．$\lim_{x\to a} f(x) = 0$ のときに関数 $f(x)$ は $x = a$ において 0 に収束するが，収束の仕方には $f(x)$ により違いがある．例えば，$f(x) = (x - a)^2$ と $g(x) = x - a$ は $x = a$ において 0 に収束するが，$f(x)$ のほうが $g(x)$ より速く 0 に収束する．これは，$\lim_{x\to a}(f(x)/g(x)) = 0$ であることからわかる．そこで 2 つの関数 $f(x), g(x)$ に対して，$\lim_{x\to a} f(x) = \lim_{x\to a} g(x) = 0$ であって $\lim_{x\to a}(f(x)/g(x)) = 0$ であるとき，$f(x)$ は $g(x)$ より $x = a$ **において高位の無限小**であるといい，$f(x) = o(g(x))$ と書く (o は**スモールオー**と読む)．また，適切な正の数 ε と K をとれば $x \in [a-\varepsilon, a+\varepsilon]$ において $|f(x)/g(x)| \le K$ となるとき，$f(x)$ は $g(x)$ で $x = a$ **において抑えられる**といい，$f(x) = O(g(x))$ と書く (O は**ラージオー**と読む)．

以下では，$x = 0$ におけるランダウの記号を考える．定義より明らかに $f(x) = o(g(x))$ ならば $f(x) = O(g(x))$ である．また，$f(x) = O(g(x))$ かつ $g(x) = o(x)$ ならば $f(x) = o(x)$ も明らかである．通常これを $O(o(x)) = o(x)$ と表現したりする．

定理 2.2 (合成関数の微分)．$f(x), g(x)$ をある開区間で微分可能な関数で，$f(x)$ の値域が $g(x)$ の定義域に含まれているとする．このとき，合成関数 $g \circ f(x) = g(f(x))$ は微分可能であり，次の公式が成り立つ．

$$(g \circ f)'(x) = (g' \circ f(x))f'(x) = g'(f(x))f'(x)$$

証明． $x = \xi$ を固定して証明を行う．$k = f(\xi + h) - f(\xi)$ とおく．$f'(\xi) \neq 0$ の場合と $f'(\xi) = 0$ の場合に分けて証明する．

i) ($f'(\xi) \neq 0$ **の場合**)　$k = f(\xi + h) - f(\xi) = f'(\xi)h + o(h)$ であるから，$h \to 0$ のとき $k \to 0$ であり，$|h|$ が十分小さければ $k \neq 0$ である．このとき，

$$\begin{aligned}
(g \circ f)'(\xi) &= \lim_{h\to 0} \frac{g(f(\xi + h)) - g(f(\xi))}{h} \\
&= \lim_{h\to 0} \frac{g(f(\xi) + k) - g(f(\xi))}{h} \\
&= \lim_{h\to 0} \frac{g(f(\xi) + k) - g(f(\xi))}{k} \cdot \frac{k}{h} \\
&= \lim_{h\to 0} \frac{g(f(\xi) + k) - g(f(\xi))}{k} \cdot \frac{f(\xi + h) - f(\xi)}{h} = g'(f(\xi))f'(\xi).
\end{aligned}$$

ii) ($f'(\xi)=0$ の場合) $f'(\xi)=0$ のとき $\lim_{h\to 0}\frac{k}{h}=0$ であるから，$k=o(h)$ である．ところで，$z=g(y)$ は $y=f(\xi)$ で微分可能であるから，

$$g(f(\xi)+k)-g(f(\xi))=O(k)=O(o(h))$$

が成り立つ．したがって，

$$(g\circ f)'(\xi)=\lim_{h\to 0}\frac{g(f(\xi)+k)-g(f(\xi))}{h}=\lim_{h\to 0}\frac{O(o(h))}{h}=\lim_{h\to 0}\frac{o(h)}{h}=0$$

となる．一方で，$f'(\xi)=0$ であるから，

$$(g\circ f)'(\xi)=0=g'(f(\xi))f'(\xi)$$

となり，結論が得られる． □

定理 2.3 (逆関数の微分)．$y=f(x)$ をある開区間で単調な微分可能な関数とする．その逆関数を $x=f^{-1}(y)$ として，逆関数は独立変数 y の関数であると考えると次の公式が成り立つ．

$$\{f^{-1}(y)\}'=\frac{1}{f'(x)}=\frac{1}{f'(f^{-1}(y))},\ \text{すなわち}\ \frac{dx}{dy}=1\Big/\frac{dy}{dx}.$$

証明． ここでは，$y=f(\xi)$ として，定点 y における $f^{-1}(y)$ の微分を考える．$k=f^{-1}(f(\xi)+h)-f^{-1}(f(\xi))$ とおくと，$h\to 0$ のとき $k\to 0$ である．このとき，$k+\xi=k+f^{-1}(f(\xi))=f^{-1}(f(\xi)+h)$ であるから，

$$f(k+\xi)=f\bigl(k+f^{-1}(f(\xi))\bigr)=f\bigl(f^{-1}(f(\xi)+h)\bigr)=f(\xi)+h$$

となる．これより，

$$\begin{aligned}(f^{-1})'(f(\xi))&=\lim_{h\to 0}\frac{k}{h}=\lim_{h\to 0}\frac{f^{-1}(f(\xi)+h)-f^{-1}(f(\xi))}{h}\\&=\lim_{k\to 0}\frac{k}{f(\xi+k)-f(\xi)}=\frac{1}{f'(\xi)}=\frac{1}{f'(f^{-1}(y))}.\end{aligned}$$
□

2.1.3 対数微分法

関数 $f(x)$ の微分 $f'(x)$ を直接計算できなくても，$\log|f(x)|$ の微分ができると $f'(x)$ を計算できることがある．これを**対数微分法**とよぶ．

命題 2.3 (対数微分法)．$y=f(x)$ は微分可能で，$f(x)\neq 0$ とする．このとき，$\log|f(x)|$ は微分可能であり，次の公式が成り立つ．

$$f'(x) = \{\log|f(x)|\}'f(x)$$

証明． $t = \log|y|$, $y = f(x)$ とする．このとき

$$t = (\log|\cdot|\circ f)(x) = \log|f(x)|$$

と 2 つの関数の合成関数になっている．$\dfrac{dt}{dy} = \{\log|y|\}' = \dfrac{1}{y} = \dfrac{1}{f(x)}$ および $\dfrac{dy}{dx} = f'(x)$ であるので，

$$\{\log|f(x)|\}' = \frac{dt}{dx} = \frac{dt}{dy}\cdot\frac{dy}{dx} = \frac{1}{f(x)}f'(x) = \frac{f'(x)}{f(x)}$$

これより

$$f'(x) = \{\log|f(x)|\}'f(x).$$

□

対数微分法が威力を発揮するのは，冪乗の混じった関数である．$f(x) = h(x)^{g(x)}$ によって表される関数の微分を計算してみよう．ここで $h(x) > 0$ とする．また，$h(x), g(x)$ は微分可能とする．まず，両辺の対数をとって

$$\log|f(x)| = g(x)\log h(x)$$

なので，この両辺を微分すると

$$\frac{f'(x)}{f(x)} = g'(x)\log h(x) + g(x)\frac{h'(x)}{h(x)}.$$

したがって，ここから左辺の分母 $f(x) = h(x)^{g(x)}$ を払うと

$$f'(x) = \left(g'(x)\log h(x) + g(x)\frac{h'(x)}{h(x)}\right)h(x)^{g(x)}$$

となる．

◇**例題 2.1．** 次の関数 $f(x)$ を微分せよ．

(1)　$f(x) = (1+x+x^2)^{1+x}$

(2)　$f(x) = (\sin x)^{\cos x}$　（ただし，$0 < x < \pi$）

解答例． 対数微分法を使って計算する．

(1)　$f'(x) = \left(\log\left(1+x+x^2\right) + \dfrac{(1+x)\,(1+2\,x)}{1+x+x^2}\right)\left(1+x+x^2\right)^{1+x}$

(2)　$f'(x) = \left(-\sin x\log(\sin x) + \dfrac{(\cos x)^2}{\sin x}\right)(\sin x)^{\cos x}$

□

2.2 初等関数の微分

ここでは，初等関数の微分に使う公式について説明する．微分の計算は極限値の計算の一種であるが，実際に極限値の計算にもち込んで微分を計算することはほとんどない．通常は，初等関数の微分公式を組み合わせて適用して計算する．したがって，微分の計算においては公式をいかに適用するかが重要である．

2.2.1 無理関数と冪乗関数の微分

まず，$f(x)^\alpha$ (α は実数で，$f(x)$ は $f(x) > 0$ である実数値関数) の微分を計算してみよう．

$$\{f(x)^\alpha\}' = \alpha f(x)^{\alpha-1} f'(x)$$

となる．なぜならば，$g(x) = \log(f(x)^\alpha) = \alpha \log f(x)$ とおくと $f(x)^\alpha = e^{g(x)}$ であり，また

$$g'(x) = \{\alpha \log f(x)\}' = \frac{\alpha f'(x)}{f(x)}$$

であるので，

$$\{f(x)^\alpha\}' = \{e^{g(x)}\}' = e^{g(x)} g'(x) = f(x)^\alpha \frac{\alpha f'(x)}{f(x)} = \alpha f(x)^{\alpha-1} f'(x)$$

となるからである．特に $f(x) = x^\alpha$ であるとき

$$\{x^\alpha\}' = \alpha x^{\alpha-1}$$

となる．

◆例 **2.1.**
$$\{(\sin x)^{2\alpha}\}' = 2\alpha(\sin x)^{2\alpha} \frac{\cos x}{\sin x}$$
∎

問 **2.1.** α を $\alpha < 1$ である実数，C を任意の実数とする．

$$f(x) = (1-\alpha)^{1/(1-\alpha)}(x-C)^{1/(1-\alpha)}$$

とおくとき，$f(x)$ は $x > C$ で定義された微分可能な関数で $f'(x) = f(x)^\alpha$ となることを示せ．

2.2.2 指数関数と対数関数の微分

指数関数の微分公式は

$$\{a^x\}' = a^x \log a$$

で与えられる (ただし，$a > 0$ かつ $a \neq 1$)．実際に

$$\{a^x\}' = \{e^{x\log a}\}' = e^{x\log a}\log a = a^x \log a$$

となる．

$y = f(x) = a^x$ の逆関数は $x = f^{-1}(y) = \log_a y$ であるので，逆関数の微分公式

$$\frac{df^{-1}(y)}{dy} = \frac{1}{f'(x)}$$

を利用して対数関数の微分公式を計算すると

$$\frac{d\log_a y}{dy} = \frac{1}{a^x \log a} = \frac{1}{y\log a}$$

となる．

関数を指数で合成してできた関数は対数微分で計算できる．証明は省略するが，ただ根気よく計算すればよい．

問 2.2 (関数の指数による合成)．次を示せ．

(1) $\dfrac{d}{dx}\left(x^x\right) = x^x\left(\log x + 1\right)$　(ただし $x > 0$)

(2) $\dfrac{d}{dx}\left((f(x))^{g(x)}\right) = (f(x))^{g(x)}\left(g'(x)\log(f(x)) + \dfrac{g(x)\,f'(x)}{f(x)}\right)$

(ただし $f(x) > 0$)

2.2.3　三角関数と双曲線関数およびその逆関数の微分

三角関数の微分公式をあげる．

命題 2.4 (三角関数の微分公式)．次の公式が成り立つ．

(1) $\{\sin x\}' = \cos x$

(2) $\{\cos x\}' = -\sin x$

(3) $\{\tan x\}' = \dfrac{1}{\cos^2 x} = 1 + \tan^2 x$

証明． $\sin x$ と $\cos x$ の微分については命題 2.1 で扱ったので省略する．

$$\{\tan x\}' = \left\{\frac{\sin x}{\cos x}\right\}' = \frac{\{\sin x\}'\cos x - \sin x\{\cos x\}'}{\cos^2 x}$$

$$= \frac{\cos^2 x + \sin^2 x}{\cos^2 x} = \frac{1}{\cos^2 x} = 1 + \tan^2 x$$

□

次に，逆三角関数の微分公式をあげる．

命題 2.5 (逆三角関数の微分公式)．次の公式が成り立つ．

(1) $\{\sin^{-1} x\}' = \dfrac{1}{\sqrt{1-x^2}}$ $(-1 < x < 1)$

(2) $\{\cos^{-1} x\}' = \dfrac{-1}{\sqrt{1-x^2}}$ $(-1 < x < 1)$

(3) $\{\tan^{-1} x\}' = \dfrac{1}{1+x^2}$

証明． (1) $y = \sin^{-1} x$ とする．逆関数の微分公式によれば，$\cos y > 0$ により

$$\{\sin^{-1} x\}' = \frac{1}{\{\sin y\}'} = \frac{1}{\cos y} = \frac{1}{\cos(\sin^{-1} x)}$$
$$= \frac{1}{\sqrt{1-(\sin(\sin^{-1} x))^2}} = \frac{1}{\sqrt{1-x^2}}.$$

(2) $\cos^{-1} x$ の微分も同じ方法で計算できる．

(3) $y = \tan^{-1} x$ とおく．逆関数の微分公式によれば

$$\{\tan^{-1} x\}' = \frac{1}{\{\tan y\}'} = \frac{1}{1+\tan^2 y}$$
$$= \frac{1}{1+(\tan(\tan^{-1} x))^2} = \frac{1}{1+x^2}.$$

□

双曲線関数や逆双曲線関数についても同様の公式が成立する．これらは，基本的に指数関数と対数関数で表されるが，三角関数と非常によく似た公式が成り立つ．

問 2.3 (双曲線関数の微分公式)．次の公式が成り立つことを示せ．

(1) $\{\sinh x\}' = \cosh x$

(2) $\{\cosh x\}' = \sinh x$

(3) $\{\tanh x\}' = \dfrac{1}{\cosh^2 x} = 1 - \tanh^2 x$

問 2.4 (逆双曲線関数の微分公式)．次の公式を示せ．

(1) $\{\sinh^{-1} x\}' = \dfrac{1}{\sqrt{x^2+1}}$

(2) $\{\cosh^{-1} x\}' = \dfrac{1}{\sqrt{x^2-1}}$ ($x > 1$, ただし $\cosh^{-1} x \geq 0$ である逆関数)

(3) $\{\tanh^{-1} x\}' = \dfrac{1}{1-x^2}$ $(|x| < 1)$

2.3　平均値の定理

ここでは，応用上重要な平均値の定理を解説する．

定理 2.4 (平均値の定理)． $f(x)$ を閉区間 $D=[a,b]$ (もちろん $a<b$) を定義域にもつ**連続関数**で，開区間 (a,b) で**微分可能**とする．このとき，少なくとも 1 つ $c\in D$ が存在して

$$\frac{f(b)-f(a)}{b-a}=f'(c)$$

となる．

証明． i) D 上の関数 $g(x)$ を

$$g(x)=f(x)-\frac{f(b)-f(a)}{b-a}(x-a)$$

とおくと，$g(a)=f(a)$ また $g(b)=f(a)$ であるので，$g(a)=g(b)$ である．

ii) $g(x)$ が定数関数ならば，$g'(x)=0$ であるから，例えば，$c=(a+b)/2$ ととれば $g'(c)=f'(c)-\dfrac{f(b)-f(a)}{b-a}=0$ となって，この c に対して

$$\frac{f(b)-f(a)}{b-a}=f'(c)$$

となるので，証明ができた (c は D 内の点ならどの点でもよい)．

iii) 以下，$g(x)$ が定数関数でない場合を考える．$g(x)$ は連続関数だから閉区間上では最大値と最小値をとる．そこで，$x=c$ で $g(x)$ が最大値をとるとする．

iv) $g(x)$ は D で微分可能な関数だから，右微分係数 ${g'}_+$ と 左微分係数 ${g'}_-$ は一致する．一方で，$g(x)\le g(c)$ が $x\in D$ に対して成り立つので，$g(c+h)-g(c)\le 0$ が $c+h\in D$ となるようなすべての h に対して成り立つ．したがって，

$${g'}_+(c)=\lim_{h\to 0,\ h>0}\frac{g(c+h)-g(c)}{h}\le 0,$$

$${g'}_-(c)=\lim_{h\to 0,\ h<0}\frac{g(c+h)-g(c)}{h}\ge 0$$

すなわち，$g'(c)={g'}_+(c)={g'}_-(c)=0$ が成り立つ．

v) すると，やはり $g'(c)=f'(c)-\dfrac{f(b)-f(a)}{b-a}=0$ となって，この c に対して

$$\frac{f(b)-f(a)}{b-a}=f'(c)$$

となるので，証明ができた． □

◆**例 2.2.** 次の例は，関数が開区間 $(-1,1)$ においては**微分可能**であるが，閉区間 $[-1,1]$ においては微分可能でなく**単に連続である**場合を考えている．

(1) $f(x)=\sqrt{1-x^2}$ を $\bar{D}=[-1,1]$ で考えてみよう．$f(x)$ は $\bar{D}=[-1,1]$ で連続関数であるので，$x=\pm 1$ においても値は定義されている．

(2) $f(x)$ は $D=(-1,1)$ においては**微分可能**である．しかし，$x=\pm 1$ においては片側の微分も存在しない (すなわち，**微分不可能**) である．実際に，

$$\begin{aligned}\lim_{h\to\pm 0}\frac{f(\mp 1+h)-f(\mp 1)}{h}&=\lim_{h\to\pm 0}\frac{\sqrt{1-(\mp 1+h)^2}-\sqrt{1-(\mp 1)^2}}{h}\\&=\lim_{h\to\pm 0}\frac{\sqrt{1-((\mp 1)^2+2(\mp 1)h+h^2)}}{h}\\&=\lim_{h\to\pm 0}\frac{\sqrt{\pm 2h-h^2}}{\mathrm{sgn}(h)\sqrt{h^2}}=\lim_{h\to\pm 0}\left(\pm\sqrt{\pm(2/h)-1}\right)\\&=\lim_{a=1/h\to\pm\infty}\left(\pm\sqrt{\pm(2a)-1}\right)=\pm\infty\end{aligned}$$

であるので，$x=\pm 1$ においては微分の値は定義されない．(ここで sgn は符号関数である．) ここで複号は同順である。

(3) $f(-1)=f(1)=0$ であって $f(1)-f(-1)=0$ であるから，**平均値の定理により** $f'(x)=0$ となる点 $-1<x<1$ が存在するはずである．実際に，$x=0$ であれば $f'(0)=0$ である． ■

平均値の定理から導かれる代表的な命題を次にあげる．

系 2.1. 関数 $f(x)$ が閉区間 $[a,b]$ において連続で開区間 (a,b) で微分可能とする．このとき，(a,b) において $f'(x)=0$ ならば $f(x)$ は定数関数である．

平均値の定理を使って，より一般的な同様の定理が証明できる．それがコーシーの平均値の定理である．

命題 2.6 (コーシー (Cauchy) の平均値の定理)． $f(x), g(x)$ を閉区間 $D=[a,b]$ を定義域にもつ**連続関数**で，開区間 (a,b) では**微分可能**で $g'(x)\neq 0$ とする．このとき，少なくともひとつ $c\in D$ が存在して

$$\frac{f(b)-f(a)}{g(b)-g(a)} = \frac{f'(c)}{g'(c)}$$

となる．

証明． i) 定理の仮定より，$g'(x) \neq 0$ がすべての $x \in D$ で成り立つので，$b > a$ であることに注意すれば，定理 2.4 より

$$g(b)-g(a) = g'(c)(b-a) \neq 0$$

である．(c はある定数)

ii) そこで

$$h(x) = f(x) - \frac{f(b)-f(a)}{g(b)-g(a)}(g(x)-g(a))$$

とおくと，

$$h(b) = f(b) - \frac{f(b)-f(a)}{g(b)-g(a)}(g(b)-g(a)) = f(b)-f(b)+f(a) = f(a),$$

$$h(a) = f(a) - \frac{f(b)-f(a)}{g(b)-g(a)}(g(a)-g(a)) = f(a)$$

から $h(b) = h(a) = f(a)$ が成立することがわかる．

iii) $h(x)$ に対して平均値の定理を適用すると

$$0 = \frac{h(b)-h(a)}{b-a} = h'(c) = f'(c) - \frac{f(b)-f(a)}{g(b)-g(a)}g'(c)$$

となる $c \in D$ が存在することがわかる．これより，

$$f'(c) - \frac{f(b)-f(a)}{g(b)-g(a)}g'(c) = 0$$

となり

$$\frac{f(b)-f(a)}{g(b)-g(a)} = \frac{f'(c)}{g'(c)}$$

となることがわかる． □

2.4 ロピタルの定理

次の形の極限値

$$\lim_{x \to a\ (\pm 0)} \frac{f(x)}{g(x)}$$

を求めるとき，しばしば $\displaystyle\lim_{x \to a\ (\pm 0)} f(x) = \lim_{x \to a\ (\pm 0)} g(x) = 0$ (あるいは $= \infty$) と

なって，極限値が $0/0$ (あるいは ∞/∞) となり，この式の形では極限値がわからないことがある．これを**不定形の極限値**という．もちろん，式を変形すれば不定形でない形にもち込めることもあるが，これを機械的に計算するための定理がロピタル (l'Hospital) の定理である．ロピタルの定理は不定形の極限値の計算にきわめて強力な道具となる．

ロピタルの定理を適用できるための条件が少し複雑であるので，間違いのないように適用してほしい．ここでは，基本形と一般形に分けて定理を与える．

定理 2.5 (ロピタルの定理 1)． 関数 $f(x), g(x)$ を $x = a$ の近くで連続で $f(a) = g(a) = 0$ とする．さらに，$f(x), g(x)$ は点 a を除いて**微分可能な関数とする**．このとき，もし $\displaystyle\lim_{x\to a\,(\pm 0)} \frac{f'(x)}{g'(x)}$ **が存在すれば，**

$$\lim_{x\to a\,(\pm 0)} \frac{f(x)}{g(x)} = \lim_{x\to a\,(\pm 0)} \frac{f'(x)}{g'(x)}$$

である．((± 0) の部分をつけるときは複号同順．)

証明． まず，$x > a$ とする．$f(x)$ と $g(x)$ は 連続関数で $x = a$ を除いて微分可能であるから，コーシーの平均値の定理により

$$\frac{f(x) - f(a)}{g(x) - g(a)} = \frac{f(x)}{g(x)} = \frac{f'(c(x))}{g'(c(x))}$$

となる $c(x)\,(a < c(x) < x)$ が存在する．当然のことながら，$x \to a + 0$ であるとき，$c(x) \to a + 0$ であるので，

$$\lim_{x\to a+0} \frac{f(x)}{g(x)} = \lim_{c(x)\to a+0} \frac{f'(c(x))}{g'(c(x))}.$$

ここで $\displaystyle\lim_{x\to a+0} \frac{f'(x)}{g'(x)}$ が存在すれば，

$$\lim_{c(x)\to a+0} \frac{f'(c(x))}{g'(c(x))} = \lim_{x\to a+0} \frac{f'(x)}{g'(x)}$$

であるので

$$\lim_{x\to a+0} \frac{f(x)}{g(x)} = \lim_{x\to a+0} \frac{f'(x)}{g'(x)}$$

が得られる．同様にして，$x < a$ に対して $\displaystyle\lim_{x\to a-0} \frac{f'(x)}{g'(x)}$ が存在すれば，

$$\lim_{x\to a-0}\frac{f(x)}{g(x)}=\lim_{x\to a-0}\frac{f'(x)}{g'(x)}$$

が得られる. □

◆**例 2.3.** ロピタルの定理を適用して極限値を計算する.

(1) $\displaystyle\lim_{x\to 1}\frac{x^2-1}{x-1}=\lim_{x\to 1}\frac{2x}{1}=2$

(2) $\displaystyle\lim_{x\to 0}\frac{\cos(x^2)-1}{\sin^2 x}=\lim_{x\to 0}\frac{-\sin(x^2)\cdot 2x}{2\sin x\cos x}=\lim_{x\to 0}\left(-\sin(x^2)\frac{x}{\sin x}\frac{1}{\cos x}\right)=0$

(3) $\displaystyle\lim_{x\to 0}\frac{e^x-1}{\log(1+x)}=\lim_{x\to 0}\frac{e^x}{1/(1+x)}=1$ ■

◇**例題 2.2.** 次の極限値を求めよ.

$$\lim_{x\to 0}\frac{\sin\left(1-\cos\left(\cos x-1\right)\right)}{x^4}$$

証明. ロピタルの定理を 2 回使う. まず, これは 0/0 の形の不定形の極限値だから, 分子と分母を 1 回ずつ微分して

$$\begin{aligned}
&\lim_{x\to 0}\frac{\sin\left(1-\cos(\cos x-1)\right)}{x^4}\\
&\quad=\lim_{x\to 0}\frac{-\cos\left(1-\cos(\cos x-1)\right)\sin(\cos x-1)\sin x}{4x^3}\\
&\quad=\lim_{x\to 0}\frac{-\sin(\cos x-1)\sin x}{4x^3}=\frac{1}{4}\lim_{x\to 0}\frac{\sin x}{x}\frac{-\sin(\cos x-1)}{x^2}\\
&\quad=\frac{1}{4}\lim_{x\to 0}\frac{-\sin(\cos x-1)}{x^2}.
\end{aligned}$$

ここで, もう一度 0/0 の形の不定形の極限値がでてくるのでふたたびロピタルの定理を適用すると

$$\begin{aligned}
\frac{1}{4}\lim_{x\to 0}\frac{-\sin(\cos x-1)}{x^2}&=\frac{1}{4}\lim_{x\to 0}\frac{\cos(\cos x-1)\sin x}{2x}\\
&=\frac{1}{8}\lim_{x\to 0}\cos(\cos x-1)\frac{\sin x}{x}=\frac{1}{8}.
\end{aligned}$$

(途中にでてくる極限値の決まった式はどんどん極限値を求めて括りだしていかないと計算式が複雑になるので注意.) □

ロピタルの定理の変形をあげておく.

定理 2.6 (ロピタルの定理 2). 関数 $f(x), g(x)$ を $x = a$ の近くで連続で $\lim_{x \to a\,(\pm 0)} f(x) = \lim_{x \to a\,(\pm 0)} g(x) = \infty$ とする．さらに，$f(x), g(x)$ は点 a を除いて微分可能な関数とする．このとき，もし $\lim_{x \to a\,(\pm 0)} \dfrac{f'(x)}{g'(x)}$ が存在すれば，

$$\lim_{x \to a\,(\pm 0)} \frac{f(x)}{g(x)} = \lim_{x \to a\,(\pm 0)} \frac{f'(x)}{g'(x)}$$

である．((± 0) の部分をつけるときは複号同順．)

定理 2.7 (ロピタルの定理 3). 関数 $f(x), g(x)$ を $x = \infty$ の近くで連続で $f(a) = g(a) = 0$ とする．さらに，$f(x), g(x)$ は微分可能な関数とする．このとき，もし $\lim_{x \to \infty} \dfrac{f'(x)}{g'(x)}$ が存在すれば，

$$\lim_{x \to \infty} \frac{f(x)}{g(x)} = \lim_{x \to \infty} \frac{f'(x)}{g'(x)}$$

である．

定理 2.8 (ロピタルの定理 4). 関数 $f(x), g(x)$ を $x = \infty$ の近くで連続で $\lim_{x \to \infty} f(x) = \lim_{x \to \infty} g(x) = \infty$ とする．さらに，$f(x), g(x)$ は微分可能な関数とする．このとき，もし $\lim_{x \to \infty} \dfrac{f'(x)}{g'(x)}$ が存在すれば，

$$\lim_{x \to \infty} \frac{f(x)}{g(x)} = \lim_{x \to \infty} \frac{f'(x)}{g'(x)}$$

である．

これらの定理の証明はしないが，その意味はロピタルの定理においては $\pm\infty$ を通常の数値とみなしてよい，ということである．より詳しくいえば次のとおりである．

(1) ロピタルの定理は，$x \to a$ の a が $a = \pm\infty$ の場合も成立する．

(2) ロピタルの定理は，$\lim_{x \to a\,(\pm 0)} f(x)$ と $\lim_{x \to a\,(\pm 0)} g(x)$ が $\pm\infty$ の場合も成立する．

(3) さらに，この極限値 $\lim_{x \to a\,(\pm 0)} \dfrac{f'(x)}{g'(x)}$ は $\pm\infty$ であってもよい．

問 2.5. 次の極限値 $\lim_{x \to \infty} \left(\dfrac{1}{1 + x + x^2} + 1 \right)^{x^2}$ を求めよ．

注意 2.1. (1) 「$f(x), g(x)$ **は点** a **を除いて微分可能な関数とする**」という条件は，$x = a$ では必ずしも微分可能である必要はないことをいっている．仮定されているのは，$x = a$ **における連続性**である．さらに $\lim_{x \to a\,(\pm 0)} f(x) = \lim_{x \to a\,(\pm 0)} g(x) = \infty$ であってもよい．

(2) 「$\lim_{x \to a\,(\pm 0)} \frac{f'(x)}{g'(x)}$ **が存在すれば**」という条件は，不定形の極限ではないという意味ではない．$\lim_{x \to a\,(\pm 0)} \frac{f'(x)}{g'(x)}$ **が不定形の極限であっても** ($\pm\infty$ **も含めて**) **極限値が存在すればよい**という意味である．したがって，もう一度ロピタルの定理を適用できる．しかし，何回適用しても不定形のままであることもある．

(3) また，「$\lim_{x \to a\,(\pm 0)} \frac{f'(x)}{g'(x)}$ **が存在しなくても**」$\lim_{x \to a\,(\pm 0)} \frac{f(x)}{g(x)}$ **は存在しうる**ので注意を要する．すなわち，

$$\lim_{x \to a\,(\pm 0)} \frac{f'(x)}{g'(x)} \text{ が存在すること} \quad \text{は} \quad \lim_{x \to a\,(\pm 0)} \frac{f(x)}{g(x)} \text{ が存在すること}$$

の**十分条件**ではあっても**必要条件ではない**．

◆**例 2.4.** 次の例は，ロピタルの定理を使っても極限値の計算が簡単にならない例である．

$$\lim_{x \to \infty} \frac{e^x}{e^{2x}} = \lim_{x \to \infty} \frac{1}{e^x} = 0$$

であるので極限値は確かに存在する．この左辺は ∞/∞ 型の不定形の極限値でロピタルの定理が適用できる．しかし，何回適用しても式の形は ∞/∞ 型の不定形で変わらないから意味がない． ∎

◆**例 2.5.** 次の例は，極限値は存在するがロピタルの定理ではそれが求まらない例である．

$$\lim_{x \to \infty} \frac{x + \sin x}{x} = \lim_{x \to \infty} \frac{1 + \frac{\sin x}{x}}{1} = 1$$

であるので，左辺の極限値は存在する．一方で，これは ∞/∞ 型の不定形の極限値なので，ロピタルの定理を適用するための条件を満たしている．しかし，ロピタルの定理を適用すると

$$\lim_{x \to \infty} \frac{x + \sin x}{x} = \lim_{x \to \infty} \frac{1 + \cos x}{1}$$

となって，この右辺の分子と分母を微分した形の極限値は振動して収束しない．

したがって，ロピタルの定理を適用して極限値を求めることはできない． ∎

ロピタルの定理の有用性は，極限値の計算を微分の計算という機械的な計算に置き換えて値を代入して計算できることにある．途中の式の変形の工夫をしないで強引に計算していっても条件さえ満たせば極限値が計算できてしまう．途中の式は複雑であるが，答えは機械的に求まるので例としてあげた．

◇**例題 2.3.** ロピタルの定理を使って次を示せ．

$$\lim_{x\to 0}\frac{(1+x)^{\frac{1}{x}}-e}{x}=-\frac{1}{2}e$$

証明． i) $f(x)=(1+x)^{\frac{1}{x}}$ とする．このとき $\lim_{x\to 0}f(x)=e$ である．したがって，この問題は $0/0$ の形の不定形の極限値の計算になるのでロピタルの定理が適用できる．そこで

$$\lim_{x\to 0}\frac{(1+x)^{\frac{1}{x}}-e}{x}=\lim_{x\to 0}f'(x)$$

となる．

ii) ここで，対数微分法を使って $f(x)$ の微分を計算すると

$$f'(x)=\left(\frac{1}{x(1+x)}-\frac{\log(1+x)}{x^2}\right)(1+x)^{\frac{1}{x}}$$

である．したがって，

$$\begin{aligned}\lim_{x\to 0}f'(x)&=\lim_{x\to 0}\left(\frac{1}{x(1+x)}-\frac{\log(1+x)}{x^2}\right)(1+x)^{\frac{1}{x}}\\&=\lim_{x\to 0}-\frac{1}{1+x}\frac{(1+x)\log(1+x)-x}{x^2}\lim_{x\to 0}(1+x)^{\frac{1}{x}}\\&=-e\lim_{x\to 0}\frac{(1+x)\log(1+x)-x}{x^2}.\end{aligned}$$

ここでふたたび

$$g(x)=\frac{(1+x)\log(1+x)-x}{x^2}$$

の極限値の計算にロピタルの定理を適用する．

$$\begin{aligned}\lim_{x\to 0}g(x)&=\lim_{x\to 0}\frac{(1+x)\log(1+x)-x}{x^2}\\&=\lim_{x\to 0}\frac{(1+x)/(1+x)+\log(1+x)-1}{2x}\end{aligned}$$

$$= \lim_{x\to 0} \frac{\log(1+x)}{2x} = \lim_{x\to 0} \frac{1/(1+x)}{2} = \frac{1}{2}$$

iii) したがって

$$\lim_{x\to 0} \frac{(1+x)^{\frac{1}{x}} - e}{x} = \lim_{x\to 0} f'(x) = -\frac{1}{2}e. \qquad \square$$

2.5　高階の微分

$f(x)$ を $D = [a, b]$ を定義域とする関数とする．$f(x)$ の導関数 $f'(x)$ をもう一度微分した関数を $f''(x)$ と書き，これを $f(x)$ の **2 階の導関数**という．さらに $f''(x)$ をもう一度微分した関数を $f'''(x)$ と書き，これを $f(x)$ の **3 階の導関数**という．一般に，n を負でない整数とし，$y = f(x)$ を x で n 回微分した関数を $f^{(n)}(x)$ と書き，これを $f(x)$ の $\boldsymbol{n}$ **階の導関数**という．これらは

$$\frac{d^n y}{dx^n}, \quad \frac{d^n}{dx^n} y, \quad \frac{d^n f}{dx^n}, \quad \frac{d^n}{dx^n} f, \quad y^{(n)}$$

と書くときもある．

$f^{(1)}(x) = f'(x)$，$f^{(2)}(x) = f''(x)$，そして $f^{(3)}(x) = f'''(x)$ であるが，さらに $f^{(0)}(x) = f(x)$ である (0 回微分するとは 1 度も微分しないことである)．一般に $f^{(n)}(x)$ が存在するとき，$f(x)$ は $\boldsymbol{n}$ **回微分可能**という．$f^{(n)}(x)$ が存在して連続なとき，$f(x)$ は $\boldsymbol{n}$ **回連続微分可能**，あるいは $\boldsymbol{C^n}$ **級**であるという (C^n は「シー・エヌ」と読む)．$f(x)$ が何回でも微分可能なとき $f(x)$ は**無限回微分可能**，あるいは $\boldsymbol{C^\infty}$ **級**であるという (C^∞ は 「シー・インフィニティ」と読む)．

問 2.6. 次を示せ．

(1) $\{e^x\}^{(n)} = e^x \quad (n = 0, 1, 2, \ldots)$

(2) $\{\sin x\}^{(n)} = \sin\left(x + \frac{\pi}{2} n\right) \quad (n = 0, 1, 2, \ldots)$

(3) $\{\cos x\}^{(n)} = \cos\left(x + \frac{\pi}{2} n\right) \quad (n = 0, 1, 2, \ldots)$

(4) $\{\log(1+x)\}^{(n)} = \dfrac{(-1)^{n-1}(n-1)!}{(1+x)^n} \quad (n = 1, 2, \ldots)$

積の形の関数の高階の微分の計算は，次の**ライプニッツ** (Leibniz) **の公式**を使う．

定理 2.9. 関数 $f(x), g(x)$ が n 回以上微分可能であるとき $(n = 1, 2, \ldots)$,

$$(f \cdot g)^{(n)} = \sum_{k=0}^{n} \binom{n}{k} f^{(k)} g^{(n-k)}$$

が成り立つ.

証明. n に関する数学的帰納法によって示す.

i) まず $n = 1$ の場合を考える. f, g は 1 回以上微分可能であるとする. すると

$$(f \cdot g)^{(1)} = f' \cdot g + f \cdot g' = \sum_{k=0}^{1} \binom{1}{k} f^{(k)} g^{(1-k)}$$

であって, 正しい.

ii) 次に $n = l$ の場合を考える. f, g は l 回以上微分可能であるとする. すると

$$(f \cdot g)^{(l)} = \sum_{k=0}^{l} \binom{l}{k} f^{(k)} g^{(l-k)}$$

が成り立つ. この両辺を微分する.

$$\begin{aligned}((f \cdot g)^{(l)})' &= \sum_{k=0}^{l} \binom{l}{k} (f^{(k)} g^{(l-k)})' \\ &= \sum_{k=0}^{l} \binom{l}{k} (f^{(k+1)} g^{(l-k)} + f^{(k)} g^{(l-k+1)}) \\ &= \sum_{k=0}^{l} \binom{l}{k} f^{(k+1)} g^{(l-k)} + \sum_{k=0}^{l} \binom{l}{k} f^{(k)} g^{(l-k+1)}\end{aligned}$$

ここで, 先の項の k の 0 から l までの和を 1 から $l+1$ までの和に置き換えて書き直すと

$$\begin{aligned}\sum_{k=0}^{l} \binom{l}{k} f^{(k+1)} g^{(l-k)} &= \sum_{k=1}^{l+1} \binom{l}{k-1} f^{(k)} g^{(l-(k-1))} \\ &= \sum_{k=1}^{l} \binom{l}{k-1} f^{(k)} g^{(l-k+1))} + f^{(l+1)} g^{(0)}\end{aligned}$$

となる. したがって,

$$\begin{aligned}((f \cdot g)^{(l)})' = &\sum_{k=1}^{l} \binom{l}{k-1} f^{(k)} g^{(l+1-k)} + f^{(l+1)} g^{(0)} \\ &+ f^{(0)} g^{(l+1)} + \sum_{k=1}^{l} \binom{l}{k} f^{(k)} g^{(l-k+1)}\end{aligned}$$

$$= f^{(0)}g^{(l+1)} + \sum_{k=1}^{l}(\binom{l}{k-1} + \binom{l}{k})f^{(k)}g^{(l+1-k)} + f^{(l+1)}g^{(0)}.$$

ここで，

$$\binom{l}{k-1} + \binom{l}{k} = \binom{l+1}{k}$$

であることに注意せよ．これによって，

$$\begin{aligned}(f \cdot g)^{(l+1)} &= f^{(0)}g^{(l+1)} + \sum_{k=1}^{l}(\binom{l}{k-1} + \binom{l}{k})f^{(k)}g^{(l+1-k)} + f^{(l+1)}g^{(0)} \\ &= f^{(0)}g^{(l+1)} + \sum_{k=1}^{l}\binom{l+1}{k}f^{(k)}g^{(l+1-k)} + f^{(l+1)}g^{(0)} \\ &= \sum_{k=0}^{l+1}\binom{l+1}{k}f^{(k)}g^{(l+1-k)}\end{aligned}$$

となるので，$n = l+1$ のときでも公式が成り立つ．

以上によって，帰納法によってライプニッツの公式が証明された．　□

問 2.7. $f(x) = \tan^{-1} x$ に対して，

$$(1+x^2)f^{(n+1)}(x) + 2nxf^{(n)}(x) + n(n-1)f^{(n-1)}(x) = 0 \quad (n \geq 1)$$

が成り立つことを示せ．これを使って，$n \geq 1$ が奇数ならば $f^{(n)}(0) = (-1)^{(n-1)/2}(n-1)!$，$n$ が偶数ならば $f^{(n)}(0) = 0$ であることを示せ．

2.6　テイラーの定理とその応用

$P(x)$ を n 次多項式とすると

$$P(x) = P(0) + \frac{P'(0)}{1!}x + \frac{P''(0)}{2!}x^2 + \cdots + \frac{P^{(n)}(0)}{n!}x^n \equiv \sum_{k=0}^{n}\frac{P^{(k)}(0)}{k!}x^k \tag{2.1}$$

が成り立つことは容易に検証できる．この等式は一般の関数 $f(x)$ に対しても以下にみるような形で拡張できる．

定理 2.10 (テイラー (Taylor) の定理). $f(x)$ を閉区間 $[a, b]$ 上で n 回微分可能な関数とすると

$$f(b) = \sum_{k=0}^{n-1}\frac{f^{(k)}(a)}{k!}(b-a)^k + \frac{f^{(n)}(c)}{n!}(b-a)^n, \quad a < c < b$$

となる c が少なくとも1つは存在する．(右辺の最後の項を**ラグランジュ (Lagrange) 型の (テイラー) 剰余項**という．)

証明． $$F(x) = f(b) - \sum_{k=0}^{n-1} \frac{f^{(k)}(x)}{k!}(b-x)^k, \qquad G(x) = (b-x)^n$$

とおくと，$F(b) = G(b) = 0$, かつ

$$\begin{aligned} F'(x) &= -\sum_{k=0}^{n-1} \frac{f^{(k+1)}(x)}{k!}(b-x)^k + \sum_{k=1}^{n-1} \frac{f^{(k)}(x)}{(k-1)!}(b-x)^{k-1} \\ &= -\frac{f^{(n)}(x)}{(n-1)!}(b-x)^{n-1} \end{aligned}$$

である．この F と G とにコーシーの平均値定理 (命題 2.6) を適用すると

$$\frac{F(a)-F(b)}{G(a)-G(b)} = \frac{F'(c)}{G'(c)}, \quad a < c < b$$

となる c の存在がわかる．つまり

$$\frac{f(b) - \sum_{k=0}^{n-1} \frac{f^{(k)}(a)}{k!}(b-a)^k}{(b-a)^n} = \frac{\frac{f^{(n)}(c)}{(n-1)!}(b-c)^{n-1}}{n(b-c)^{n-1}}$$

となる c の存在がわかる．この等式を整理すればよい． □

テイラーの定理で $n = 1$ とすると平均値の定理 (定理 2.4) になる．よって，テイラーの定理は平均値の定理の一般化とみなすこともできる．

以下，テイラーの定理の別の表示を系としてあげよう．証明等は読者に委ねる．なお，系 2.3 の (2.2) は (2.1) の一般化といえる．また，系 2.3 のように $a = 0$ の場合は**マクローリン (Maclaurin) の定理**とよぶことがある．

系 2.2. $f(x)$ を閉区間 $[a, b]$ 上で n 回微分可能な関数とすると，次のような $\theta \in (0, 1)$ が存在する：

$$f(b) = \sum_{k=0}^{n-1} \frac{f^{(k)}(a)}{k!}(b-a)^k + \frac{f^{(n)}(a + \theta(b-a))}{n!}(b-a)^n.$$

系 2.3 (マクローリンの定理). $f(x)$ を $x = 0$ を内部に含むある区間 I 上で n 回微分可能な関数とする．このとき，$x \in I$ に対して次のような $\theta \in (0, 1)$ が存在する：

$$f(x) = \sum_{k=0}^{n-1} \frac{f^{(k)}(0)}{k!}x^k + \frac{f^{(n)}(\theta x)}{n!}x^n. \tag{2.2}$$

注意 2.2. (2.2) の θ は，一般には x, n とともに動きうることに注意せよ．定理 2.10 における c や系 2.2 の θ も同様である．

◆**例 2.6.** $n, m \in \mathbf{N}$, $x \in \mathbf{R}$ とする．次のような $\theta \in (0,1)$ が存在する：

(1) $e^x = \sum_{k=0}^{n-1} \frac{x^k}{k!} + \frac{x^n}{n!} e^{\theta x}$

(2) $\sin x = \sum_{k=0}^{m-1} \frac{(-1)^k x^{2k+1}}{(2k+1)!} + \frac{(-1)^m x^{2m}}{(2m)!} \sin \theta x$

(3) $\cos x = \sum_{k=0}^{m} \frac{(-1)^k x^{2k}}{(2k)!} + \frac{(-1)^{m+1} x^{2m+1}}{(2m+1)!} \sin \theta x$

(4) $\log(1+x) = \sum_{k=1}^{n-1} \frac{(-1)^{k-1} x^k}{k} + \frac{(-1)^{n-1} x^n}{n(1+\theta x)^n}, \quad x > -1$

(5) $\alpha \in \mathbf{R}$ に対して

$$(1+x)^\alpha = 1 + \sum_{k=1}^{n-1} \frac{\alpha(\alpha-1)\cdots(\alpha-k+1)}{k!} x^k + \frac{\alpha(\alpha-1)\cdots(\alpha-n+1)(1+\theta x)^{\alpha-n}}{n!} x^n, \quad x > -1.$$

証明. (1) $f(x) = e^x$ に対して $f^{(k)}(x) = e^x$ $(k \in \mathbf{N})$ である．よって $f^{(k)}(0) = 1$ $(k \in \mathbf{N})$. これらを用いて系 2.3 の式を書き下せばよい．

(2) $f(x) = \sin x$ のとき問 2.6 より $f^{(k)}(x) = \sin\left(x + \frac{k\pi}{2}\right)$ $(k \in \mathbf{N})$ かつ

$$f^{(2l)}(0) = 0, \quad f^{(2l+1)}(0) = (-1)^l, \quad l = 0, 1, 2, \ldots$$

である．よって系 2.3 を $n = 2m$ として使うと

$$\begin{aligned}
\sin x &= \sum_{\substack{k=0 \\ k:\text{奇数}}}^{2m-1} \frac{f^{(k)}(0)}{k!} x^k + \frac{f^{(2m)}(\theta x)}{(2m)!} x^{2m} \\
&= \sum_{r=0}^{m-1} \frac{(-1)^r}{(2r+1)!} x^{2r+1} + \frac{\sin(\theta x + m\pi)}{(2m)!} x^{2m} \\
&= \sum_{r=0}^{m-1} \frac{(-1)^r}{(2r+1)!} x^{2r+1} + \frac{(-1)^m \sin \theta x}{(2m)!} x^{2m}.
\end{aligned}$$

(3)〜(5) も同様にして証明できるので証明は読者に委ねることにする． ∎

テイラー (マクローリン) の定理は応用範囲が広い．このうち関数の増減や無限級数展開に関する応用は後ほど節をかえて述べることにして，ここでは他

の応用例をあげる．

◆**例 2.7.** $\alpha > 0$ とすると

$$\lim_{x\to\infty}\frac{e^x}{x^\alpha}=\infty. \tag{2.3}$$

証明. $m\in\mathbf{N}$ を $m>\alpha$ となるように1つ選んでおく．例2.6 (1) により

$$e^x=\sum_{k=0}^{m-1}\frac{x^k}{k!}+\frac{x^m}{m!}e^{\theta x},\quad 0<\theta<1$$

となる θ (x,n によって変化しうる) が存在する．よって，$x>0$ とすれば $e^x>x^m/m!$ となる．ゆえに

$$\lim_{x\to\infty}\frac{e^x}{x^\alpha}\geq\lim_{x\to\infty}\frac{x^m}{m!}\cdot\frac{1}{x^\alpha}=\frac{1}{m!}\lim_{x\to\infty}x^{m-\alpha}=\infty$$

となり (2.3) が示される． ∎

◆**例 2.8.**

$$\lim_{x\to 0}\frac{\sin x-x}{x^3}$$

の値をマクローリンの定理を用いて求めよう．例2.6 (2) を $m=2$ として用いると

$$\sin x=x-\frac{x^3}{3!}+\frac{\sin(\theta x)}{4!}x^4,\quad 0<\theta<1$$

となる定数 θ の存在がわかる．ただし，θ は x の変動とともに変動しうることを考慮して

$$\sin x=x-\frac{x^3}{3!}+\frac{\sin(\theta(x)x)}{4!}x^4,\quad 0<\theta(x)<1$$

と書くことにする．よって，

$$\lim_{x\to 0}\frac{\sin x-x}{x^3}=\lim_{x\to 0}\left[-\frac{1}{3!}+\frac{\sin(\theta(x)x)}{4!}x\right].$$

ここで $|\sin(\theta(x)x)|\leq 1$ なので，はさみうちの原理により

$$\lim_{x\to 0}\frac{\sin(\theta(x)x)}{4!}x=0.$$

つまり，求めるべき極限値は $-1/6$ である． ∎

◆**例 2.9.** $n\in\mathbf{N}$ に対して次の不等式が成立する：

$$\sum_{k=0}^{n}\frac{1}{k!}<e<\sum_{k=0}^{n-1}\frac{1}{k!}+\frac{e}{n!}.$$

証明. 例 2.6 (1) を $x=1$ として使うと

$$e=\sum_{k=0}^{n-1}\frac{1}{k!}+\frac{e^{\theta}}{n!},\quad 0<\theta<1$$

となる θ の存在がわかる．明らかに $0<e^{\theta}/n!<e/n!$ なので結論に至る． ∎

◆**例 2.10.** 上の例 2.9 の不等式を用いて e の近似値を求めてみよう．ただし $2<e<3$ となることは容易にわかるので，このことは既知としておく．例 2.9 で $n=9$ として

$$\sum_{k=0}^{9}\frac{1}{k!}<e<\sum_{k=0}^{8}\frac{1}{k!}+\frac{e}{9!}<\sum_{k=0}^{8}\frac{1}{k!}+\frac{3}{9!}=\sum_{k=0}^{9}\frac{1}{k!}+\frac{2}{9!}. \qquad (2.4)$$

ここで

$$\begin{aligned}2+(1/2) &= 2.5\\ 1/3! &= 0.1666666\cdots\\ 1/4! &= 0.0416666\cdots\\ 1/5! &= 0.0083333\cdots\\ 1/6! &= 0.0013888\cdots\\ 1/7! &= 0.0001984\cdots\\ 1/8! &= 0.0000248\cdots\\ 1/9! &= 0.0000027\cdots\end{aligned}$$

となることより，各項で小数第 8 位をすべて切り捨てれば

$$2.7182812<\sum_{k=0}^{9}\frac{1}{k!}$$

を得る．逆に，小数第 8 位をすべて切り上げると

$$\sum_{k=0}^{9}\frac{1}{k!}<2.7182819$$

を得る. よって $1/9!<28\times 10^{-7}$ を考慮して (2.4) より

$$\begin{aligned}2.7182812<e&<2.7182819+2\cdot 28\cdot 10^{-7}\\ &<2.7182819+6\cdot 10^{-6}\\ &=2.7182879\end{aligned}$$

となる．ゆえに $e=2.71828$ とすると，小数第 5 位までは正確に得られたことになる． ∎

問 2.8. 例 2.10 にならって次の極限値を求めよ．

(1) $\displaystyle\lim_{x\to 0}\frac{2\log(1+x)-2x+x^2}{x^3}$　　(2) $\displaystyle\lim_{x\to 0}\frac{6\sin x-6x+x^3}{x^4}$

(3) $\displaystyle\lim_{x\to 0}\frac{2\cos x-2+x^2}{x^4}$

2.7 テイラー展開・マクローリン展開

点 a を内部に含むある区間 I 上で定義されている関数 $f(x)$ を

$$f(x)=\sum_{k=0}^{\infty}c_k(x-a)^k \quad (c_k : \text{定数})$$

の形に表したものを f の $x=a$ における**テイラー展開**，**テイラー級数**，または**冪級数展開**という．特に，$a=0$ のときは**マクローリン展開**，**マクローリン級数**ともいう．例えば，無限等比級数のよく知られた等式

$$1+x+x^2+\cdots+x^n+\cdots=\frac{1}{1-x}, \quad |x|<1$$

は関数 $\dfrac{1}{1-x}$ のマクローリン展開とみなすことができる．

本節では，与えられた関数のテイラー展開を求めることを考えよう．以下，簡単のため主として $a=0$ のとき，すなわち，マクローリン展開を考えることにする．

関数 $f(x)$ を原点を内部に含むある区間上で C^∞ 級であるとする．マクローリンの定理 (系 2.3 および章末問題 7) により，$n\in\mathbf{N}$ に対して

$$f(x)=\sum_{k=0}^{n-1}\frac{f^{(k)}(0)}{k!}x^k+R_n(x)$$

が成り立つ．ただし $R_n(x)$ は

$$R_n(x)=\frac{f^{(n)}(\theta_n x)}{n!}x^n, \quad 0<\theta_n<1,$$

(**ラグランジュ型の剰余項**) または

$$R_n(x)=\frac{(1-\theta'_n)^{n-1}f^{(n)}(\theta'_n x)}{(n-1)!}x^n, \quad 0<\theta'_n<1$$

(**コーシー型の剰余項**) と表現できる．θ_n, θ'_n は n, x が動くとそれにともなっ

て変化しうることに注意せよ．よって (x を固定しておいて)

$$\lim_{n\to\infty} R_n(x) = 0$$

であれば

$$f(x) = \sum_{k=0}^{\infty} \frac{f^{(k)}(0)}{k!} x^n$$

とマクローリン展開できることになる．

代表的な関数のマクローリン展開を与えよう．

定理 2.11. 次のマクローリン展開が成立する．

(1) $e^x = \sum_{k=0}^{\infty} \frac{x^k}{k!}, \quad x \in \mathbf{R}$

(2) $\sin x = \sum_{k=0}^{\infty} \frac{(-1)^k x^{2k+1}}{(2k+1)!}, \quad x \in \mathbf{R}$

(3) $\cos x = \sum_{k=0}^{\infty} \frac{(-1)^k x^{2k}}{(2k)!}, \quad x \in \mathbf{R}$

(4) $\log(1+x) = \sum_{k=1}^{\infty} \frac{(-1)^{k-1} x^k}{k}, \quad -1 < x \leq 1$

(5) $\alpha \in \mathbf{R}$ に対して

$$(1+x)^\alpha = 1 + \sum_{k=1}^{\infty} \frac{\alpha(\alpha-1)\cdots(\alpha-k+1)}{k!} x^k, \quad -1 < x < 1.$$

証明. (1) 例 2.6 (1) より，$n \in \mathbf{N}$ に対して

$$e^x = \sum_{k=0}^{n-1} \frac{x^k}{k!} + \frac{x^n}{n!} e^{\theta_n x}, \quad 0 < \theta_n < 1$$

となる θ_n の存在がわかる．

$$\lim_{n\to\infty} \frac{x^n}{n!} e^{\theta_n x} = 0$$

をいえばよい．$\theta_n \in (0,1)$ なることより

$$\left| \frac{x^n}{n!} e^{\theta_n x} \right| \leq \frac{|x|^n}{n!} e^{|\theta_n x|} \leq \frac{|x|^n}{n!} e^{|x|}$$

であり，例えば例題 1.6，定理 6.5 により，任意の $x \in \mathbf{R}$ に対して

$$\lim_{n\to\infty} \frac{|x|^n}{n!} = 0$$

なので (1) が証明できた．

(2) 例 2.6 (2) より

$$\sin x = \sum_{k=0}^{m-1} \frac{(-1)^k x^{2k+1}}{(2k+1)!} + \frac{(-1)^m x^{2m}}{(2m)!} \sin \theta_m x, \quad 0 < \theta_m < 1$$

となる θ_m の存在がわかる．(1) と同様にして

$$\left| \frac{(-1)^m x^{2m}}{(2m)!} \sin \theta_m x \right| \leq \frac{|x|^{2m}}{(2m)!} \to 0 \quad (m \to \infty)$$

なので (2) を得る．

(3) 上記 (1), (2) と同様なので読者に委ねる．

(4) まず，$0 \leq x \leq 1$ のときを考えよう．例 2.6 (4) より

$$\log(1+x) = \sum_{k=1}^{n-1} \frac{(-1)^{k-1} x^k}{k} + \frac{(-1)^{n-1} x^n}{n(1+\theta_n x)^n}, \quad 0 < \theta_n < 1$$

となる θ_n の存在がわかる．よって

$$\left| \frac{(-1)^{n-1} x^n}{n(1+\theta_n x)^n} \right| \leq \frac{1}{n} \to 0 \quad (n \to \infty)$$

となり (4) が成立する．次に，$-1 < x < 0$ のときを考えよう．コーシー型の剰余項 (章末問題 7 参照) を用いて

$$\log(1+x) = \sum_{k=1}^{n-1} \frac{(-1)^{k-1} x^k}{k} + \frac{(-1)^{n-1}(1-\theta'_n)^{n-1}}{(1+\theta'_n x)^n} x^n, \quad 0 < \theta'_n < 1$$

となる θ'_n の存在がわかる．そして $0 < \dfrac{1-\theta'_n}{1+\theta'_n x} < 1$, および $0 < \dfrac{1}{1+\theta'_n x} < \dfrac{1}{1+x}$ なることより

$$\left| \frac{(-1)^{n-1}(1-\theta'_n)^{n-1}}{(1+\theta'_n x)^n} x^n \right| = \left(\frac{1-\theta'_n}{1+\theta'_n x} \right)^{n-1} \frac{|x|^n}{1+\theta'_n x}$$

$$< \frac{|x|^n}{1+x} \to 0 \quad (n \to \infty)$$

となり，やはり (4) が成立する．

(5) の証明は割愛する．　□

注意 2.3. 定理 2.11 (5) の級数は $\alpha \in \mathbf{N}$ のときは有限級数となり，それがいわゆる通常の 2 項定理である．$\alpha \notin \mathbf{N}$ のときは**一般化された 2 項定理**といわれることがある．

◆**例 2.11.** e^x のマクローリン展開を用いて $\cosh x$ のマクローリン展開を次のように求めることができる：

$$\cosh x = \frac{1}{2}(e^x + e^{-x}) = \frac{1}{2}\sum_{n=0}^{\infty}\left\{\frac{x^n}{n!} + \frac{(-x)^n}{n!}\right\}$$
$$= \sum_{n=0}^{\infty}\frac{1}{2}\cdot\frac{1}{n!}\{1+(-1)^n\}x^n = \sum_{m=0}^{\infty}\frac{x^{2m}}{(2m)!}. \quad ■$$

問 2.9. 次の関数のマクローリン展開を求めよ．

(1) $\log\dfrac{1+x}{1-x}$　(2) $\sinh x \quad \left(= \dfrac{e^x - e^{-x}}{2}\right)$　(3) $\dfrac{1}{(1-x)^2}$

(4) $\dfrac{1}{\sqrt{1+x^2}}$　(5) $\sin x \cos x$

2.8　関数の極値

導関数を用いて関数の増減の状態や極値を調べることを考えよう．

定理 2.12. $f(x)$ を区間 I 上で微分可能な関数とする．このとき

(1)　I 上で $f'(x) > 0$ ならば $f(x)$ は I 上で単調増加関数である．

(2)　I 上で $f'(x) < 0$ ならば $f(x)$ は I 上で単調減少関数である．

証明. (1) のみを示す．$x_1, x_2 \in I$ かつ $x_1 < x_2$ のとき $f(x_1) < f(x_2)$ を示せばよい．平均値の定理より

$$f(x_2) - f(x_1) = (x_2 - x_1)f'(\xi), \quad x_1 < \xi < x_2$$

となる ξ がある．仮定より $f'(\xi) > 0$ なので $f(x_2) > f(x_1)$ となる．　□

注意 2.4. 定理 2.12 の逆，例えば “単調増加関数 $f(x)$ は $f'(x) > 0$ を満たす” は一般に成立しない．例えば，関数 $f(x) = x^3$ を考えてみよ．

定義 2.1. $f(x)$ を区間 I 上で定義される関数で，$a \in I$ とする．十分小さな $h > 0$ に対して

$$0 < |x - a| < h \quad ならば \quad f(x) > f(a) \quad ［または\ f(x) \geq f(a)］$$

が成立するとき，f は点 a で**極小**［または広義の極小］になるという．このとき，値 $f(a)$ を f の**極小値**という．

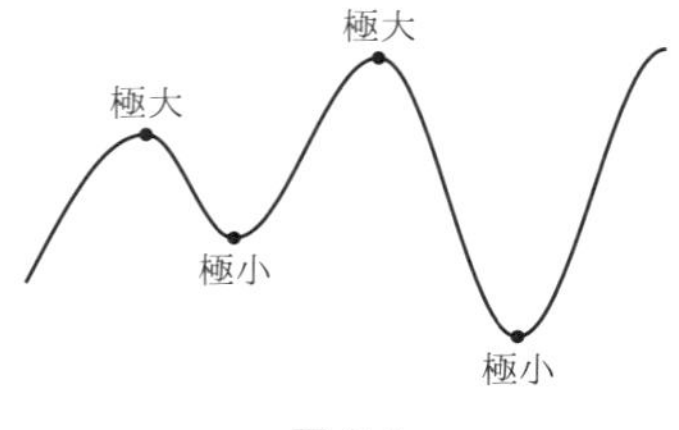

図 2.1

極大 (値)，および広義の極大 (値) も同様にして定義される．

注意 2.5. (1) この定義において，I が有界閉区間で a が左端点のようなときには条件 $0 < |x-a| < h$ は当然 $0 < x-a < h$ で置き換えるものとする．右端点の場合も同様である．

(2) (広義の) 極小値，極大値をあわせて**極値**とよぶ．

定理 2.13. 開区間 I 上で微分可能な関数 $f(x)$ が $a \in I$ で極値をとれば $f'(a) = 0$ である．

証明. 平均値の定理 (定理 2.4) の証明と同様である． □

定理 2.13 の逆は一般には成立しない．つまり $f'(a) = 0$ であっても f が a で (広義の) 極値をとるとは限らない．例えば，関数 $f(x) = x^3$ を原点で考えてみよ．

高階導関数を用いて極値をとるかどうかの判定ができる．

定理 2.14. 関数 $f(x)$ は点 a を内部に含む区間 I 上で C^n 級 $(n \geq 2)$，かつ

$$f'(a) = f''(a) = \cdots = f^{(n-1)}(a) = 0, \quad f^{(n)}(a) \neq 0$$

とする．

(1) n が偶数かつ $f^{(n)}(a) > 0$ ならば $f(x)$ は a で極小値をとる．

(2) n が偶数かつ $f^{(n)}(a) < 0$ ならば $f(x)$ は a で極大値をとる．

(3) n が奇数ならば $f(x)$ は a で極値をとらない．

証明. テイラーの定理 (定理 2.10) を用いると，a に十分近い x に対して

$$f(x) = \sum_{k=0}^{n-1} \frac{f^{(k)}(a)}{k!}(x-a)^k + \frac{f^{(n)}(c)}{n!}(x-a)^n$$

となる c の存在がわかる．ただし，c は a と x との間のある実数である．よって仮定より

$$f(x) - f(a) = \frac{f^{(n)}(c)}{n!}(x-a)^n.$$

ここで $f^{(n)}(x)$ の連続性により，$h > 0$ を十分小にすれば $0 < |x-a| < h$ のとき $f^{(n)}(c)$ と $f^{(n)}(a)$ とは同符号となる．

よって，(1) の仮定が成立するときには $0 < |x-a| < h$ ならば $f(x) > f(a)$ となり，f は a で極小となることがわかる．他の場合も同様である．　□

◆**例 2.12.** $\alpha > 0$ とする．このとき任意の $x, y > 0$ に対して次の不等式が成り立つ．

(1) $0 < \alpha < 1$ のとき　$(x+y)^\alpha \leq x^\alpha + y^\alpha$.

(2) $\alpha > 1$ のとき　$(x+y)^\alpha \leq 2^{\alpha-1}(x^\alpha + y^\alpha)$.

証明. (1) $y > 0$ を任意に固定する．$f(x) = x^\alpha + y^\alpha - (x+y)^\alpha$ とおいて，区間 $[0, \infty)$ 上で $f(x) \geq 0$ となることを示せばよい．$x > 0$ のとき

$$f'(x) = \alpha x^{\alpha-1} - \alpha(x+y)^{\alpha-1} > 0$$

なので，f は $(0, \infty)$ 上で増加関数である．$f(0) = 0$ なので $x \geq 0$ で $f(x) \geq 0$ を得る．

(2) $y > 0$ を任意に固定して $g(x) = 2^{\alpha-1}(x^\alpha + y^\alpha) - (x+y)^\alpha$ とおき，区間 $[0, \infty)$ 上で $g(x) \geq 0$ となることを示せばよい．$x \geq 0$ で

$$g'(x) = \alpha\{(2x)^{\alpha-1} - (x+y)^{\alpha-1}\}$$

となるので g の増減は下表のようになる．

x	0		y	
$g'(x)$	$-$	$-$	0	$+$
$g(x)$		↘	極小	↗

よって，$g(x)$ は $x = y$ のとき $[0, \infty)$ における最小値をとる．$g(y) = 0$ なので $g(x) \geq 0$ である．　■

問 2.10. $\alpha, \beta > 0$ を $\dfrac{1}{\alpha} + \dfrac{1}{\beta} = 1$ となる実数とする．$x, y \geq 0$ に対して次の不等式が成り立つことを示せ：　$\dfrac{x^\alpha}{\alpha} + \dfrac{y^\beta}{\beta} \geq xy$.　($\alpha = \beta = 2$ のときが相加平均・相乗平均の不等式である.)

問 2.11. $\alpha > 1$ とする.

(1) 関数 $f(t) = \dfrac{(1+t)^\alpha}{1+t^\alpha}$ の $t \geq 0$ における最大値を求めよ.

(2) 任意の $x,\, y \geq 0$ に対して不等式

$$(x+y)^\alpha \leq C(x^\alpha + y^\alpha)$$

が成り立つような最小の正定数はいくつか? (ヒント : (1) で $t = y/x$ として考えよ.)

問 2.12. $0 < \alpha \leq 1$ とする. 任意の $x,\, y \geq 0$ に対して次の不等式が成立することを示せ: $|x^\alpha - y^\alpha| \leq |x-y|^\alpha$.

2.9 凸関数*

$f(x)$ を区間 I で定義される関数とする. I 内の $x_1 < x < x_2$ なる任意の 3 点 $x_1,\, x,\, x_2$ に対して常に

$$\frac{f(x)-f(x_1)}{x-x_1} \leq \frac{f(x_2)-f(x)}{x_2-x} \tag{2.5}$$

が成り立つとき f を I 上の**凸関数**, または f は I 上で (下に) **凸**であるという. 不等式 (2.5) で不等号 $\leq$ を常に不等号 $<$ で置き換えることができるときには, **狭義の** (または真の) **凸関数**ということがある.

$\mathrm{P}_1(x_1, f(x_1))$, $\mathrm{P}(x, f(x))$, $\mathrm{P}_2(x_2, f(x_2))$ とおけば, f が凸であるということは, 図形的には

$$(\text{線分 } \mathrm{P}_1\mathrm{P} \text{ の傾き}) \leq (\text{線分 } \mathrm{PP}_2 \text{ の傾き})$$

ということを意味している (図 2.2).

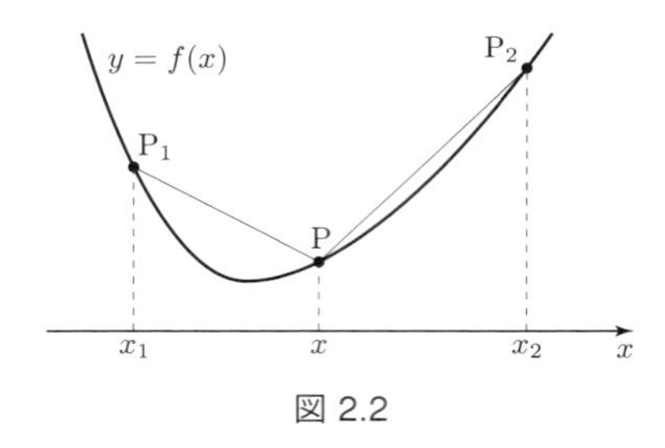

図 2.2

定理 2.15. (1) 区間 I 上で微分可能な関数 $f(x)$ がそこで凸であるための必要十分条件は, $f'(x)$ が I 上で広義の単調増加関数となることである.

(2) 区間 I 上で 2 回微分可能な関数 $f(x)$ がそこで凸であるための必要十分条件は, I 上で $f''(x) \geq 0$ となることである.

証明. (1) のみを示せば十分であろう.

f を I 上で凸とする. $x_1 < x_2$ なる $x_1, x_2 \in I$ を任意にとり $x_1 < x < x_2$ とすると (2.5) が成立する. x_2 を固定して (2.5) で $x \to x_1 + 0$ とすると

$$f'(x_1) \le \frac{f(x_2) - f(x_1)}{x_2 - x_1}. \tag{2.6}$$

一方, x_1 を固定して (2.5) で $x \to x_2 - 0$ とすると

$$\frac{f(x_2) - f(x_1)}{x_2 - x_1} \le f'(x_2). \tag{2.7}$$

(2.6) と (2.7) より, $x_1 < x_2$ のとき $f'(x_1) \le f'(x_2)$ となる. つまり f' は I 上の広義の増加関数である.

逆に f' を I 上で広義の増加関数とする. $x_1 < x < x_2$ なる $x_1, x, x_2 \in I$ を任意に選んで (2.5) を示せばよい. 平均値の定理より

$$((2.5) \text{ の左辺}) = f'(\xi_1), \quad x_1 < \xi_1 < x,$$
$$((2.6) \text{ の右辺}) = f'(\xi_2), \quad x < \xi_2 < x_2$$

となる ξ_1, ξ_2 の存在がわかる. $f'(\xi_1) \le f'(x_2)$ なので (2.5) が成立する. □

◆**例 2.13.** 関数 $|x|^\alpha$ $(\alpha \ge 1)$ は $\mathbf{R}$ 上で凸, $x^{-\alpha}$ $(\alpha > 0)$ は区間 $(0, \infty)$ 上で凸である. ∎

次の定理は, 図形的には自明なことであろう.

定理 2.16. $f(x)$ を区間 I で微分可能な凸関数とする. このとき曲線 $y = f(x)$ のどんな接線のグラフも曲線 $y = f(x)$ のグラフより上にでることはない.

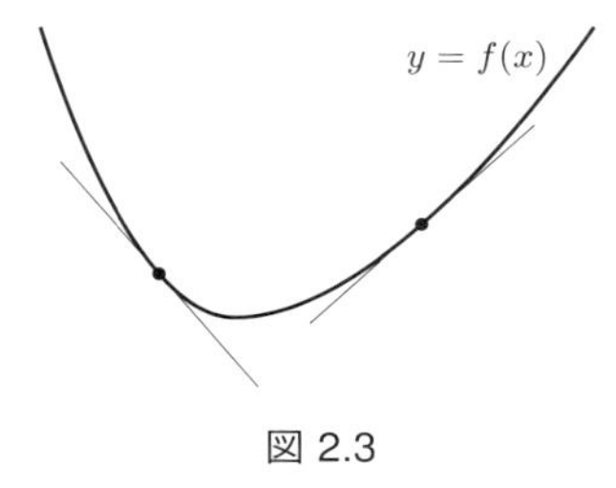

図 2.3

証明. 任意の $a \in I$ をとる. 点 $(a, f(a))$ における曲線 $y = f(x)$ の接線の方程式は

$$y = f'(a)(x - a) + f(a)$$

である. 定理を示すためには, 任意の $b \in I$ $(b \ne a)$ に対して

$$f(b) \ge f'(a)(b - a) + f(a) \tag{2.8}$$

を示せばよい. 平均値の定理より

$$f(b) - \{f'(a)(b-a) + f(a)\} = \{f'(\xi) - f'(a)\}(b-a)$$

となる ξ が a と b の間にある．定理 2.6 (1) より $f'(x)$ は広義の単調増加関数なので，a と b の大小関係にかかわらず $\{f'(\xi) - f'(a)\}(b-a) \geq 0$ となり (2.8) が成り立つ．□

凸関数の性質を用いて種々の不等式を導くことができる．

◆例 2.14. $f(x)$ を区間 I 上の凸関数，$x_1, x_2, \ldots, x_n \in I$ とし，$c_1, c_2, \ldots, c_n \geq 0$ を $\sum_{i=1}^{n} c_i = 1$ なる定数とすると，次の不等式が成り立つ：

$$f\left(\sum_{i=1}^{n} c_i x_i\right) \leq \sum_{i=1}^{n} c_i f(x_i).$$

証明. $n\,(\geq 2)$ に関する数学的帰納法によろう．

i) $n = 2$ のときにこの主張が成立することは，凸関数の定義より導ける (後述の問 2.13.)．

ii) ある n までこの主張が正しいとする．$y_1, y_2, \ldots, y_n, y_{n+1} \in I$; $d_1, d_2, \ldots, d_n, d_{n+1} \geq 0$ を $\sum_{i=1}^{n+1} d_i = 1$ なる定数とする．$d = \sum_{i=1}^{n} d_i$ とおくと $d \geq 0$, $d + d_{n+1} = 1$ である．よって，$n = 2$ のときにはこの主張が成立することを用いて

$$\begin{aligned} f\left(\sum_{i=1}^{n+1} d_i y_i\right) &= f\left(\sum_{i=1}^{n} d_i y_i + d_{n+1} y_{n+1}\right) \\ &= f\left(d\left(\sum_{i=1}^{n} \frac{d_i}{d} y_i\right) + d_{n+1} y_{n+1}\right) \\ &\leq d\,f\left(\sum_{i=1}^{n} \frac{d_i}{d} y_i\right) + d_{n+1} f(y_{n+1}). \end{aligned}$$

ここで $\sum_{i=1}^{n} \frac{d_i}{d} = 1$ なので，帰納法の仮定より

$$d\,f\left(\sum_{i=1}^{n} \frac{d_i}{d} y_i\right) \leq d \cdot \sum_{i=1}^{n} \frac{d_i}{d} f(y_i) = \sum_{i=1}^{n} d_i f(y_i).$$

よって

$$f\left(\sum_{i=1}^{n+1} d_i y_i\right) \leq \sum_{i=1}^{n+1} d_i f(y_i).$$

これは我々の主張が $n+1$ のときでも成立することを示している． ■

この例で $n = 2$, $c_1 = c_2 = 1/2$ のときの不等式，つまり $x, y \in I$ ならば

$$f\left(\frac{x+y}{2}\right) \leq \frac{f(x) + f(y)}{2} \tag{2.9}$$

となる事実は応用が多い．

◆例 **2.15.** (1) $0 < \alpha < 1$ とする．$x, y \geq 0$ ならば

$$x^\alpha + y^\alpha \leq 2^{1-\alpha}(x+y)^\alpha$$

が成り立つ．実際，関数 $f(x) = -x^\alpha$ は区間 $[0, \infty)$ 上で凸なので (2.9) を用いればよい．

(2) $0 \leq x, y \leq \pi$ ならば

$$\frac{\sin x + \sin y}{2} \leq \sin\frac{x+y}{2}$$

である．これは区間 $[0, \pi]$ 上の凸関数 $f(x) = -\sin x$ に対して (2.9) を書き下せばよい． ∎

◆例 **2.16.** $x_1, x_2, \ldots, x_n > 0$ のとき，次の不等式が成り立つ：

$$\frac{x_1 + x_2 + \cdots + x_n}{n} \geq (x_1 x_2 \cdots x_n)^{1/n}. \tag{2.10}$$

証明. これを証明するには，$f(x) = -\log x$ が区間 $(0, \infty)$ 上で凸であることに注意すればよい．例 2.14 を $c_1 = c_2 = \cdots = c_n = 1/n$ として使うことにより

$$-\log\left(\frac{1}{n}\sum_{i=1}^{n} x_i\right) \leq -\frac{1}{n}\sum_{i=1}^{n}\log x_i,$$

つまり

$$\log\left(\frac{1}{n}\sum_{i=1}^{n} x_i\right) \geq \log(x_1 x_2 \cdots x_n)^{1/n}$$

となり (2.10) が得られる． ∎

注意 2.6. 不等式 (2.10) の左辺を $x_1, x_2, \ldots, x_n$ の**相加平均** (または算術平均)，右辺を $x_1, x_2, \ldots, x_n$ の**相乗平均** (または幾何平均) という．(2.10) で等号が成り立つのは $x_1 = x_2 = \cdots = x_n$ のときに限られる．

問 2.13. 区間 I 上の関数 $f(x)$ が凸であるための必要十分条件は，任意の $x, y \in I$, $t \in [0, 1]$ に対して不等式

$$f(tx + (1-t)y) \leq tf(x) + (1-t)f(y)$$

が成立することであることを示せ.

問 2.14. 区間 I 上の単調増加な凸関数 $f(x)$ の逆関数 $f^{-1}(x)$ に対して $-f^{-1}(x)$ は凸関数であることを示せ.

章末問題

1. 次の関数 $f(x)$ を微分せよ.

(1) $f(x) = x^2(\cos x)\log(x^2)$ (2) $f(x) = (\sinh x)^{x^2}$ (3) $f(x) = \dfrac{(x-1)(x-2)}{(x+1)(x+2)}$

2. 次の極限値を求めよ.

(1) $\displaystyle\lim_{x\to 1}\frac{\exp(x^2-1)-1}{x-1}$ (2) $\displaystyle\lim_{x\to 0}\frac{x-\log(x+1)}{x^2}$ (3) $\displaystyle\lim_{x\to -\infty}(1-x)^{1/x}$

(4) $\displaystyle\lim_{x\to 1+0}(\log x)^{x-1}$ (5) $\displaystyle\lim_{x\to 1}\left(\frac{x}{1-x}-\frac{1}{\log x}\right)(x-1)$

3. 平均値の定理を利用して次の不等式を証明せよ.

(1) $x>0$ のとき, $\dfrac{1}{2}\dfrac{1}{\sqrt{x+1}} \le \sqrt{x+1}-\sqrt{x} \le \dfrac{1}{2}\dfrac{1}{\sqrt{x}}$.

(2) $x>0$ のとき, $\dfrac{1}{x^2+2x+2} \le \tan^{-1}(x+1)-\tan^{-1}x \le \dfrac{1}{x^2+1}$.

4. 次の関数 $f(x)$ の n 階の導関数をライプニッツの公式を使って求めよ.

(1) $f(x) = x^3e^x$ (2) $f(x) = \sin x\cos 2x$

5. $f(x) = \sin^{-1}x$ に対して, 漸化式

$$(1-x^2)f^{(n+2)}(x)-(2n+1)xf^{(n+1)}(x)-n^2f^{(n)}(x)=0 \quad (n\ge 0)$$

が成り立つことを示せ. これを使って, $n\ge 1$ が奇数なら $f^{(n)}(0)=\{(n-2)(n-4)\cdots 3\cdot 1\}^2$, $n\ge 0$ が偶数なら $f^{(n)}(0)=0$ であることを示せ.

6. $f(x)=(1+x)^{1/x}$ を考える.

(1) $x>-1$, $x\ne 0$ であれば, この関数は値が定まる. このとき $\displaystyle\lim_{x\to 0}f(x)$, および $\displaystyle\lim_{x\to -1+0}f(x)$ の値はどうなるか?

(2) 上記の極限値 $\displaystyle\lim_{x\to 0}f(x)$ によって $f(x)$ の $x=0$ の値を延長するとき, つまり $f(0)=\displaystyle\lim_{x\to 0}f(x)$ と定義するとき, この関数は $x=0$ を含めて微分できることを示せ. また, 延長した関数の微分係数は $f'(0)=-\frac{1}{2}e$ であることを示せ.

(3) $f(x)$ のグラフを描け.

7. (1) $F(x)$ を定理 2.10 の証明で用いた関数, $H(x)=b-x$ とする. この F と H とにコーシーの平均値の定理 (命題 2.6) を用いて, 次を満たす c が存在することを示せ:

$$f(b)=\sum_{k=0}^{n-1}\frac{f^{(k)}(a)}{k!}(b-a)^k+\frac{(b-a)(b-c)^{n-1}}{(n-1)!}f^{(n)}(c), \quad a<c<b.$$

(右辺の最後の項を**コーシー型の (テイラー) 剰余項**という.)

(2) 次のような $\theta\in(0,1)$ が存在することを示せ:

$$f(b)=\sum_{k=0}^{n-1}\frac{f^{(k)}(a)}{k!}(b-a)^k+\frac{(b-a)^n(1-\theta)^{n-1}}{(n-1)!}f^{(n)}(a+\theta(b-a)).$$

8. $m \in \mathbf{N}$, $x \in \mathbf{R}$ のとき，次の不等式が成り立つことを示せ：

$$\sum_{k=0}^{m-1} \frac{(-1)^k x^{2k+1}}{(2k+1)!} - \frac{x^{2m}}{(2m)!} \leq \sin x \leq \sum_{k=0}^{m-1} \frac{(-1)^k x^{2k+1}}{(2k+1)!} + \frac{x^{2m}}{(2m)!}.$$

9. 関数 $f(x)$ は区間 $(-a, a)$ において無限回微分可能とする．ある定数 $M \geq 0$ に対して

$$|f^{(n)}(x)| \leq M|x|^n, \quad n \in \mathbf{N}, \quad |x| < a$$

を満たすならば，f はマクローリン展開できることを示せ．

10. 指数関数 e^y のマクローリン展開式に形式的に $y = ix$ (i は虚数単位，x は実数) と代入し，$\sin x$ と $\cos x$ のマクローリン展開式を考慮すると，次の等式 (**オイラーの関係式**とよばれる) が得られることを説明せよ：

$$e^{ix} = \cos x + i \sin x.$$

11. 無限回微分できる関数 $f(x)$ のマクローリン展開 $f(x) = \sum_{n=0}^{\infty} \frac{f^{(n)}(0)x^n}{n!}$ がすべての x に対して成立しているとする．このとき，もし $f^{(n)}(0) \geq 1$, $n = 0, 1, 2, \ldots$ ならば，$x \geq 0$ において $f(x) \geq e^x$ であることを示せ．

12. 方程式 $x + ae^{-bx} = 0$ ($a, b > 0$) が実根 (実数解) をもつための a, b に対する必要十分条件を求めよ．

13. I を区間として，$f(x)$, $g(x)$ は I で C^1 級とする．このとき，次の各主張が正しければ証明を与えよ．誤りならば反例をあげよ．

(1) I 上で $f(x) \leq g(x)$ ならば $f'(x) \leq g'(x)$ である．

(2) I 上で $f'(x) \leq g'(x)$ ならば $f(x) \leq g(x)$ である．

14. 関数 $f(x)$ は開区間 (a, b) で C^2 級，かつ閉区間 $[a, b]$ で連続とする．

(1) $f(x)$ がある点 $c \in (a, b)$ で極大値をとれば，$f'(c) = 0$ かつ $f''(c) \leq 0$ であることを示せ．

(2) $f(x)$ が $a < x < b$ において不等式 $f''(x) + xf'(x) > 0$ を満たすならば，$f(x)$ は $[a, b]$ における最大値を必ず端点 ($x = a$ または $x = b$) でとることを示せ．

15. 次の各主張のうち正しいものには証明を与えよ．誤りであるものには反例をあげよ．

(1) f, g がともに凸関数ならば $f + g$ も凸関数である．

(2) f, g がともに凸関数ならば fg も凸関数である．

16. $f(x)$ が区間 $[0, \infty)$ 上の凸関数で $f(0) = 0$ ならば，関数 $\frac{f(x)}{x}$ は区間 $(0, \infty)$ 上の増加関数であることを示せ．

3
1変数関数の積分

本章では，まずは微分の「逆」として不定積分を学ぶ．その後，不定積分を経由せずに定積分を定義し，その性質や定積分を利用した公式について述べる．最後に，広義積分ならびに定積分の応用について説明する．

3.1 不定積分

本節では，微分の「逆」として不定積分の考え方を学ぶ．

定義 3.1. 関数 $f(x)$ に対して，

$$F'(x) = f(x)$$

となる関数 $F(x)$ を $f(x)$ の**原始関数**という．

◆**例 3.1.** $(\sin x)' = \cos x$ であるから，$\sin x$ は $\cos x$ の原始関数である． ∎

注意 3.1. 原始関数は 1 つとは限らない．例えば，$\sin x + 1$ もまた $\cos x$ の原始関数である．

注意 3.1 からもわかるように，$F(x)$ が 原始関数ならば，$F(x) + C$ (C は定数) もまた原始関数である．逆に，$f(x)$ のすべての原始関数は $F(x) + C$ の形に表される．これは，次の定理から成り立つ．

定理 3.1. $F(x), G(x)$ がともに $f(x)$ の原始関数であるとき，$F(x)=G(x)+C$ を満たす定数 C が存在する．

証明. 仮定より，$F'(x)=f(x)$, $G'(x)=f(x)$ である．よって，$H(x)=F(x)-G(x)$ とすれば，$H'(x)=F'(x)-G'(x)=f(x)-f(x)=0$ が成り立つ．ゆえに，系 2.1 より，$H(x)=C$ を満たす定数 C が存在する．これより $F(x)=G(x)+C$ が得られる． □

定義 3.2. $F(x)$ を $f(x)$ の原始関数の一つとする．このとき，$F(x)+C$ (C は任意定数) を $f(x)$ の**不定積分**といい，

$$\int f(x)\,dx$$

と表す．また，C を**積分定数**，x を**積分変数**，$f(x)$ を**被積分関数**という．$f(x)$ の不定積分を求めることを，$f(x)$ を**積分する**という．

今後，$\displaystyle\int \frac{1}{f(x)}\,dx=\int \frac{dx}{f(x)}$ なる省略形を用いる．また，本章の公式や例題等に現れる C は任意定数であり，今後は特に断らないことにする．

注意 3.2. 前述のように，$f(x)$ のすべての原始関数は $F(x)+C$ の形に表される．不定積分は，この無数にある原始関数全体を表現している．

定理 3.2. 関数 $f(x)$ に対して，$\displaystyle\left\{\int f(x)\,dx\right\}'=f(x)$ が成り立つ．

証明. 不定積分の定義より明らかである． □

定理 3.3. 定数 c，関数 $f(x), g(x)$ に対して，次式が成り立つ．

$$\int cf(x)\,dx=c\int f(x)\,dx, \tag{3.1}$$

$$\int \{f(x)+g(x)\}\,dx=\int f(x)\,dx+\int g(x)\,dx \tag{3.2}$$

問 3.1. (3.1), (3.2) の両辺を微分することにより，それぞれの左辺と右辺が等しいことを示せ．

3.2 簡単な関数の不定積分

本節では，簡単な関数の不定積分の求め方を紹介する．

公式 3.1. 微分公式より，次の積分公式が直ちに成り立つ．

$$\int x^a\,dx = \frac{x^{a+1}}{a+1} + C \quad (a \text{ は } a \neq -1 \text{ なる定数}), \quad \text{特に} \int 1\,dx = x + C$$

$$\int \frac{dx}{x} = \log|x| + C$$

問 3.2. 次の関数の不定積分を求めよ．

(1) $y = x^2 + \dfrac{1}{x} - \dfrac{2}{x^3}$　　(2) $y = \sqrt[4]{x} - \dfrac{2}{\sqrt{x}} + \dfrac{1}{\sqrt[3]{x^4}}$

公式 3.2. 三角関数の微分公式より，次の積分公式が成り立つ．

$$\int \sin x\,dx = -\cos x + C, \quad \int \cos x\,dx = \sin x + C, \quad \int \frac{dx}{\cos^2 x} = \tan x + C$$

問 3.3. 次の関数の不定積分を求めよ．

(1) $y = 2\cos x - \dfrac{1}{\cos^2 x}$　　(2) $y = -\sin x + \dfrac{1}{x}$

公式 3.3. 逆三角関数の微分公式より，次の積分公式が成り立つ．

$$\int \frac{dx}{\sqrt{1-x^2}} = \sin^{-1} x + C, \quad \int \left(-\frac{1}{\sqrt{1-x^2}}\right) dx = \cos^{-1} x + C$$

$$\int \frac{dx}{1+x^2} = \tan^{-1} x + C$$

注意 3.3. 公式 3.3 より，次式も成り立つ．

$$\int \frac{dx}{\sqrt{1-x^2}} = -\cos^{-1} x + C, \quad \int \left(-\frac{1}{\sqrt{1-x^2}}\right) dx = -\sin^{-1} x + C$$

◇**例題 3.1.** 次の関数の不定積分を求めよ．

(1) $y = \dfrac{3}{x^2} - \dfrac{2}{1+x^2}$　　(2) $y = \dfrac{2}{x} + \dfrac{3}{\sqrt{1-x^2}}$

解答例. (1) $\displaystyle\int \left(\frac{3}{x^2} - \frac{2}{1+x^2}\right) dx = -\frac{3}{x} - 2\tan^{-1} x + C$

(2) $\displaystyle\int \left(\frac{2}{x} + \frac{3}{\sqrt{1-x^2}}\right) dx = 2\log|x| + 3\sin^{-1} x + C$ □

問 3.4. 次の関数の不定積分を求めよ.

(1) $y = \dfrac{1}{\sqrt{x}} - \dfrac{1}{\sqrt{1-x^2}}$ (2) $y = \dfrac{1}{x} - \dfrac{1}{1+x^2}$

公式 3.4. 指数関数の微分公式より，次の積分公式が成り立つ.

$$\int a^x \, dx = \frac{a^x}{\log a} + C \quad (a \text{ は } a > 0 \text{ かつ } a \neq 1 \text{ なる定数}),$$

$$\text{特に} \int e^x \, dx = e^x + C$$

問 3.5. 次の関数の不定積分を求めよ.

(1) $y = \dfrac{1}{x^e} - e^x$ (2) $y = 2 \cdot 3^x - 2x^3 + 2e^3$

3.3 置換積分法

より複雑な関数の不定積分を求めるためには，本節で紹介する置換積分や，次節で述べる部分積分が必要となる.

定理 3.4 (置換積分法). 関数 $f(x)$ と微分可能な関数 $x = g(t)$ について，次式が成り立つ.

$$\int f(x) \, dx = \int f(g(t))g'(t) \, dt \tag{3.3}$$

証明. $f(x)$ の原始関数の一つを $F(x)$ とする. $F(x)$ を $\boldsymbol{t}$ で微分すれば，合成関数の微分公式より，次式を得る.

$$\frac{d}{dt}F(x) = \frac{dF(x)}{dx} \cdot \frac{dx}{dt} = f(x) \cdot \frac{dx}{dt}$$

この式において，$x = g(t)$ とおけば以下の式が得られる.

$$\frac{d}{dt}F(g(t)) = f(g(t)) \cdot \frac{dg(t)}{dt} = f(g(t))g'(t)$$

よって，$F(g(t))$ は t の関数として $f(g(t))g'(t)$ の原始関数の一つである. ゆえに

$$\int f(g(t))g'(t) \, dt = F(g(t)) + C = F(x) + C = \int f(x) \, dx$$

となり，(3.3) が成り立つ. □

注意 3.4. (3.3) は次のように書くことができる．

$$\int f(x)\,dx = \int f(g(t))\frac{dx}{dt}\,dt \tag{3.4}$$

この (3.4) の左辺と右辺をみてみると，形式的には $x = g(t)$, $dx = \dfrac{dx}{dt}\,dt$ により左辺を変形すればよいことがわかる．

問 3.6. 次の関数の不定積分を求めよ．

(1) $y = \dfrac{2}{2x+3}$ (2) $y = \cos\dfrac{x}{3}$

◇例題 3.2. 次の関数の不定積分を求めよ．

(1) $y = \sin^3 x\cos x$ (2) $y = (e^x+1)^4 e^x$ (3) $y = \dfrac{x^2}{x^3-1}$

解答例. (1) $t = \sin x$ とおけば，$\dfrac{dt}{dx} = \cos x$ であるから，逆関数の微分公式より，$\dfrac{dx}{dt} = \dfrac{1}{\cos x}$ である．これらを (3.4) に代入すれば

$$\int y\,dx = \int t^3\cos x\cdot\frac{1}{\cos x}\,dt = \frac{t^4}{4} + C = \frac{\sin^4 x}{4} + C.$$

(2) $t = e^x + 1$ とおけば，同様の手順により $\dfrac{dx}{dt} = \dfrac{1}{e^x}$ となる．よって，

$$\int y\,dx = \int t^4 e^x\cdot\frac{1}{e^x}\,dt = \frac{t^5}{5} + C = \frac{(e^x+1)^5}{5} + C.$$

(3) $t = x^3 - 1$ とおけば，同様の手順により $\dfrac{dx}{dt} = \dfrac{1}{3x^2}$ となる．よって，

$$\int y\,dx = \int \frac{x^2}{t}\cdot\frac{1}{3x^2}\,dt = \frac{\log|t|}{3} + C = \frac{\log|x^3-1|}{3} + C. \qquad \square$$

問 3.7. 次の関数の不定積分を求めよ．

(1) $y = \dfrac{\sin x}{\cos^3 x}$ (2) $y = 2^x(2^x-1)^3$ (3) $y = \dfrac{(\log x)^3}{x}$

公式 3.5. $f(x)$ が連続な導関数をもつとき，次式が成り立つ．

$$\int \frac{f'(x)}{f(x)}\,dx = \log|f(x)| + C$$

◇例題 3.3. 次の関数の不定積分を求めよ．

(1)　$y = \tan x$　　　(2)　$y = \dfrac{2x-2}{x^2-2x+2}$

解答例. (1)　$\displaystyle\int \tan x\,dx = \int \frac{\sin x}{\cos x}\,dx = -\int \frac{(\cos x)'}{\cos x}\,dx = -\log|\cos x| + C$

(2)　任意の x に対して $x^2-2x+2>0$ より，

$$\int \frac{2x-2}{x^2-2x+2}\,dx = \int \frac{(x^2-2x+2)'}{x^2-2x+2}\,dx$$
$$= \log|x^2-2x+2| + C = \log(x^2-2x+2) + C.$$
□

問 3.8. 次の関数の不定積分を求めよ．

(1)　$y = \dfrac{1}{\cos^2 x \tan x}$　　　(2)　$y = \dfrac{1}{\sqrt{1-x^2}\sin^{-1} x}$

◇例題 3.4. 関数 $y = \dfrac{1}{x^2+a^2}$ の不定積分を求めよ．ただし，a は $a \neq 0$ なる定数である．

解答例. $\displaystyle\int \frac{dx}{x^2+a^2} = \frac{1}{a^2}\int \frac{dx}{\left(\frac{x}{a}\right)^2+1}$ である．$t = \dfrac{x}{a}$ とおけば，$\dfrac{dx}{dt} = a$ であるから，公式 3.3 より，

$$\int y\,dx = \frac{1}{a^2}\int \frac{1}{t^2+1}\cdot a\,dt = \frac{1}{a}\tan^{-1} t + C = \frac{1}{a}\tan^{-1}\frac{x}{a} + C.$$
□

◇例題 3.5. 関数 $y = \dfrac{1}{\sqrt{a^2-x^2}}$ の不定積分を求めよ．ただし，a は $a>0$ なる定数である．

解答例. 例題 3.4 と同様の手順により，$\displaystyle\int \frac{dx}{\sqrt{a^2-x^2}} = \sin^{-1}\frac{x}{a} + C$ である．
□

公式 3.6. 例題 3.4, 3.5 より，次の積分公式が成り立つ．ただし，a, b は $a \neq 0$, $b > 0$ なる定数である．

$$\int \frac{dx}{x^2+a^2} = \frac{1}{a}\tan^{-1}\frac{x}{a} + C, \qquad \int \frac{dx}{\sqrt{b^2-x^2}} = \sin^{-1}\frac{x}{b} + C$$

問 3.9. 関数 $y=(ax+b)^n$ の不定積分を求めよ．ただし，$a\neq 0$，b は定数，かつ n は自然数とする．

公式 3.1–3.4, 3.6 で述べた不定積分の結果を表 3.1 に再掲する．

表 3.1 積分公式

$$\int x^a\,dx=\frac{x^{a+1}}{a+1}+C \quad (a \text{ は } a\neq -1 \text{ なる定数}),\qquad \int\frac{dx}{x}=\log|x|+C,$$

$$\int \sin x\,dx=-\cos x+C,\qquad \int\cos x\,dx=\sin x+C,\qquad \int\frac{dx}{\cos^2 x}=\tan x+C,$$

$$\int\frac{dx}{\sqrt{1-x^2}}=\sin^{-1}x+C,\qquad \int\left(-\frac{1}{\sqrt{1-x^2}}\right)dx=\cos^{-1}x+C,$$

$$\int\frac{dx}{1+x^2}=\tan^{-1}x+C,$$

$$\int a^x\,dx=\frac{a^x}{\log a}+C \quad (a \text{ は } a>0 \text{ かつ } a\neq 1 \text{ なる定数}),$$

$$\text{特に}\ \int e^x\,dx=e^x+C,$$

$$\int\frac{dx}{x^2+a^2}=\frac{1}{a}\tan^{-1}\frac{x}{a}+C,\qquad \int\frac{dx}{\sqrt{a^2-x^2}}=\sin^{-1}\frac{x}{a}+C$$

3.4 部分積分法

本節では，部分積分を紹介する．

定理 3.5 (部分積分法). 微分可能な関数 $f(x)$, $g(x)$ について，次式が成り立つ．

$$\int f(x)g'(x)\,dx=f(x)g(x)-\int f'(x)g(x)\,dx \tag{3.5}$$

証明. 積の微分公式より，$\{f(x)g(x)\}'=f'(x)g(x)+f(x)g'(x)$ であるから，$f(x)g'(x)=\{f(x)g(x)\}'-f'(x)g(x)$ を得る．この式の両辺を積分すれば

$$\begin{aligned}\int f(x)g'(x)\,dx&=\int\{f(x)g(x)\}'\,dx-\int f'(x)g(x)\,dx+C\\&=f(x)g(x)-\int f'(x)g(x)\,dx+C\end{aligned}$$

となる．この式の積分定数 C は最後の不定積分に含めて考えてよいから，(3.5) が成り立つ． □

◇**例題 3.6.** 次の関数の不定積分を求めよ．

(1) $y = xe^x$　　(2) $y = x\cos x$

解答例. (1) $\displaystyle\int xe^x\,dx = \int x(e^x)'\,dx = xe^x - \int 1\cdot e^x\,dx = xe^x - e^x + C$

(2) $$\int x\cos x\,dx = \int x(\sin x)'\,dx$$
$$= x\sin x - \int 1\cdot \sin x\,dx = x\sin x + \cos x + C$$ □

問 3.10. 次の関数の不定積分を求めよ．

(1) $y = x\sin x$　　(2) $y = x\log x$

◇**例題 3.7.** 次の関数の不定積分を求めよ．

(1) $y = \log x$　　(2) $y = \tan^{-1} x$

解答例. (1) $$\int \log x\,dx = \int \log x\cdot(x)'\,dx$$
$$= x\log x - \int \frac{1}{x}\cdot x\,dx = x\log x - x + C$$

(2) 公式 3.5 と任意の x に対して $1 + x^2 > 0$ より，
$$\int \tan^{-1} x\,dx = \int \tan^{-1} x\cdot(x)'\,dx = x\tan^{-1} x - \int \frac{x}{1+x^2}\,dx$$
$$= x\tan^{-1} x - \frac{1}{2}\int \frac{(1+x^2)'}{1+x^2}\,dx = x\tan^{-1} x - \frac{1}{2}\log(1+x^2) + C.$$ □

問 3.11. 関数 $y = \sin^{-1} x$ の不定積分を求めよ．

◇**例題 3.8.** 関数 $y = e^x \sin x$ の不定積分を求めよ．

解答例. $I = \displaystyle\int y\,dx$ とすれば，
$$I = \int \sin x\,(e^x)'\,dx = e^x\sin x - \int e^x\cos x\,dx = e^x\sin x - \int \cos x\,(e^x)'\,dx$$
$$= e^x\sin x - \left(e^x\cos x + \int e^x\sin x\,dx\right) = e^x(\sin x - \cos x) - I.$$

よって，$2I = e^x(\sin x - \cos x)$ であるから，$I = \dfrac{1}{2}e^x(\sin x - \cos x)$ となる．積分定数を加えて，$\displaystyle\int y\,dx = \frac{1}{2}e^x(\sin x - \cos x) + C$ を得る． □

問 3.12. 関数 $y = e^{-x}\cos x$ の不定積分を求めよ．

3.5 有理関数の積分

本節では，有理関数の不定積分を求める方法について説明する．また，有理関数の不定積分に帰着される不定積分についてもふれる．

定義 3.3. $P(x), Q(x)$ を x の多項式とする．$Q(x) \neq 0$ なる x 上で定義される $R(x) = \dfrac{P(x)}{Q(x)}$ の形の関数を x の**有理関数**という．

◇**例題 3.9.** 関数 $y = \dfrac{1}{x^2 - a^2}$ の不定積分を求めよ．ただし，a は $a \neq 0$ なる定数である．

解答例. $\dfrac{1}{x^2 - a^2} = \dfrac{1}{(x-a)(x+a)} = \dfrac{A}{x-a} + \dfrac{B}{x+a}$ とおき，これを満たす A, B を求める．分母を払うことにより，次式を得る．

$$1 = A(x+a) + B(x-a), \quad \text{すなわち} \quad (A+B)x + aA - aB = 1$$

これが x に関する恒等式でなければならないため，係数を比較することにより，次の連立 1 次方程式が得られる．

$$\begin{cases} A + B = 0 \\ aA - aB = 1 \end{cases}, \quad \text{これを解いて} \quad A = \frac{1}{2a},\ B = -\frac{1}{2a}$$

これより，

$$\begin{aligned} \int y\,dx &= \frac{1}{2a}\int \frac{dx}{x-a} - \frac{1}{2a}\int \frac{dx}{x+a} = \frac{1}{2a}(\log|x-a| - \log|x+a|) + C \\ &= \frac{1}{2a}\log\left|\frac{x-a}{x+a}\right| + C. \end{aligned}$$

□

注意 3.5. 例題 3.9 の解答例のように，1 つの分数を複数の分数の和に変形することを**部分分数分解**という．

◇**例題 3.10.** 関数 $y = \dfrac{3x-1}{x^2 - 4x + 6}$ の不定積分を求めよ．

解答例.

$$\begin{aligned}\int \frac{3x-1}{x^2-4x+6}\,dx &= \int \frac{3x-1}{(x-2)^2+2}\,dx = \int \frac{3(x-2)+5}{(x-2)^2+2}\,dx \\ &= 3\int \frac{x-2}{(x-2)^2+2}\,dx + 5\int \frac{dx}{(x-2)^2+2} \\ &= \frac{3}{2}\int \frac{((x-2)^2+2)'}{(x-2)^2+2}\,dx + 5\int \frac{dx}{(x-2)^2+2} \\ &= \frac{3}{2}\log((x-2)^2+2) + \frac{5}{\sqrt{2}}\tan^{-1}\left(\frac{x-2}{\sqrt{2}}\right) + C.\end{aligned}$$

□

問 3.13. 次の関数の不定積分を求めよ.

(1) $y = -\dfrac{5}{x^2-x-6}$　(2) $y = \dfrac{x-4}{x^2-2x-3}$　(3) $y = \dfrac{x+1}{x^2+x+1}$

(4) $y = \dfrac{2x+1}{x^2+2x+1}$　(5) $y = \dfrac{x-1}{x^2-4}$　(6) $y = \dfrac{3x}{(2x-1)(x-2)}$

◇**例題 3.11.** 関数 $y = \dfrac{2x^2}{(x+1)(x^2+1)}$ の不定積分を求めよ.

解答例. $\dfrac{2x^2}{(x+1)(x^2+1)} = \dfrac{A}{x+1} + \dfrac{Bx+D}{x^2+1}$ とおき，分母を払えば

$$2x^2 = A(x^2+1) + (Bx+D)(x+1),$$

すなわち　$2x^2 = (A+B)x^2 + (B+D)x + A + D$

となるから，係数を比較することにより，次の連立 1 次方程式が得られる.

$$\begin{cases} A+B=2 \\ B+D=0 \\ A+D=0 \end{cases},\quad \text{これを解いて}\quad A=1,\ B=1,\ D=-1$$

よって，

$$\begin{aligned}\int y\,dx &= \int \frac{dx}{x+1} + \int \frac{x}{x^2+1}\,dx - \int \frac{dx}{x^2+1} \\ &= \int \frac{dx}{x+1} + \frac{1}{2}\int \frac{(x^2+1)'}{x^2+1}\,dx - \int \frac{dx}{x^2+1} \\ &= \log|x+1| + \frac{1}{2}\log(x^2+1) - \tan^{-1}x + C.\end{aligned}$$

□

問 3.14. 関数 $y = -\dfrac{2}{(x-1)(x^2+1)}$ の不定積分を求めよ.

問 3.15. (1)　次の恒等式を満たす定数 A, B, C, D を求めよ．

$$\frac{x+3}{(x-1)^2(x^2-x+1)} = \frac{A}{x-1} + \frac{B}{(x-1)^2} + \frac{Cx+D}{x^2-x+1}$$

また，この恒等式を用いて，左辺の関数の不定積分を求めよ．

(2)　次の恒等式を満たす定数 A, B, C, D を求めよ．

$$\frac{-x^3+2x}{x^4+x^2-2} = \frac{A}{x-1} + \frac{B}{x+1} + \frac{Cx+D}{x^2+2}$$

また，この恒等式を用いて，左辺の関数の不定積分を求めよ．

定義 3.4.　$P(u,v)$, $Q(u,v)$ を u, v の多項式とする．$Q(u,v) \neq 0$ なる (u,v) 上で定義される $R(u,v) = \dfrac{P(u,v)}{Q(u,v)}$ の形の関数を u, v の**有理関数**という．

$R(u,v)$ を用いて，$\sin x, \cos x$ の有理式を $R(\cos x, \sin x)$ と表す．

◆**例 3.2.**　$R(u,v) = \dfrac{u}{1+v^2}$ ならば，$R(\cos x, \sin x) = \dfrac{\cos x}{1+\sin^2 x}$ である．　■

$R(\cos x, \sin x)$ の不定積分を求めるために，次の定理を与える．

定理 3.6.　$t = \tan\dfrac{x}{2}$ とおくとき，次式が成り立つ．

$$\sin x = \frac{2t}{1+t^2}, \quad \cos x = \frac{1-t^2}{1+t^2}, \quad \frac{dx}{dt} = \frac{2}{1+t^2}$$

証明.　$$\sin x = 2\sin\frac{x}{2}\cos\frac{x}{2} = 2\frac{\sin\frac{x}{2}}{\cos\frac{x}{2}}\cos^2\frac{x}{2} = \frac{2\tan\frac{x}{2}}{1+\tan^2\frac{x}{2}} = \frac{2t}{1+t^2},$$

$$\cos x = 2\cos^2\frac{x}{2} - 1 = \frac{2}{1+\tan^2\frac{x}{2}} - 1 = \frac{2}{1+t^2} - 1 = \frac{1-t^2}{1+t^2},$$

$$\frac{dx}{dt} = \frac{d}{dt}(2\tan^{-1} t) = \frac{2}{1+t^2}$$　□

定理 3.6 と (3.4) より，次式が成り立つ．ただし，$t = \tan\dfrac{x}{2}$ である．

$$\int R(\cos x, \sin x)\,dx = \int R\left(\frac{1-t^2}{1+t^2}, \frac{2t}{1+t^2}\right)\frac{2}{1+t^2}\,dt \tag{3.6}$$

この (3.6) の右辺は，t の有理関数の不定積分である．すなわち，$R(\cos x, \sin x)$ の不定積分は有理関数の不定積分に変換することができる．

◇**例題 3.12.** 関数 $y = \dfrac{1}{\sin x}$ の不定積分を求めよ．

解答例. $R(u, v) = \dfrac{1}{v}$ として (3.6) を用いる．

$$\int \frac{dx}{\sin x} = \int \frac{1}{\dfrac{2t}{1+t^2}} \cdot \frac{2}{1+t^2}\, dt$$
$$= \int \frac{dt}{t} = \log|t| + C = \log\left|\tan\frac{x}{2}\right| + C$$ □

問 3.16. 次の関数の不定積分を求めよ．ただし，a, b は定数，かつ $b \neq 0$ とする．

(1) $y = \dfrac{1}{\cos x}$　(2) $y = \dfrac{\sin x}{1+\sin x}$　(3) $y = \dfrac{\sin^2 x}{\cos^2 x}$

(4) $y = \dfrac{\cos x}{\sin x(1+\cos^2 x)}$　(5) $y = \dfrac{1}{a + b\tan x}$　(6) $y = \dfrac{\cos^2 x}{3+\sin^2 x}$

次に，$R(x)$ を x の有理関数とするとき，$R(e^x)$ の不定積分を求めることを考える．$t = e^x$ とおくと，$\dfrac{dt}{dx} = e^x$ である．これと逆関数の微分公式より，$\dfrac{dx}{dt} = \dfrac{1}{e^x} = \dfrac{1}{t}$ である．この等式と (3.4) より，次式が成り立つ．

$$\int R(e^x)\, dx = \int \frac{R(t)}{t}\, dt \tag{3.7}$$

このようにして，$R(e^x)$ の不定積分は有理関数の不定積分に帰着される．

◇**例題 3.13.** 関数 $y = \dfrac{e^x(e^x-1)}{e^x+1}$ の不定積分を求めよ．

解答例. $R(x) = \dfrac{x(x-1)}{x+1}$ として (3.7) を用いる．

$$\int \frac{e^x(e^x-1)}{e^x+1}\, dx = \int \frac{t(t-1)}{t+1} \cdot \frac{1}{t}\, dt = \int \left(1 - \frac{2}{t+1}\right) dt$$
$$= t - 2\log|t+1| + C = e^x - 2\log(e^x+1) + C$$ □

問 3.17. 関数 $y = \cosh^2 x$ の不定積分を求めよ．

平方根や 3 乗根等の根号を含む関数のことを**無理関数**という．無理関数の不定積分はいつでも求められるとは限らない．ここでは，適当な置換によって有理関数の不定積分に帰着され，不定積分が求められる例をあげる．$R(u, v)$

を u, v の有理関数とするとき，$R\left(x, \sqrt[n]{\dfrac{ax+b}{cx+d}}\right)$ の不定積分を求めることを考える．ただし，n は自然数，$ad-bc \neq 0$ とする．$t = \sqrt[n]{\dfrac{ax+b}{cx+d}}$ とおくと，$x = \dfrac{-dt^n+b}{ct^n-a}$ であるから，$\dfrac{dx}{dt} = \dfrac{n(ad-bc)t^{n-1}}{(ct^n-a)^2}$ となる．これと (3.4) より，次式が成り立つ．

$$\int R\left(x, \sqrt[n]{\frac{ax+b}{cx+d}}\right)dx = \int R\left(\frac{-dt^n+b}{ct^n-a}, t\right)\frac{n(ad-bc)t^{n-1}}{(ct^n-a)^2}\,dt \tag{3.8}$$

この (3.8) の右辺は t の有理関数の不定積分である．すなわち，$R\left(x, \sqrt[n]{\dfrac{ax+b}{cx+d}}\right)$ の不定積分は有理関数の不定積分に変換することができる．

◇例題 **3.14.** 関数 $y = \dfrac{1}{x\sqrt{x+1}}$ の不定積分を求めよ．

解答例. $n=2,\ a=b=d=1,\ c=0,\ R(u,v) = \dfrac{1}{uv}$ として (3.8) を用いる．$\dfrac{-dt^n+b}{ct^n-a} = t^2-1,\ \dfrac{n(ad-bc)t^{n-1}}{(ct^n-a)^2} = 2t$，例題 3.9 より

$$\int \frac{dx}{x\sqrt{x+1}} = \int \frac{1}{(t^2-1)t}\cdot 2t\,dt = 2\int \frac{dt}{t^2-1}$$
$$= \log\left|\frac{t-1}{t+1}\right| + C = \log\left|\frac{\sqrt{x+1}-1}{\sqrt{x+1}+1}\right| + C. \qquad \square$$

問 **3.18.** 関数 $y = \dfrac{1}{x\sqrt{x-1}}$ の不定積分を求めよ．

◇例題 **3.15.** 関数 $y = \dfrac{1}{\sqrt{x^2+a}}$ の不定積分を求めよ．ただし，a は $a \neq 0$ なる定数である．

解答例. $t = x + \sqrt{x^2+a}$ とおけば，$x^2+a = (t-x)^2 = t^2-2tx+x^2$ であるから

$$x = \frac{t^2-a}{2t}, \quad \frac{dx}{dt} = \frac{t^2+a}{2t^2}, \quad \sqrt{x^2+a} = t-x = \frac{t^2+a}{2t}$$

となる．よって，(3.4) より

$$\int \frac{dx}{\sqrt{x^2+a}} = \int \frac{1}{\dfrac{t^2+a}{2t}}\cdot\frac{t^2+a}{2t^2}\,dt$$

$$= \int \frac{dt}{t} = \log|t| + C = \log|x + \sqrt{x^2+a}| + C. \qquad \square$$

問 3.19. 関数 $y = \dfrac{1}{\sqrt{x^2+2x+2}}$ の不定積分を求めよ．

3.6 定積分

定積分の考え方は，不定積分の考え方とは大きく異なる．定積分の考え方の出発点は「図形の面積をいかに求めるか」である．

a, b を $a \leq b$ なる定数とし，区間 $[a,b]$ 上で関数 $y = f(x)$ は $f(x) \geq 0$ を満たすとする．関数 $y = f(x)$, $x = a$, $x = b$ および x 軸に囲まれる部分 S (図 3.1 のアミカケ部) の面積 s を求めることを考える．面積 s を直接求めるのは一般に難しいため，最初に s の近似値を求め，後からその近似値を s に近づけることにする．s の近似値を求めるために，$[a,b]$ を次のように細かく分割する．

$$a = x_0 < x_1 < \cdots < x_i < \cdots < x_n = b \tag{3.9}$$

点 $x_0, x_1, \ldots, x_n$ を用いて，S を図 3.2 のように分割する．全体の面積 s は図 3.2 中の細長い図形 S_i の面積 s_i の総和となる．ゆえに，s_i を求められれば s が求まるのだが，s と同様に，s_i を直接求めるのは一般に難しい．そこで，長方形の面積により s_i を近似することにする．点 p_i, $i = 1, \ldots, n$ は $x_{i-1} \leq p_i \leq x_i$ を満たすとする．また，底辺の長さが $x_i - x_{i-1}$，高さが $f(p_i)$ である長方形を T_i とすれば，T_i の面積は $f(p_i)(x_i - x_{i-1})$ である．底辺の長さ $x_i - x_{i-1}$ が小さければ T_i の面積は s_i の近似となる (図 3.3 参照)．さらに，$x_i - x_{i-1}$ を 0 に近づければ，(特別な場合を除いて) $f(p_i)(x_i - x_{i-1})$ は s_i に限りなく近づく．

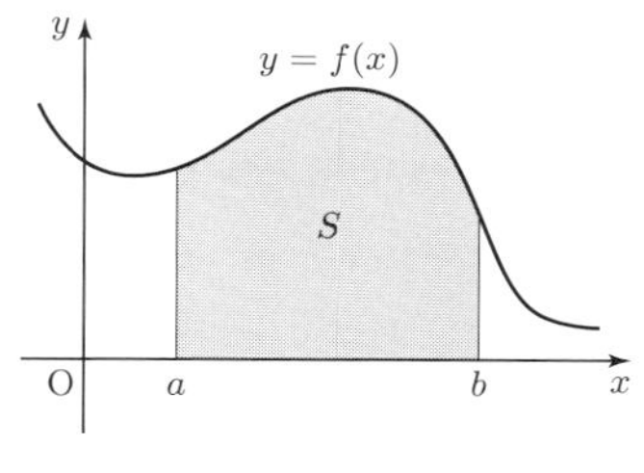

図 3.1

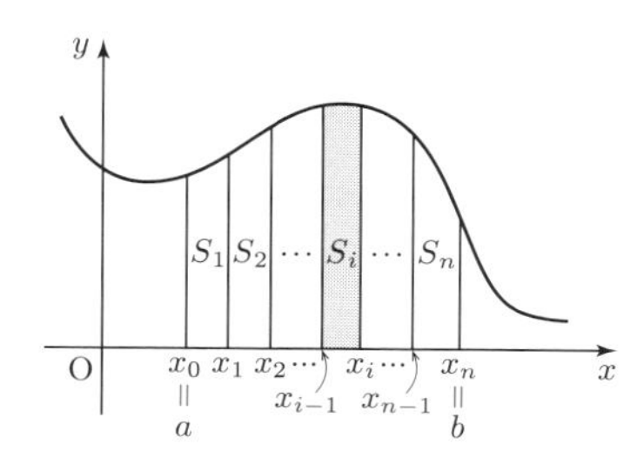

図 3.2

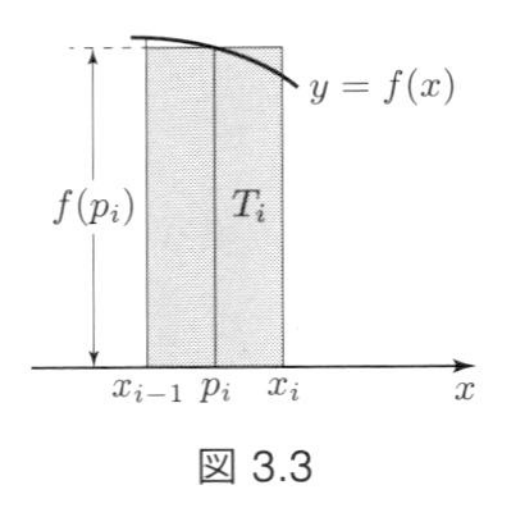

図 3.3

この方法で全体の面積 s を近似すれば，次の近似式が得られる．

$$\begin{aligned} s &= s_1 + s_2 + \cdots + s_n \\ &\fallingdotseq f(p_1)(x_1 - x_0) + f(p_2)(x_2 - x_1) + \cdots + f(p_n)(x_n - x_{n-1}) \end{aligned}$$

この近似式の右辺を**リーマン** (Riemann) **和**という．以後，リーマン和を $\mathcal{R}(\{p_i\}_{i=1}^n, f(x))$ とも書く．やはり，すべての i に対して，$x_i - x_{i-1}$ を 0 に近づければ (よって，n を ∞ に近づければ)，(特別な場合を除いて) リーマン和は s に限りなく近づく．いい換えれば，

$$\lim_{n\to\infty} \mathcal{R}(\{p_i\}_{i=1}^n, f(x)) = s$$

となる．このリーマン和の極限こそが定積分である．以後は $[a,b]$ 上において $f(x) \geq 0$ であることを仮定しない．

定義 3.5. 関数 $y = f(x)$ は区間 $[a,b]$ 上で定義されているとする．$[a,b]$ 内の分割を限りなく細かくするとき (よって，すべての i に対して $x_i - x_{i-1}$ が 0 に近づくように n を限りなく大きくするとき)，リーマン和 $\mathcal{R}(\{p_i\}_{i=1}^n, f(x))$ が各 p_i の選び方によらず一定の値に限りなく近づくならば，その一定の値を $[a,b]$ における**定積分**といい，

$$\int_a^b f(x)\,dx$$

で表す．定積分が存在するとき，$f(x)$ は $[a,b]$ で**積分可能**であるという．また，定積分 $\displaystyle\int_a^b f(x)\,dx$ を計算することを，$f(x)$ を a から b まで**積分する**という．

注意 3.6. 定積分 $\displaystyle\int_a^b f(x)\,dx$ は $f(x)$, a, b から計算される一つの値であり，変数 x (これを**積分変数**という) を別の文字 s, t 等で置き換えても結果は変わらない．すなわち，次式が成り立つ．

$$\int_a^b f(x)\,dx = \int_a^b f(s)\,ds = \int_a^b f(t)\,dt$$

不定積分とは異なり，計算後に積分変数が残ることはない．

注意 3.7. 定義 3.5 では区間 $[a,b]$ 上において $f(x) \geq 0$ であることが仮定されていない．ゆえに，$f(x) < 0$ となることもありうる．この場合も考慮したうえでの定積分の図形的な解釈は次のとおりである．$f(x)$ の a から b までの定積分の値は，曲線 $y = f(x)$, $x = a$, $x = b$ および x 軸で囲まれる部分の，ある意味での「面積」に等しい．ただし，ここでいう「面積」とは**符号付きの面積**であり，x 軸より下方にある部分の面積には負の符号を付けて代数的に加えるものとする．

積分の可能性について，次の結果が知られている．

定理 3.7. 関数 $y = f(x)$ が区間 $[a,b]$ 上で連続ならば $[a,b]$ で積分可能である．

定義 3.5 では $a \leq b$ であった．この制約をはずすために次の定義を追加する．

定義 3.6. $\displaystyle\int_a^a f(x)\,dx = 0, \qquad \int_b^a f(x)\,dx = -\int_a^b f(x)\,dx$

定義 3.5 に従って定積分を求める場合，分割 (3.9) として区間 $[a,b]$ の n 等分をとり，点 p_i として x_{i-1} をとるのが便利である．すると，各小区間の幅は一定で $h = \dfrac{b-a}{n}$ であり，$x_1 = a + h$, $x_2 = a + 2h$, $\ldots$, $x_{n-1} = a + (n-1)h$, $b = x_n = a + nh$ となる．さらに，$p_i = x_{i-1} = a + (i-1)h$ となる．よって，リーマン和を次のように書くことができる．

$$\begin{aligned} &f(a)h + f(a+h)h + \cdots + f(a+(n-1)h)h \\ &\quad = \{f(a) + f(a+h) + \cdots + f(a+(n-1)h)\}h \end{aligned}$$

分割を限りなく細かくするには $n \to \infty$ とすればよいから，次式を得る．

$$\int_a^b f(x)\,dx = \lim_{n\to\infty} \{f(a) + f(a+h) + \cdots + f(a+(n-1)h)\}h \tag{3.10}$$

この (3.10) を定義 3.5 に従って定積分を求める場合に使用することが多い．

◇**例題 3.16.** (3.10) を用いて次の定積分の値を求めよ．ただし，c は定数である．

(1) $\displaystyle\int_a^b c\,dx$ (2) $\displaystyle\int_a^b x\,dx$

解答例. (1)　この場合，$f(x)=c$ である．ただし，$h=\dfrac{b-a}{n}$ に注意する．

$$\int_a^b c\,dx=\lim_{n\to\infty}(c+\cdots+c)h=\lim_{n\to\infty}nch=\lim_{n\to\infty}\frac{nc(b-a)}{n}=c(b-a).$$

(2)　この場合，$f(x)=x$ である．

$$\begin{aligned}\int_a^b x\,dx&=\lim_{n\to\infty}\{a+(a+h)+\cdots+(a+(n-1)h)\}h\\&=\lim_{n\to\infty}\{na+(1+2+\cdots+(n-1))h\}h\\&=\lim_{n\to\infty}\left\{nha+\frac{n(n-1)h^2}{2}\right\}\\&=\lim_{n\to\infty}\left\{(b-a)a+\frac{(n-1)(b-a)^2}{2n}\right\}=\frac{b^2-a^2}{2}\end{aligned}$$

□

問 3.20. (3.10) を用いて次の定積分の値を求めよ．

(1)　$\displaystyle\int_0^1(1-x)\,dx$　　　　(2)　$\displaystyle\int_0^1 x^2dx$

3.7　定積分の性質

本節で扱う関数は (特に言及がなくても) すべて連続とする．

定理 3.8. c を定数とするとき，次式が成り立つ．

(1)　$\displaystyle\int_a^b\{f(x)\pm g(x)\}\,dx=\int_a^b f(x)\,dx\pm\int_a^b g(x)\,dx$

(2)　$\displaystyle\int_a^b cf(x)\,dx=c\int_a^b f(x)\,dx$

(3)　$\displaystyle\int_a^b f(x)\,dx+\int_b^c f(x)\,dx=\int_a^c f(x)\,dx$

証明. (1)　$f(x)\pm g(x)$ に対するリーマン和は

$$\mathcal{R}(\{p_i\}_{i=1}^n,f(x)\pm g(x))=\mathcal{R}(\{p_i\}_{i=1}^n,f(x))\pm\mathcal{R}(\{p_i\}_{i=1}^n,g(x))$$

である．ここで，分割 (3.9) を限りなく細かくすれば，(1) が得られる．

(2)　(1) と同様である．

(3)　簡単のため，$a\le b\le c$ の場合を証明する．他の場合についても定義 3.6 を用いれば同様に証明できる．区間 $[a,c]$ に関する分割 $a=x_0<x_1<\cdots<$

$x_n = c$ を考える．定積分は分割の仕方に無関係であるから，$x_m = b$ (ただし $0 < m < n$) を満たす x_m の存在を仮定しても一般性は失われない．すなわち，

$$a = x_0 < x_1 < \cdots < x_m = b < \cdots < x_n = c \tag{3.11}$$

である．区間 $[a, c]$ におけるリーマン和は次のように書くことができる．

$$\mathcal{R}(\{p_i\}_{i=1}^n, f(x)) = \mathcal{R}(\{p_i\}_{i=1}^m, f(x)) + \mathcal{R}(\{p_i\}_{i=m+1}^n, f(x))$$

分割 (3.11) を限りなく細かくすれば，$\mathcal{R}(\{p_i\}_{i=1}^n, f(x))$，$\mathcal{R}(\{p_i\}_{i=1}^m, f(x))$，$\mathcal{R}(\{p_i\}_{i=m+1}^n, f(x))$ はそれぞれ $\displaystyle\int_a^c f(x)\,dx$，$\displaystyle\int_a^b f(x)\,dx$，$\displaystyle\int_b^c f(x)\,dx$ に限りなく近づく．これより (3) を得る． □

定理 3.9. 区間 $[a, b]$ において $f(x) \geq g(x)$ ならば

$$\int_a^b f(x)\,dx \geq \int_a^b g(x)\,dx$$

である．

証明. $f(x), g(x)$ に対するリーマン和はそれぞれ $\mathcal{R}(\{p_i\}_{i=1}^n, f(x)), \mathcal{R}(\{p_i\}_{i=1}^n, g(x))$ である．$f(x) \geq g(x)$ より，$\mathcal{R}(\{p_i\}_{i=1}^n, f(x)) \geq \mathcal{R}(\{p_i\}_{i=1}^n, g(x))$ が成り立つ．ここで，分割 (3.9) を限りなく細かくすることにより，所望の不等式が得られる． □

定理 3.10. 区間 $[a, b]$ において $f(x) \geq 0$ ならば

$$\int_a^b f(x)\,dx \geq 0$$

である．

証明. $g(x) = 0$ (定数関数) に対して定理 3.9 を適用する． □

定理 3.11.
$$\left|\int_a^b f(x)\,dx\right| \leq \int_a^b |f(x)|\,dx$$

証明. $-|f(x)| \leq f(x) \leq |f(x)|$ に定理 3.9 を適用すれば次式が得られる．

$$-\int_a^b |f(x)|\,dx \leq \int_a^b f(x)\,dx \leq \int_a^b |f(x)|\,dx$$

これより所望の不等式が得られる． □

定理 3.12 (積分の平均値の定理). $f(x)$ を連続とすると，次式を満たす実数 c が存在する．

$$\int_a^b f(x)\,dx = f(c)(b-a), \quad a < c < b$$

証明. 例題 3.16(1) より，$f(x)$ が定数関数ならば明らかに成り立つ．よって，以後は $f(x)$ が定数関数ではない場合のみを考える．区間 $[a,b]$ における $f(x)$ の最大値，最小値をそれぞれ M, m とすれば，$[a,b]$ 上では $m \leq f(x) \leq M$ である．この不等式，例題 3.16(1)，定理 3.9 より

$$m(b-a) \leq \int_a^b f(x)\,dx \leq M(b-a), \quad \text{すなわち} \quad m \leq \frac{1}{b-a}\int_a^b f(x)\,dx \leq M$$

となる．よって，中間値の定理より，次式を満たす実数 c が存在する．

$$f(c) = \frac{1}{b-a}\int_a^b f(x)\,dx, \quad a < c < b$$

これより，定理 3.12 が成り立つ (図 3.4 参照). □

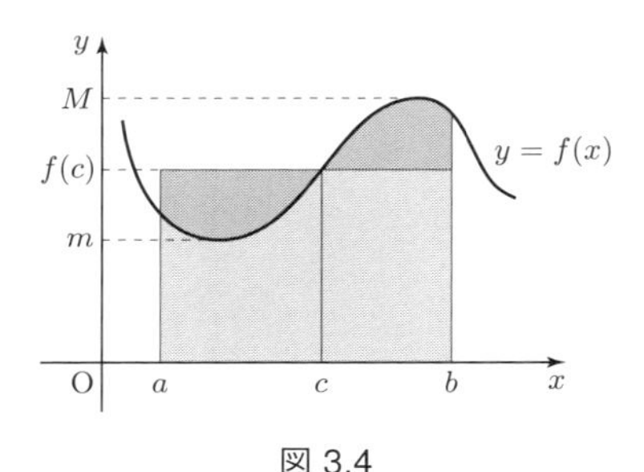

図 3.4

関数 $f(x)$ はある区間で連続であるとし，点 a はその区間内にあるとする．その区間内の任意の点 x に対して定積分 $\int_a^x f(t)\,dt$ を考えれば，これは x の関数となる．この関数について，次の定理が成り立つ．

定理 3.13. 関数 $f(x)$ が a を含む区間で連続ならば，その区間内の点 x に関する関数 $\int_a^x f(t)\,dt$ は微分可能であり，

$$\frac{d}{dx}\int_a^x f(t)\,dt = f(x)$$

を満たす．

証明. $F(x) = \int_a^x f(t)\,dt$ とおき，$\lim_{h \to 0} \frac{F(x+h) - F(x)}{h} = f(x)$ を示す．定理 3.8 (3) より，次式を得る．

$$\frac{F(x+h) - F(x)}{h} = \frac{1}{h}\left\{\int_a^{x+h} f(t)\,dt - \int_a^x f(t)\,dt\right\} = \frac{1}{h}\int_x^{x+h} f(t)\,dt$$

ここで，定理 3.12 より，以下を満たす実数 c が存在する．

$$\int_x^{x+h} f(t)\,dt = f(c)h \qquad (\text{ただし，} c \text{ は } x \text{ と } x+h \text{ の間にある})$$

以上より，この c に対して $\frac{F(x+h) - F(x)}{h} = f(c)$ である．$h \to 0$ のとき，$c \to x$ となるが，$f(x)$ の連続性から，このとき $f(c) \to f(x)$ となる．よって，$\lim_{h \to 0} \frac{F(x+h) - F(x)}{h} = f(x)$ を得る．この等式の左辺は $\frac{d}{dx}\int_a^x f(t)\,dt$ であるから，定理の主張が成り立つ． □

次の定理は不定積分と定積分との関係を明らかにする．

定理 3.14 (微分積分法の基本定理). 区間 $[a, b]$ で連続な関数 $f(x)$ は原始関数をもつ．その原始関数の一つを $F(x)$ とするとき，

$$\int_a^b f(x)\,dx = F(b) - F(a)$$

が成り立つ．

証明. 定理 3.13 より，$f(x)$ は原始関数 $G(x) = \int_a^x f(t)\,dt$ をもつ．これと定理 3.1 より，$G(x) = F(x) + C$ を満たす定数 C が存在する．$G(a) = 0$ より $F(a)+C = 0$, すなわち $C = -F(a)$ が得られる．よって, $G(x) = F(x)-F(a)$ であるが, 特に $x = b$ のとき $G(b) = F(b)-F(a)$, すなわち $\int_a^b f(t)\,dt = F(b)-F(a)$ である．この等式と注意 3.6 より，定理の主張が成り立つ． □

注意 3.8. 定理 3.14 により，$f(x)$ の原始関数が 1 つわかれば定積分の値を求めることができる．定積分の値を求める際には，原始関数 $F(x)$ を使って次のように書くと便利である．

$$\int_a^b f(x)\,dx = \Big[F(x)\Big]_a^b = F(b) - F(a)$$

問 3.21. 次の定積分の値を求めよ.

(1) $\displaystyle\int_0^{\frac{\pi}{2}} \cos x\,dx$ (2) $\displaystyle\int_1^{\sqrt{3}} \frac{dx}{1+x^2}$

不定積分の計算方法として，置換積分と部分積分を学んだ．定積分を求める際には，以下の形でこれらを用いることができる．

定理 3.15 (**定積分の置換積分法**). $x = g(t)$ は微分可能，$g'(t)$ は連続であり，t が $\alpha \to \beta$ と変化するのに対応して $x = g(t)$ は $a \to b$ と変化することを仮定する．このとき，次式が成り立つ．

$$\int_a^b f(x)\,dx = \int_\alpha^\beta f(g(t))g'(t)\,dt = \int_\alpha^\beta f(g(t))\frac{dx}{dt}\,dt \qquad (3.12)$$

証明. $f(x)$ の原始関数の一つを $F(x)$ とすると，$F(g(t))$ は t の関数であり，合成関数の微分公式より次式が成り立つ．

$$\frac{d}{dt}F(g(t)) = F'(g(t))g'(t) = f(g(t))g'(t)$$

よって，$F(g(t))$ は $f(g(t))g'(t)$ の原始関数である．また，仮定により，$a = g(\alpha)$, $b = g(\beta)$ である．以上の議論と定理 3.14 より

$$\int_a^b f(x)\,dx = F(b) - F(a) = F(g(\beta)) - F(g(\alpha)) = \int_\alpha^\beta f(g(t))g'(t)\,dt$$

となり，定理の主張が成り立つ． □

◇例題 3.17. 定積分 $\displaystyle\int_0^r \sqrt{r^2 - x^2}\,dx$ の値を求めよ．ただし，r は正の定数である．

解答例. $x = r\sin t$ とすれば，$\dfrac{dx}{dt} = r\cos t$ であり，t が $0 \to \dfrac{\pi}{2}$ と変化するのに対応して．x は $0 \to r$ と変化する．$0 \leq t \leq \dfrac{\pi}{2}$ のとき，$\cos t \geq 0$ であるから

$$\sqrt{r^2 - x^2} = \sqrt{r^2 - r^2\sin^2 t} = r\sqrt{\cos^2 t} = r|\cos t| = r\cos t$$

となる．よって，

$$\begin{aligned}\int_0^r \sqrt{r^2 - x^2}\,dx &= \int_0^{\frac{\pi}{2}} r\cos t \cdot r\cos t\,dt \\ &= r^2\int_0^{\frac{\pi}{2}} \cos^2 t\,dt = r^2\int_0^{\frac{\pi}{2}} \frac{1+\cos 2t}{2}\,dt\end{aligned}$$

$$= \frac{r^2}{2}\left[t + \frac{\sin 2t}{2}\right]_0^{\frac{\pi}{2}} = \frac{\pi r^2}{4}.$$ □

問 3.22. 次の定積分の値を求めよ.

(1) $\displaystyle\int_0^1 xe^{x^2}\,dx$　　(2) $\displaystyle\int_0^{\frac{\pi}{2}} \cos x \sin^3 x\,dx$

定理 3.16 (定積分の**部分積分法**). 関数 $f(x)$, $g(x)$ が微分可能ならば次式が成り立つ.

$$\int_a^b f(x)g'(x)\,dx = \big[f(x)g(x)\big]_a^b - \int_a^b f'(x)g(x)\,dx$$

証明. $\{f(x)g(x)\}' = f'(x)g(x) + f(x)g'(x)$ であるから, 定理 3.14 より

$$\int_a^b \{f'(x)g(x) + f(x)g'(x)\}\,dx = \big[f(x)g(x)\big]_a^b,$$

すなわち

$$\big[f(x)g(x)\big]_a^b = \int_a^b f'(x)g(x)\,dx + \int_a^b f(x)g'(x)\,dx$$

となる. これより定理の主張が成り立つ. □

◇**例題 3.18.** 定積分 $\displaystyle\int_1^e x\log x\,dx$ の値を求めよ.

解答例.
$$\int_1^e x\log x\,dx = \int_1^e \left(\frac{x^2}{2}\right)'\log x\,dx$$
$$= \left[\frac{x^2\log x}{2}\right]_1^e - \int_1^e \frac{x^2}{2}\cdot\frac{1}{x}\,dx$$
$$= \frac{e^2}{2} - \frac{1}{2}\left[\frac{x^2}{2}\right]_1^e = \frac{e^2+1}{4}$$ □

問 3.23. 次の定積分の値を求めよ.

(1) $\displaystyle\int_0^{\frac{\pi}{2}} x\sin x\,dx$　　(2) $\displaystyle\int_0^1 xe^{-x}\,dx$

3.8 定積分を利用した公式*

本節では，定積分を利用して，$\sqrt{\pi}$ や $n!$ の近似式を導出する．

定義 3.7. $n = 1, 2, 3, \ldots$ に対して，$(2n-1)!!$, $(2n)!!$ を次のように定義する．

$$(2n-1)!! = (2n-1)(2n-3)(2n-5)\cdots 3\cdot 1,$$

$$(2n)!! = 2n(2n-2)(2n-4)\cdots 4\cdot 2$$

また，$(-1)!! = 0!! = 1$ とする．

3.8.1 $\displaystyle\int_0^{\pi/2} \sin^n x\,dx$ に対する公式

$n = 0, 1, 2, \ldots$ に対して，$I_n = \displaystyle\int_0^{\pi/2} \sin^n x\,dx$ とする．$n = 2, 3, 4, \ldots$ に対して，定理 3.16 より次式を得る．

$$\begin{aligned}
I_n &= \int_0^{\pi/2} \sin x \sin^{n-1} x\,dx \\
&= \left[-\cos x \sin^{n-1} x\right]_0^{\pi/2} - \int_0^{\pi/2} (-\cos x)(n-1)\sin^{n-2} x \cos x\,dx \\
&= (n-1)\int_0^{\pi/2} \cos^2 x \sin^{n-2} x\,dx = (n-1)\int_0^{\pi/2} (1-\sin^2 x)\sin^{n-2} x\,dx \\
&= (n-1)\int_0^{\pi/2} \sin^{n-2} x\,dx - (n-1)\int_0^{\pi/2} \sin^n x\,dx \\
&= (n-1)I_{n-2} - (n-1)I_n
\end{aligned}$$

よって，$I_n = \dfrac{n-1}{n} I_{n-2}$ である．これと $I_0 = \dfrac{\pi}{2}$, $I_1 = 1$ より，$n = 1, 2, 3, \ldots$ に対して，次式が成り立つ．

$$I_{2n} = \frac{2n-1}{2n} I_{2n-2} = \cdots = \frac{2n-1}{2n}\frac{2n-3}{2n-2}\cdots\frac{1}{2} I_0 = \frac{\pi(2n-1)!!}{2(2n)!!},$$

$$I_{2n+1} = \frac{2n}{2n+1} I_{2n-1} = \cdots = \frac{2n}{2n+1}\frac{2n-2}{2n-1}\cdots\frac{2}{3} I_1 = \frac{(2n)!!}{(2n+1)!!}$$

以上より，次の公式が得られた．

公式 3.7. $I_n = \displaystyle\int_0^{\pi/2} \sin^n x\,dx$, $n = 0, 1, 2, \ldots$ とすれば，次式が成り立つ．

$$I_{2n} = \frac{\pi(2n-1)!!}{2(2n)!!}, \quad I_{2n+1} = \frac{(2n)!!}{(2n+1)!!}$$

3.8.2　ウォリスの公式

$0 \leq x \leq \dfrac{\pi}{2}$ において $0 \leq \sin x \leq 1$ であるから，$n = 1, 2, 3, \ldots$ に対して，$I_{2n+1} < I_{2n} < I_{2n-1}$ である．これと公式 3.7 より，次式が成り立つ．

$$\frac{(2n)!!}{(2n+1)!!} < \frac{\pi(2n-1)!!}{2(2n)!!} < \frac{(2n-2)!!}{(2n-1)!!}$$

この不等式の各辺に $\dfrac{2n(2n-1)!!}{\pi(2n)!!}$ をかければ，次式が得られる．

$$\frac{2n}{\pi(2n+1)} < n\left(\frac{(2n-1)!!}{(2n)!!}\right)^2 < \frac{1}{\pi}$$

各辺の逆数をとれば，次式が得られる (不等号の向きが反転することに注意).

$$\frac{\pi(2n+1)}{2n} > \frac{1}{n}\left(\frac{(2n)!!}{(2n-1)!!}\right)^2 > \pi$$

各辺の平方根をとれば，次式が得られる．

$$\sqrt{\pi\left(1+\frac{1}{2n}\right)} > \frac{(2n)!!}{\sqrt{n}(2n-1)!!} > \sqrt{\pi}$$

この不等式において $n \to \infty$ とすれば，はさみうちの原理より

$$\lim_{n\to\infty} \frac{(2n)!!}{\sqrt{n}(2n-1)!!} = \sqrt{\pi} \tag{3.13}$$

となる．一方，次式が成り立つ．

$$\begin{aligned}\frac{(2n)!!}{(2n-1)!!} &= \frac{(2n)!!(2n)!!}{(2n)!!(2n-1)!!} = \frac{(2n(2n-2)\cdots 2)^2}{(2n(2n-2)\cdots 2)((2n-1)(2n-3)\cdots 1)} \\ &= \frac{(2^n n(n-1)\cdots 1)^2}{2n(2n-1)(2n-2)(2n-3)\cdots 2\cdot 1} = \frac{2^{2n}(n!)^2}{(2n)!}\end{aligned}$$

これと (3.13) より，$\displaystyle\lim_{n\to\infty} \frac{2^{2n}(n!)^2}{\sqrt{n}(2n)!} = \sqrt{\pi}$ もまた得られる．以上をまとめて，次の公式が成り立つ．

公式 3.8 (ウォリス (Wallis) の公式).

$$\lim_{n\to\infty} \frac{(2n)!!}{\sqrt{n}(2n-1)!!} = \sqrt{\pi}, \quad \text{または} \quad \lim_{n\to\infty} \frac{2^{2n}(n!)^2}{\sqrt{n}(2n)!} = \sqrt{\pi}$$

注意 3.9. 公式 3.8 は $\dfrac{(2n)!!}{\sqrt{n}(2n-1)!!}$ により $\sqrt{\pi} = 1.772\ldots$ を近似できることを意味している．例えば，$n = 10{,}100$ のとき，$\dfrac{(2n)!!}{\sqrt{n}(2n-1)!!}$ はそれぞれ $1.795\ldots$, $1.775\ldots$ である．

3.8.3 スターリングの公式

$n = 2, 3, 4, \ldots$ に対して，点 $(1, 0)$, $(2, \log 2), \ldots$, $(n, \log n)$, $(n, 0)$ を頂点にもつ多角形の面積を T_n とする．T_n は 1 個の 3 角形と $n-2$ 個の台形の面積の総和であるから (図 3.5 参照)，次式が成り立つ．

$$
\begin{aligned}
T_n &= \log 2 \cdot \frac{1}{2} + (\log 2 + \log 3) \cdot \frac{1}{2} + \cdots + (\log(n-1) + \log n) \cdot \frac{1}{2} \\
&= \log 2 + \cdots + \log(n-1) + \frac{1}{2} \log n = \log(n-1)! + \frac{1}{2} \log n
\end{aligned}
$$

よって，$S_n = \displaystyle\int_1^n \log x \, dx - T_n$ とすれば，$S_n = \displaystyle\int_1^n \log x \, dx - \log(n-1)! - \frac{1}{2} \log n$ である．

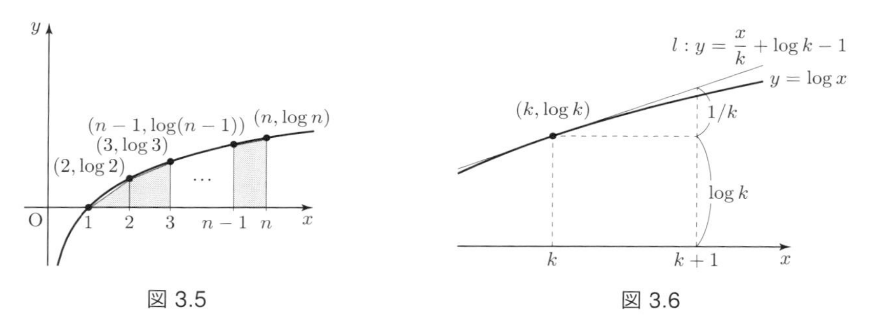

図 3.5　　図 3.6

次に，$\displaystyle\lim_{n \to \infty} S_n$ の存在を示す．これを示すために，S_n は上に有界な単調増加列であることを証明する．S_n は $\displaystyle\int_1^n \log x \, dx$ と上記の多角形の面積との差であるから，$0 < S_n < S_{n+1}$ は明らかである．ゆえに，S_n は単調増加列である．一方，$k = 1, 2, 3, \ldots$ に対して，点 $(k, \log k)$ をとおり，傾きが $\dfrac{1}{k}$ ($x = k$ における $\log x$ の微分係数) である直線を l とすれば，l の方程式は $y = \dfrac{x}{k} + \log k - 1$ である．$\log x$ は上に凸な関数であるから，$k \leq x \leq k+1$ において，直線 l は曲線 $y = \log x$ の上部にある (図 3.6 参照)．いい換えれば，$k \leq x \leq k+1$ において，$\log x \leq \dfrac{x}{k} + \log k - 1$ である．これより，$\displaystyle\int_k^{k+1} \log x \, dx < \log k + \frac{1}{2k}$ を得る (図 3.6 参照)．よって，次式が成り立つ．

$$
\begin{aligned}
\int_1^n \log x \, dx &= \int_1^2 \log x \, dx + \int_2^3 \log x \, dx + \cdots + \int_{n-1}^n \log x \, dx \\
&< \log 1 + \frac{1}{2} + \log 2 + \frac{1}{4} + \cdots + \log(n-1) + \frac{1}{2(n-1)} \\
&< \log(n-1)! + \frac{1}{2} \sum_{k=1}^{n} \frac{1}{k}
\end{aligned}
$$

この不等式より，次の式が成り立つ．

$$S_n < \log(n-1)! + \frac{1}{2}\sum_{k=1}^{n}\frac{1}{k} - \log(n-1)! - \frac{1}{2}\log n$$

$$= \frac{1}{2}\left(\sum_{k=1}^{n}\frac{1}{k} - \log n\right) \tag{3.14}$$

ここで $\alpha_n = \sum_{k=1}^{n}\frac{1}{k} - \log n$ とおくと，次式が成り立つ．

$$\alpha_n - \alpha_{n+1} = \log(n+1) - \log n - \frac{1}{n+1} = \log\left(1+\frac{1}{n}\right) - \frac{1/n}{1+1/n}$$

さらに，$\log\left(1+\frac{1}{n}\right) - \frac{1/n}{1+1/n} > 0$ である．実際，$f(x) = \log(1+x) - \frac{x}{1+x}$ とすれば，$x > 0$ において $f'(x) > 0$ かつ $f(0) = 0$ であるから，$f(x) > 0,\ x > 0$ である．以上より，$\alpha_{n+1} < \alpha_n < \cdots < \alpha_1 = 1$ が得られる．これと (3.14) より $S_n < 1/2$ であるから，S_n は上に有界である．

上述の議論より，S_n はある実数に収束する．なお，例題 3.7 (1) より，$S_n = n\log n - n + 1 - \log n! + \frac{1}{2}\log n$ と書くこともできる．よって，$e^{S_n} = n^n e^{-n} e \frac{\sqrt{n}}{n!}$ はある正の実数に収束するから

$$\beta_n = \frac{e}{e^{S_n}} = \left(\frac{e}{n}\right)^n \frac{n!}{\sqrt{n}}$$

もある正の実数 β に収束する．したがって，$n! = \left(\frac{n}{e}\right)^n \sqrt{n}\beta_n$ を公式 3.8 の 2 番目の等式に代入すれば，次式が得られる．

$$\sqrt{\pi} = \lim_{n\to\infty}\frac{2^{2n}\left(\frac{n}{e}\right)^{2n} n\beta_n^2}{\sqrt{n}\left(\frac{2n}{e}\right)^{2n}\sqrt{2n}\beta_{2n}} = \lim_{n\to\infty}\frac{\beta_n^2}{\sqrt{2}\beta_{2n}} = \frac{1}{\sqrt{2}}\frac{\lim_{n\to\infty}\beta_n^2}{\lim_{n\to\infty}\beta_{2n}} = \frac{\beta}{\sqrt{2}}$$

これより，$\beta = \sqrt{2\pi}$ である．よって，$\lim_{n\to\infty}\frac{\beta_n}{\sqrt{2\pi}} = 1$ であるから，次の公式を得る．

公式 3.9 (**スターリング** (Stirling) **の公式** (定理 1.2 の精密化))**.**

$$\lim_{n\to\infty}\frac{n!}{\sqrt{2\pi n}(n/e)^n} = 1$$

注意 3.10. 公式 3.9 は $\sqrt{2\pi n}\left(\frac{n}{e}\right)^n$ により $n!$ を近似できることを意味している．例えば，$n = 10$ のとき，$n! = 3628800$, $\sqrt{2\pi n}\left(\frac{n}{e}\right)^n = 3598695.62\ldots$ である．

3.9 広義積分

まず以下の例をみてみよう．

◆**例 3.3.** 関数 $y = \dfrac{1}{\sqrt{x}}$ は $x = 0$ では定義されない．なぜならば，$x = 0$ のとき，$\sqrt{x} = 0$ となるからである．これと定義 3.5 を考える限り，定積分 $\displaystyle\int_0^1 \frac{dx}{\sqrt{x}}$ を定義することはできない．一方，$\varepsilon > 0$ を十分小さい正の実数とするとき，$\displaystyle\int_\varepsilon^1 \frac{dx}{\sqrt{x}}$ を定義することはでき，さらに極限値 $\displaystyle\lim_{\varepsilon\to+0}\int_\varepsilon^1 \frac{dx}{\sqrt{x}}$ が存在する．実際，

$$\lim_{\varepsilon\to+0}\int_\varepsilon^1 \frac{dx}{\sqrt{x}} = \lim_{\varepsilon\to+0}\left[2\sqrt{x}\right]_\varepsilon^1 = \lim_{\varepsilon\to+0}(2-2\sqrt{\varepsilon}) = 2$$

となる． ■

例 3.3 で存在を確認した極限値を**広義積分**とよび，$\displaystyle\int_0^1 \frac{dx}{\sqrt{x}}$ と書く．すなわち，$\displaystyle\int_0^1 \frac{dx}{\sqrt{x}} = \lim_{\varepsilon\to+0}\int_\varepsilon^1 \frac{dx}{\sqrt{x}} = 2$ である．

定義 3.8. 関数 $f(x)$ は区間 $(a,b]$ で定義され，$\displaystyle\lim_{x\to a+0} f(x) = \infty$ または $-\infty$，あるいは $\displaystyle\lim_{x\to a+0} f(x)$ が有限値として存在しないとする．また，$f(x)$ は $[a+\varepsilon, b]$ (ただし $0 < \varepsilon < b-a$) で連続であるとする．このとき，極限値 $\displaystyle\lim_{\varepsilon\to+0}\int_{a+\varepsilon}^b f(x)\,dx$ が存在するならば，

$$\int_a^b f(x)\,dx = \lim_{\varepsilon\to+0}\int_{a+\varepsilon}^b f(x)\,dx$$

とおき，$\displaystyle\int_a^b f(x)\,dx$ を $(a,b]$ における $f(x)$ の**広義積分**という (図 3.7 参照)．

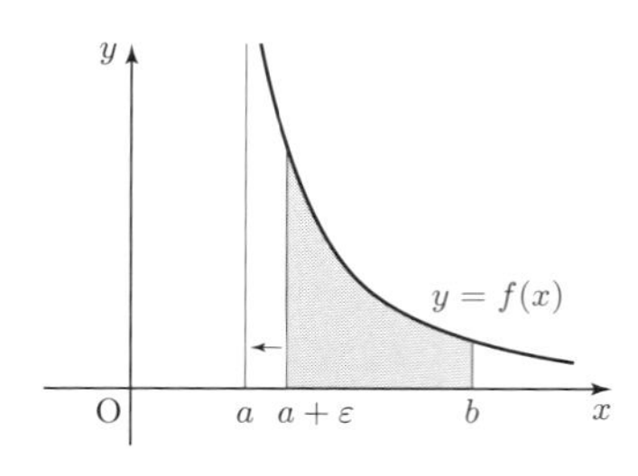

図 3.7

広義積分の値が有限の実数となるとき，広義積分は**収束する**といい，極限値 $\displaystyle\lim_{\varepsilon\to+0}\int_{a+\varepsilon}^{b} f(x)\,dx$ が有限の実数にならないとき，広義積分は**発散する**という．

関数 $f(x)$ が区間 $[a,b)$ で定義され，$\displaystyle\lim_{x\to b-0} f(x)=\infty$ または $-\infty$，あるいは $\displaystyle\lim_{x\to b-0} f(x)$ が有限値として存在せず，$[a,b-\varepsilon]$ で連続である場合も，$\displaystyle\lim_{\varepsilon\to+0}\int_{a}^{b-\varepsilon} f(x)\,dx$ が存在するならば，同様に

$$\int_a^b f(x)\,dx=\lim_{\varepsilon\to+0}\int_a^{b-\varepsilon} f(x)\,dx$$

によって広義積分を定義する．

注意 3.11. 広義積分が常に収束するとは限らない．例えば，$\displaystyle\lim_{\varepsilon\to+0}\int_\varepsilon^1\frac{dx}{x^2}=\lim_{\varepsilon\to+0}\left[-\frac{1}{x}\right]_\varepsilon^1=\lim_{\varepsilon\to+0}\left(-1+\frac{1}{\varepsilon}\right)=\infty$ であるから，広義積分 $\displaystyle\int_0^1\frac{dx}{x^2}$ は ∞ に発散する．

注意 3.12. 極限値 $\displaystyle\lim_{\varepsilon\to+0}\int_{a+\varepsilon}^{b} f(x)\,dx$ が存在しない場合もある．例えば，$a=0,\ b=1,\ f(x)=\dfrac{\sin(1/x)}{x^2}$ のとき，$\displaystyle\lim_{\varepsilon\to+0}\int_{a+\varepsilon}^{b} f(x)\,dx=\lim_{\varepsilon\to+0}\left[\cos\frac{1}{x}\right]_\varepsilon^1=\lim_{\varepsilon\to+0}\left(\cos 1-\cos\frac{1}{\varepsilon}\right)$ であるが，この極限値は存在しない．よって，$\displaystyle\int_0^1\frac{\sin(1/x)}{x^2}\,dx$ は発散する．

◇例題 3.19. 次の広義積分の収束・発散を調べよ．また，収束すればその値を求めよ．

(1) $\displaystyle\int_0^1\frac{dx}{\sqrt{1-x^2}}$　　(2) $\displaystyle\int_0^1\frac{dx}{(1-x)^2}$

解答例. (1) $\displaystyle\lim_{\varepsilon\to+0}\int_0^{1-\varepsilon}\frac{dx}{\sqrt{1-x^2}}=\lim_{\varepsilon\to+0}\left[\sin^{-1}x\right]_0^{1-\varepsilon}=\lim_{\varepsilon\to+0}\sin^{-1}(1-\varepsilon)=\frac{\pi}{2}$ であるから，広義積分は収束し，$\displaystyle\int_0^1\frac{dx}{\sqrt{1-x^2}}=\frac{\pi}{2}$ である．

(2) $\displaystyle\lim_{\varepsilon\to+0}\int_0^{1-\varepsilon}\frac{dx}{(1-x)^2}=\lim_{\varepsilon\to+0}\left[\frac{1}{1-x}\right]_0^{1-\varepsilon}=\lim_{\varepsilon\to+0}\left(\frac{1}{\varepsilon}-1\right)=\infty$ であるから，広義積分は ∞ に発散する．□

問 3.24. 次の広義積分の収束・発散を調べよ．また，収束すればその値を求めよ．

(1) $\displaystyle\int_0^1 \frac{dx}{\sqrt{1-x}}$ (2) $\displaystyle\int_0^1 \frac{dx}{\sqrt{x^3}}$

◆**例 3.4.** 関数 $y = \dfrac{1}{x^2}$ は区間 $[1, \infty)$ で連続であるが，当然のことながら，定義 3.5 を考える限り，定積分 $\displaystyle\int_1^\infty \frac{dx}{x^2}$ を定義することはできない．一方，$K > 0$ を十分大きい実数とするとき，$\displaystyle\int_0^K \frac{dx}{x^2}$ を定義することはでき，さらに極限値 $\displaystyle\lim_{K\to\infty}\int_0^K \frac{dx}{x^2}$ が存在する．実際，$\displaystyle\lim_{K\to\infty}\int_0^K \frac{dx}{x^2} = \lim_{K\to\infty}\left[-\frac{1}{x}\right]_1^K = \lim_{K\to\infty}\left(1 - \frac{1}{K}\right) = 1$ となる． ∎

例 3.4 で存在を確認した極限値を**無限積分**とよび，$\displaystyle\int_1^\infty \frac{dx}{x^2}$ と書く．すなわち，$\displaystyle\int_1^\infty \frac{dx}{x^2} = \lim_{K\to\infty}\int_0^K \frac{dx}{x^2} = 1$ である．無限積分も広義積分の一つである．

注意 3.13. 注意 3.11 でみたように，広義積分 $\displaystyle\int_0^1 \frac{dx}{x^2}$ は ∞ に発散するが，広義積分 $\displaystyle\int_1^\infty \frac{dx}{x^2}$ は収束する．積分区間が変化すれば，広義積分の収束・発散も変化することに注意する．

定義 3.9. 関数 $f(x)$ は無限区間 $[a, \infty)$ で連続であるとする．極限値 $\displaystyle\lim_{K\to\infty}\int_a^K f(x)\,dx$ が存在するならば，

$$\int_a^\infty f(x)\,dx = \lim_{K\to\infty}\int_a^K f(x)\,dx$$

とおき，$\displaystyle\int_a^\infty f(x)\,dx$ を $[a, \infty)$ における $f(x)$ の**広義積分**という (図 3.8 参照)．広義積分の値が有限の実数となるとき，広義積分は**収束する**といい，極限値 $\displaystyle\lim_{K\to\infty}\int_a^K f(x)\,dx$ が有限の実数にならないとき，広義積分は**発散する**という．

関数 $f(x)$ が無限区間 $(-\infty, b]$ で連続である場合も，$\displaystyle\lim_{L\to-\infty}\int_L^b f(x)\,dx$ が存在するならば，同様に

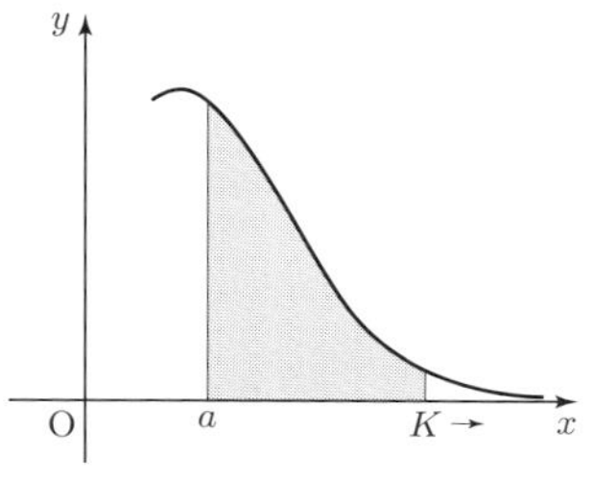

図 3.8

$$\int_{-\infty}^{b} f(x)\,dx = \lim_{L\to-\infty}\int_{L}^{b} f(x)\,dx$$

によって広義積分を定義する．さらに，$f(x)$ が $(-\infty,\infty)$ で連続である場合も，$\displaystyle\lim_{\substack{K\to\infty\\ L\to-\infty}}\int_{L}^{K} f(x)\,dx$ が存在するならば，

$$\int_{-\infty}^{\infty} f(x)\,dx = \lim_{\substack{K\to\infty\\ L\to-\infty}}\int_{L}^{K} f(x)\,dx$$

によって広義積分を定義する．

◇**例題 3.20.** 次の広義積分の収束・発散を調べよ．また，収束すればその値を求めよ．

(1) $\displaystyle\int_{-\infty}^{0} e^x\,dx$　　(2) $\displaystyle\int_{1}^{\infty} \frac{dx}{\sqrt{x}}$

解答例. (1) $\displaystyle\lim_{L\to-\infty}\int_{L}^{0} e^x\,dx = \lim_{L\to-\infty}\Big[e^x\Big]_L^0 = \lim_{L\to-\infty}(1-e^L) = 1$ であるから，広義積分は収束し，$\displaystyle\int_{-\infty}^{0} e^x\,dx = 1$ である．

(2) $\displaystyle\lim_{K\to\infty}\int_{1}^{K} \frac{dx}{\sqrt{x}} = \lim_{K\to\infty}\Big[2\sqrt{x}\Big]_1^K = \lim_{K\to\infty}(2\sqrt{K}-2) = \infty$ であるから，広義積分は ∞ に発散する． □

問 3.25. 次の広義積分の収束・発散を調べよ．また，収束すればその値を求めよ．

(1) $\displaystyle\int_{1}^{\infty} \frac{dx}{\sqrt[3]{x}}$　　(2) $\displaystyle\int_{-\infty}^{\infty} \frac{dx}{1+x^2}$

これまでに扱ってきた例や問の一部は次のように一般化できる．

◇**例題 3.21.** $\alpha > 0$ とする．次の広義積分の収束・発散を調べよ．また，収束すればその値を求めよ．

(1) $\displaystyle\int_0^1 \frac{dx}{x^\alpha}$ (2) $\displaystyle\int_1^\infty \frac{dx}{x^\alpha}$

解答例. (1) $0 < \alpha < 1$ のとき，$\displaystyle\lim_{\varepsilon\to+0}\int_\varepsilon^1 \frac{dx}{x^\alpha} = \lim_{\varepsilon\to+0}\left[\frac{x^{1-\alpha}}{1-\alpha}\right]_\varepsilon^1 = \frac{1}{1-\alpha}$ であるから，広義積分は収束し，$\displaystyle\int_0^1 \frac{dx}{x^\alpha} = \frac{1}{1-\alpha}$ である．$\alpha = 1$ のとき，$\displaystyle\lim_{\varepsilon\to+0}\int_\varepsilon^1 \frac{dx}{x^\alpha} = \lim_{\varepsilon\to+0}\big[\log x\big]_\varepsilon^1 = \infty$ であるから，広義積分は ∞ に発散する．$\alpha > 1$ のとき，$\displaystyle\lim_{\varepsilon\to+0}\int_\varepsilon^1 \frac{dx}{x^\alpha} = \lim_{\varepsilon\to+0}\left[\frac{1}{(1-\alpha)x^{\alpha-1}}\right]_\varepsilon^1 = \infty$ であるから，広義積分は ∞ に発散する．

(2) $0 < \alpha < 1$ のとき，$\displaystyle\lim_{K\to\infty}\int_1^K \frac{dx}{x^\alpha} = \lim_{K\to\infty}\left[\frac{x^{1-\alpha}}{1-\alpha}\right]_1^K = \infty$ であるから，広義積分は ∞ に発散する．$\alpha = 1$ のとき，$\displaystyle\lim_{K\to\infty}\int_1^K \frac{dx}{x^\alpha} = \lim_{K\to\infty}\big[\log x\big]_1^K = \infty$ であるから，広義積分は ∞ に発散する．$\alpha > 1$ のとき，$\displaystyle\lim_{K\to\infty}\int_1^K \frac{dx}{x^\alpha} = \lim_{K\to\infty}\left[\frac{1}{(1-\alpha)x^{\alpha-1}}\right]_1^K = -\frac{1}{1-\alpha}$ であるから，広義積分は収束し，$\displaystyle\int_1^\infty \frac{dx}{x^\alpha} = -\frac{1}{1-\alpha}$ である．□

これまでは，原始関数を求めることで広義積分の収束・発散について議論してきた．次の定理は，原始関数が必ずしも求まらない場合に広義積分の収束を判定する際に便利である．

定理 3.17. $f(x), g(x)$ は区間 $[a,b)$ で定義された連続関数とする．また，$[a,b)$ で $|f(x)| \leq g(x)$ が成り立つとする．広義積分 $\displaystyle\int_a^b g(x)\,dx$ が収束するとき，広義積分 $\displaystyle\int_a^b f(x)\,dx$ も収束する．

証明. 簡単のため，$[a,b)$ において $f(x) \geq 0$ である場合についてのみ証明する．このとき，$[a,b)$ で定義された t に関する関数 $\displaystyle\int_a^t f(x)\,dx$ は単調増加かつ

$\displaystyle\int_a^t f(x)\,dx \le \int_a^b g(x)\,dx$ を満たす．すなわち，$\displaystyle\int_a^t f(x)\,dx$ は上に有界な単調増加関数であるから $t \to b$ のとき収束する． □

注意 3.14. この定理と同様の定理が $(a,b]$ の場合，$[a,\infty)$ の場合，$(-\infty,b]$ の場合にもそれぞれ成り立つ．

◇**例題 3.22.** 次の広義積分は収束することを示せ．

(1) $\displaystyle\int_0^\infty xe^{-x^2}\cos x\,dx$ (2) $\displaystyle\int_0^\infty \frac{x^2+\sin x}{x^4+1}\,dx$

解答例. (1) $[0,\infty)$ で $|xe^{-x^2}\cos x| \le xe^{-x^2}$ である．また，

$$\lim_{K\to\infty}\int_0^K xe^{-x^2}\,dx = \lim_{K\to\infty}\left[-\frac{e^{-x^2}}{2}\right]_0^K = -\frac{1}{2}\lim_{K\to\infty}(e^{-K^2}-1) = \frac{1}{2}$$

より，$\displaystyle\int_0^\infty xe^{-x^2}\,dx$ は収束する．以上より，$\displaystyle\int_0^\infty xe^{-x^2}\cos x\,dx$ は収束する．

(2) $\displaystyle\int_0^\infty \frac{x^2+\sin x}{x^4+1}\,dx = \int_0^1 \frac{x^2+\sin x}{x^4+1}\,dx + \int_1^\infty \frac{x^2+\sin x}{x^4+1}\,dx$ かつ $\displaystyle\int_0^1 \frac{x^2+\sin x}{x^4+1}\,dx$ は有限の値をとる．よって，$\displaystyle\int_1^\infty \frac{x^2+\sin x}{x^4+1}\,dx$ の収束性を示せば十分である．$[1,\infty)$ で $\displaystyle\left|\frac{x^2+\sin x}{x^4+1}\right| \le \frac{x^2+1}{x^4+1} \le \frac{x^2+1}{x^4}$ である．また，

$$\lim_{K\to\infty}\int_1^K \frac{x^2+1}{x^4}\,dx = \lim_{K\to\infty}\left[-\frac{1}{x}-\frac{1}{3x^3}\right]_1^K = \frac{4}{3}$$

より，$\displaystyle\int_1^\infty \frac{x^2+1}{x^4}\,dx$ は収束する．以上より，$\displaystyle\int_0^\infty \frac{x^2+\sin x}{x^4+1}\,dx$ は収束する． □

問 3.26. 次の広義積分は収束することを示せ．

(1) $\displaystyle\int_1^\infty e^{-x}\sin^3(\log x)\,dx$ (2) $\displaystyle\int_1^\infty \frac{dx}{(x^2+\cos x+2)^2}$

◇**例題 3.23.** $s>0$ に対して広義積分 $\displaystyle\int_0^\infty e^{-x}x^{s-1}\,dx$ は収束することを示せ．

解答例. $f(x)=e^{-x}x^{s-1}$ は区間 $(0,\infty)$ において連続である．

$0<s<1$ のとき，積分を $\displaystyle\int_0^\infty f(x)\,dx = \int_0^1 f(x)\,dx + \int_1^\infty f(x)\,dx$ のように

分けて考える．右辺の第2項に加え，第1項も広義積分であることに注意する．$0 \leq x \leq 1$ において $|f(x)|x^{1-s} = f(x)x^{1-s} = e^{-x} \leq 1$ であるから，$0 < x \leq 1$ において $|f(x)| \leq \dfrac{1}{x^{1-s}}$ となる．また，例題 3.21 (1) より，$\displaystyle\int_0^1 \frac{dx}{x^{1-s}}$ は収束する．これと定理 3.17 より，$\displaystyle\int_0^1 f(x)\,dx$ は収束する．また，$x \geq 1$ のとき，$|f(x)| \leq e^{-x}1^{s-1} = e^{-x}$ かつ $\displaystyle\int_1^\infty e^{-x}\,dx$ は収束するから，$\displaystyle\int_1^\infty f(x)\,dx$ も収束する．

$s \geq 1$ のとき，自然数 N は $N \geq s-1$ を満たすとする．ロピタルの定理より，$\displaystyle\lim_{x\to\infty} \frac{x^{N+2}}{e^x} = 0$ となるから，十分大きな x に対して，$\dfrac{x^{N+2}}{e^x} \leq 1$ となる．その十分大きな x の一つを α とし，積分を $\displaystyle\int_0^\infty f(x)\,dx = \int_0^\alpha f(x)\,dx + \int_\alpha^\infty f(x)\,dx$ のように分けて考える．右辺の第1項は広義積分ではなく，有限の値をとる．また，$x \geq \alpha$ のとき，$\dfrac{1}{e^x} \leq \dfrac{1}{x^{N+2}}$ であるから，$|f(x)| \leq \dfrac{x^N}{e^x} \leq \dfrac{x^N}{x^{N+2}} = \dfrac{1}{x^2}$ となる．これと $\displaystyle\int_\alpha^\infty \frac{dx}{x^2}$ は収束することから，$\displaystyle\int_\alpha^\infty f(x)\,dx$ も収束する． □

例題 3.23 で扱った広義積分は $s > 0$ に関する関数とみなすことができる．

定義 3.10. $s > 0$ に関する関数 $\Gamma(s) = \displaystyle\int_0^\infty e^{-x}x^{s-1}\,dx$ を**ガンマ関数**という．例題 3.23 より，$s > 0$ に対して $\Gamma(s)$ は有限の値をとる．

3.10 定積分の応用

本節で扱う関数はすべて連続とする．

3.10.1 面　　積

関数 $y = f(x)$, $y = g(x)$ は閉区間 $[a, b]$ 上で $f(x) \geq g(x)$ を満たすとする．2つの曲線 $y = f(x)$, $y = g(x)$ と2直線 $x = a$, $x = b$ で囲まれる部分 S の面積 s を求めることを考える．定数 $h \geq 0$ を $[a, b]$ 上で $g(x) + h \geq 0$ となるようにとる．このとき，$[a, b]$ 上で $f(x) + h \geq g(x) + h \geq 0$ となる．$y = f(x) + h$, $y = g(x) + h$ と $x = a$, $x = b$ で囲まれる部分 S' は S を h だけ上に平行移動させたものであ

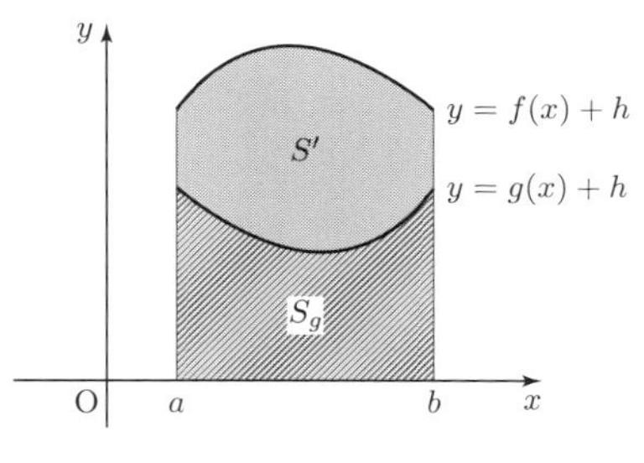

図 3.9

るため，その面積は s に等しい．さらに，$g(x)+h \geq 0$ より，$y=g(x)+h$，x 軸，$x=a,\ x=b$ で囲まれる部分 S_g の面積 s_g は $s_g = \displaystyle\int_a^b \{g(x)+h\}\,dx$ で与えられる (3.6 節参照)．同様に，$y=f(x)+h$，x 軸，$x=a,\ x=b$ で囲まれる部分 S_f の面積 s_f は $s_f = \displaystyle\int_a^b \{f(x)+h\}\,dx$ で与えられる．S' は S_f から S_g を除いた部分であるから (図 3.9 参照)，次式が成り立つ．

$$s = s_f - s_g = \int_a^b \{f(x)+h\}\,dx - \int_a^b \{g(x)+h\}\,dx$$
$$= \int_a^b \{f(x)-g(x)\}\,dx$$

以上より，次の公式が得られる．

公式 3.10. 2 つの曲線 $y=f(x),\ y=g(x)$ と 2 直線 $x=a,\ x=b$ で囲まれる部分の面積 s は，$f(x) \geq g(x)$ ならば，

$$s = \int_a^b \{f(x)-g(x)\}\,dx$$

により与えられる．

◇**例題 3.24.** 双曲線 $xy=3$ と直線 $y=-x+4$ とで囲まれる部分の面積 s を求めよ．

解答例. 双曲線と直線との交点の x 座標を求めれば，$\dfrac{3}{x} = -x+4$ より，$x=1$, 3 となる．$[1,3]$ において $-x+4 \geq \dfrac{3}{x}$ であるから (図 3.10 参照)，次式を得る．

$$s = \int_1^3 \left(-x+4-\frac{3}{x}\right)dx = \left[-\frac{x^2}{2}+4x-3\log|x|\right]_1^3 = 4-3\log 3 \qquad \square$$

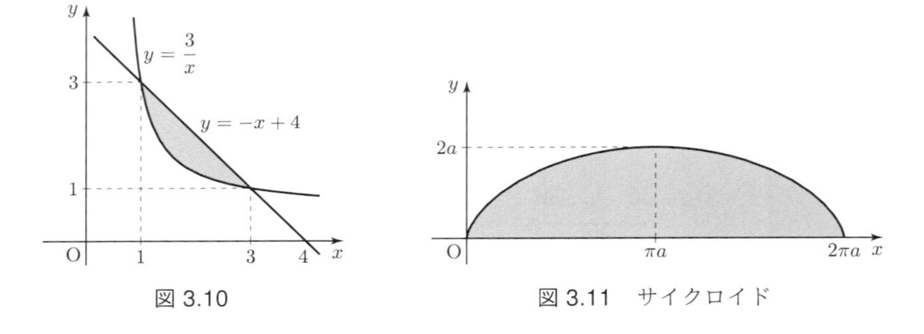

図 3.10　　　　図 3.11　サイクロイド

問 3.27. 曲線 $y = \sqrt{x}$ と直線 $y = x$ とで囲まれる部分の面積 s を求めよ.

◇**例題 3.25.** 次の曲線 (**サイクロイド**という. 図 3.11 参照) と x 軸とで囲まれる部分の面積 s を求めよ.

$$x = a(t - \sin t), \quad y = a(1 - \cos t) \qquad (\text{ただし } a > 0,\ 0 \leq t \leq 2\pi)$$

解答例. $\dfrac{dx}{dt} = a(1 - \cos t)$ であり, t が $0 \to 2\pi$ と変化するのに対応して x は $0 \to 2\pi a$ と変化する. これと (3.12) より次式を得る.

$$s = \int_0^{2\pi a} y\,dx = \int_0^{2\pi} a(1 - \cos t) \cdot a(1 - \cos t)\,dt = a^2 \int_0^{2\pi} (1 - \cos t)^2\,dt$$
$$= a^2 \int_0^{2\pi} (1 - 2\cos t + \cos^2 t)\,dt = a^2 \int_0^{2\pi} \left(1 - 2\cos t + \frac{\cos 2t + 1}{2}\right) dt$$
$$= a^2 \left[\frac{3}{2}t - 2\sin t + \frac{\sin 2t}{4}\right]_0^{2\pi} = 3\pi a^2$$

□

問 3.28. 次の曲線 (楕円の上半分) と x 軸とで囲まれる部分の面積 s を求めよ.

$$x = a\cos t, \quad y = b\sin t \qquad (\text{ただし } a > 0,\ b > 0,\ 0 \leq t \leq \pi)$$

定義 3.11. 原点を O とする xy 平面において, xy 座標で表された点 $\mathrm{P}(x, y)$ に対し, 図 3.12 のように, 線分 OP の長さを r, 有向線分 $\overrightarrow{\mathrm{OP}}$ と x 軸の正の向きとのなす角を θ とすれば

$$x = r\cos\theta, \qquad y = r\sin\theta$$

という関係がある. このとき, 2 つの実数の組 (r, θ) を点 P の**極座標**という.

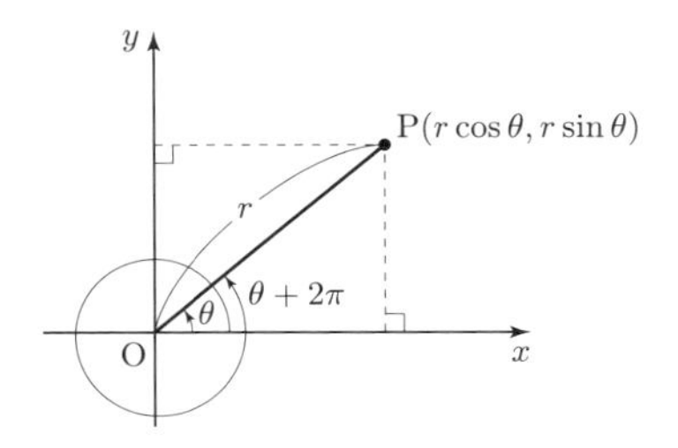

図 3.12 極座標

原点 O の極座標は θ を任意の実数として，$(0,\theta)$ と定める．θ は 1 通りには定まらない．例えば，(r,θ) と $(r,\theta+2\pi)$ は同じ点を表している．しかし，原点 O と異なる点 P の極座標 (r,θ) は，例えば $0 \leq \theta < 2\pi$ と制限すると，1 通りに定まる．

次に，曲線が極座標 (r,θ) による方程式 $r = f(\theta)$, $\alpha \leq \theta \leq \beta$ によって表されているとき，この曲線と動径 $\theta = \alpha$, $\theta = \beta$ で囲まれる部分 S の面積 s を求めることを考える．区間 $[\alpha,\beta]$ を次のように細かく分割する．

$$\alpha = \theta_0 < \theta_1 < \cdots < \theta_i < \cdots < \theta_n = \beta$$

$\theta_0, \theta_1, \ldots, \theta_n$ を用いて，S を図 3.13 のように分割する．そして，小区間 $[\theta_{i-1}, \theta_i]$ に対応する部分 S_i の面積 s_i を扇形の面積で近似する．角度 ω_i, $i = 1, \ldots, n$ は $\theta_{i-1} \leq \omega_i \leq \theta_i$ を満たすとする．また，半径 $f(\omega_i)$ の円の中心角 $\theta_i - \theta_{i-1}$ の扇形を T_i とすれば，T_i の面積は

$$\pi f(\omega_i)^2 \cdot \frac{\theta_i - \theta_{i-1}}{2\pi} = \frac{1}{2} f(\omega_i)^2 (\theta_i - \theta_{i-1})$$

である．中心角 $\theta_i - \theta_{i-1}$ が小さければ T_i の面積は s_i の近似となる (図 3.14 参

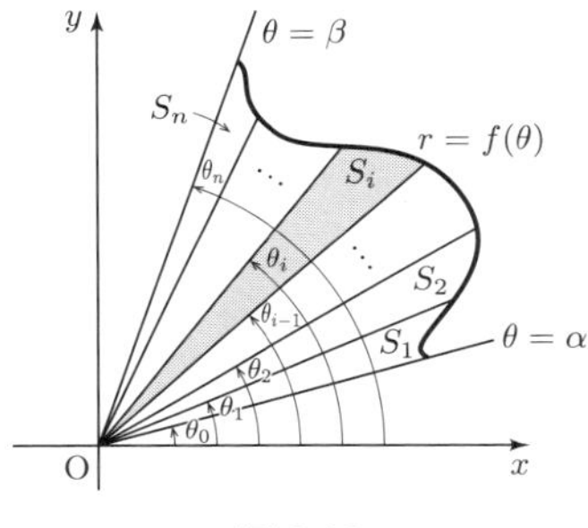

図 3.13

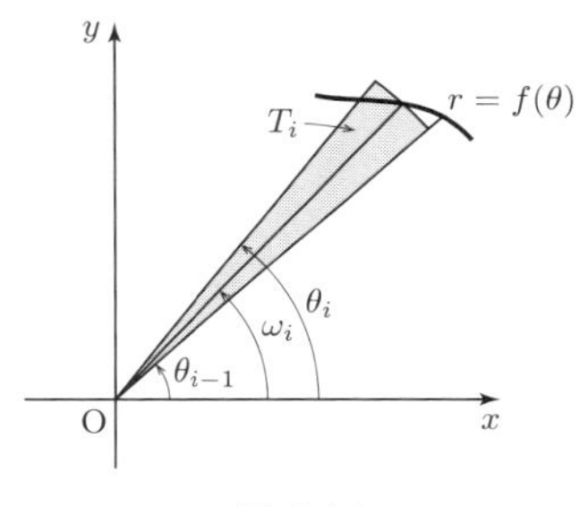

図 3.14

照). この方法で全体の面積 s を近似すれば, 次の近似式が得られる.

$$
\begin{aligned}
s &= s_1 + s_2 + \cdots + s_n \\
&\fallingdotseq \frac{1}{2}f(\omega_1)^2(\theta_1-\theta_0) + \frac{1}{2}f(\omega_2)^2(\theta_2-\theta_1) + \cdots + \frac{1}{2}f(\omega_n)^2(\theta_n-\theta_{n-1}) \\
&= \frac{1}{2}\{f(\omega_1)^2(\theta_1-\theta_0) + f(\omega_2)^2(\theta_2-\theta_1) + \cdots + f(\omega_n)^2(\theta_n-\theta_{n-1})\} \\
&= \frac{1}{2}\mathcal{R}(\{\omega_i\}_{i=1}^n, f(\theta)^2)
\end{aligned}
$$

すべての i に対して $\theta_i - \theta_{i-1}$ を 0 に近づけるとき, この近似の極限は s となる. 一方, 3.6 節より, この極限は $\displaystyle\frac{1}{2}\int_\alpha^\beta f(\theta)^2\,d\theta$ にほかならない. 以上より, 次の公式が得られる.

公式 3.11. 曲線が極座標 (r,θ) による方程式 $r = f(\theta)$, $\alpha \leq \theta \leq \beta$ によって表されているとき, この曲線と動径 $\theta = \alpha$, $\theta = \beta$ で囲まれる部分の面積 s は

$$
s = \frac{1}{2}\int_\alpha^\beta f(\theta)^2\,d\theta
$$

により与えられる.

◇例題 3.26. 次の曲線 (**レムニスケート**という. 図 3.15 参照) で囲まれる部分の面積 s を求めよ.

$$
r^2 = 2a^2\cos 2\theta \qquad \left(\text{ただし } a>0,\ -\frac{\pi}{4} \leq \theta \leq \frac{\pi}{4},\ \frac{3}{4}\pi \leq \theta \leq \frac{5}{4}\pi)\right)
$$

解答例.
$$
\begin{aligned}
s &= \frac{1}{2}\int_{-\frac{\pi}{4}}^{\frac{\pi}{4}} r^2\,d\theta + \frac{1}{2}\int_{\frac{3}{4}\pi}^{\frac{5}{4}\pi} r^2\,d\theta \\
&= \frac{1}{2}\int_{-\frac{\pi}{4}}^{\frac{\pi}{4}} 2a^2\cos 2\theta\,d\theta + \frac{1}{2}\int_{\frac{3}{4}\pi}^{\frac{5}{4}\pi} 2a^2\cos 2\theta\,d\theta \\
&= a^2\left[\frac{\sin 2\theta}{2}\right]_{-\frac{\pi}{4}}^{\frac{\pi}{4}} + a^2\left[\frac{\sin 2\theta}{2}\right]_{\frac{3}{4}\pi}^{\frac{5}{4}\pi} = 2a^2
\end{aligned}
$$
□

問 3.29. 曲線 $r = a(1+\cos\theta)$, ただし $a>0$, $0 \leq \theta \leq 2\pi$ (**カーディオイド**という. 図 3.16 参照) で囲まれる部分の面積 s を求めよ.

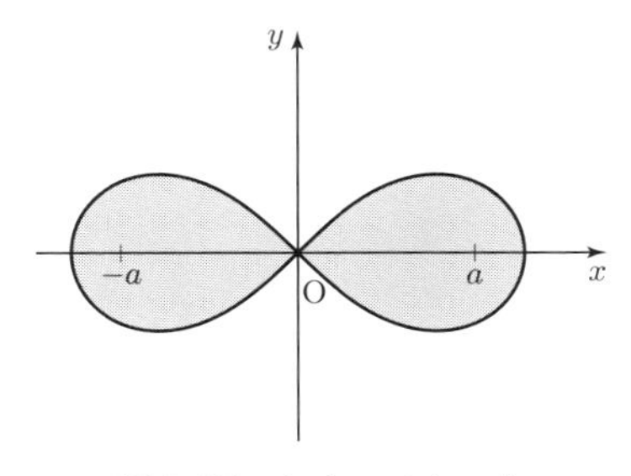

図 3.15 レムニスケート

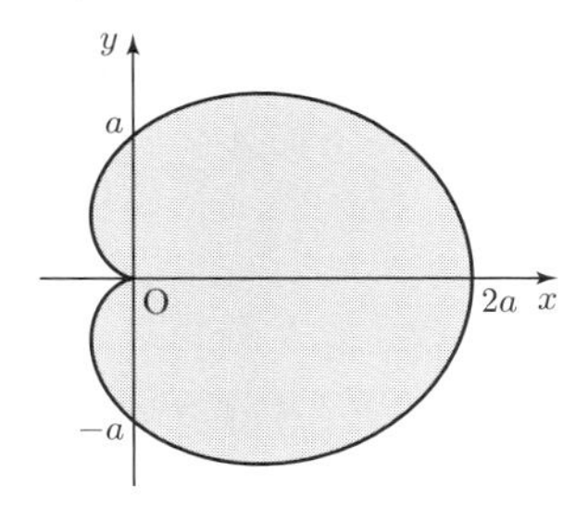

図 3.16 カーディオイド

3.10.2 回転体の体積

区間 $[a,b]$ の範囲で曲線 $y=f(x)$ を，x 軸を軸として回転させたときにできる回転体 V の体積 v を求めることを考える．(3.9) の $x_0,\ldots,x_n$ を用いて，V を図 3.17 のように分割する．そして，小区間 $[x_{i-1},x_i]$ に対応する部分 V_i の体積 v_i を円柱の体積で近似する．3.6 節と同様に，$x_{i-1}\leq p_i\leq x_i$ を満たすように点 p_i, $i=1,\ldots,n$ をとる．また，底面の半径が $|f(p_i)|$，高さが x_i-x_{i-1} の円柱を W_i とすれば，W_i の体積は $\pi f(p_i)^2(x_i-x_{i-1})$ である．高さ x_i-x_{i-1} が小さければ W_i の体積は v_i の近似となる (図 3.18 参照)．この方法で全体の体積 v を近似すれば，次の近似式が得られる．

$$
\begin{aligned}
v &= v_1+v_2+\cdots+v_n \\
&\fallingdotseq \pi f(p_1)^2(x_1-x_0)+\pi f(p_2)^2(x_2-x_1)+\cdots+\pi f(p_n)^2(x_n-x_{n-1}) \\
&= \pi\{f(p_1)^2(x_1-x_0)+f(p_2)^2(x_2-x_1)+\cdots+f(p_n)^2(x_n-x_{n-1})\} \\
&= \pi\mathcal{R}(\{p_i\}_{i=1}^n, f(x)^2)
\end{aligned}
$$

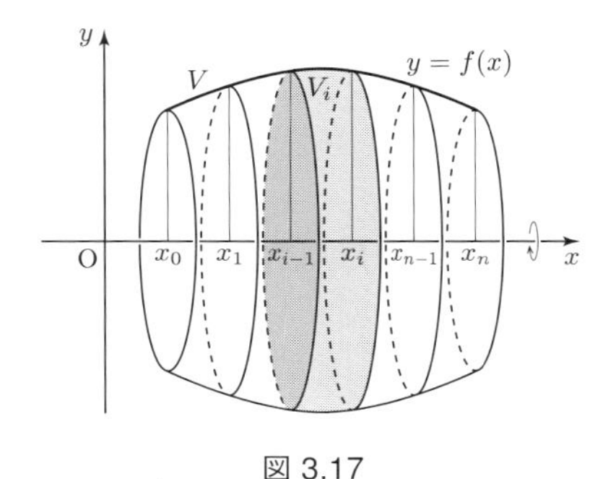

図 3.17

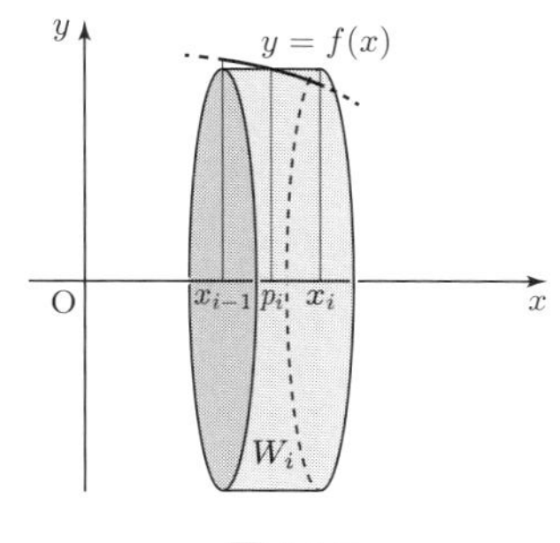

図 3.18

すべての i に対して $x_i - x_{i-1}$ を 0 に近づけるとき，この近似の極限は v となる．一方，3.6 節より，この極限は $\pi \int_a^b f(x)^2\,dx$ にほかならない．以上より，次の公式が得られる．

公式 3.12. $[a, b]$ の範囲で曲線 $y = f(x)$ を，x 軸を軸として回転させたときにできる回転体の体積 v は

$$v = \pi \int_a^b f(x)^2\,dx$$

により与えられる．

◇例題 3.27. $[0, 2]$ の範囲で曲線 $y = x^2$ を，x 軸を軸として回転させたときにできる回転体の体積 v を求めよ．

解答例. $v = \pi \int_0^2 (x^2)^2\,dx = \pi \left[\dfrac{x^5}{5}\right]_0^2 = \dfrac{32}{5}\pi$ □

問 3.30. $[-1, 1]$ の範囲で曲線 $y = 1 - x^2$ を，x 軸を軸として回転させたときにできる回転体の体積 v を求めよ．

3.10.3 曲線の長さ

以下に示すパラメータ表示の曲線 L の長さ l を求めることを考える．

$$x = p(t), \quad y = q(t), \qquad \alpha \leq t \leq \beta$$

ここで，$x = p(t)$, $y = q(t)$ は連続な導関数をもつとする．区間 $[\alpha, \beta]$ を次のように細かく分割する．

$$\alpha = t_0 < t_1 < \cdots < t_i < \cdots < t_n = \beta$$

また，$x_i = p(t_i)$, $y_i = q(t_i)$, $i = 0, \ldots, n$ とする．$t_0, t_1, \ldots, t_n$ を用いて (すなわち，点 $(x_0, y_0), (x_1, y_1), \ldots, (x_n, y_n)$ を用いて)，L を図 3.19 のように分割する．そして，小区間 $[t_{i-1}, t_i]$ に対応する部分 (すなわち，2 点 (x_{i-1}, y_{i-1}), (x_i, y_i) の間の部分) L_i の長さ l_i を直角三角形の斜辺の長さで近似する．底辺の長さが $|x_i - x_{i-1}|$，高さが $|y_i - y_{i-1}|$ の直角三角形の斜辺を M_i とすれば，三平方の定理より，M_i の長さは $\sqrt{(x_i - x_{i-1})^2 + (y_i - y_{i-1})^2}$ である．$t_i - t_{i-1}$ が小さければ (すなわち，$|x_i - x_{i-1}|$ と $|y_i - y_{i-1}|$ が小さければ)，M_i の長さは l_i の近似となる (図 3.20 参照)．$h_j = t_j - t_{j-1}$, $j = 1, \ldots, n$ とおき，この方

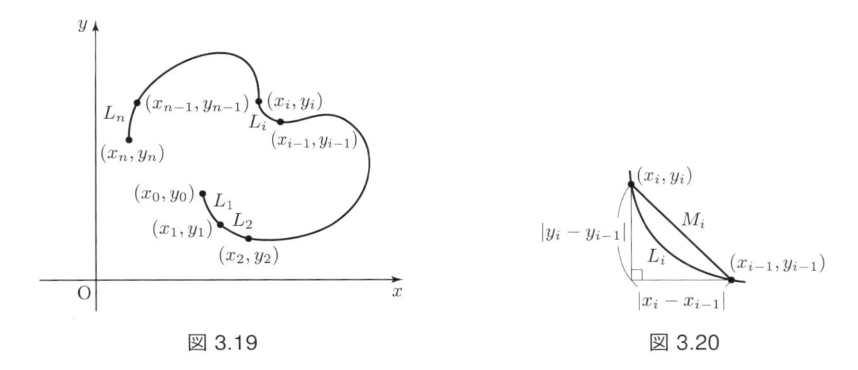

図 3.19　　図 3.20

法で全体の長さ l を近似すれば，次の近似式が得られる．

$$
\begin{aligned}
l &= l_1 + l_2 + \cdots + l_n \\
&\fallingdotseq \sqrt{(x_1 - x_0)^2 + (y_1 - y_0)^2} + \sqrt{(x_2 - x_1)^2 + (y_2 - y_1)^2} \\
&\quad + \cdots + \sqrt{(x_n - x_{n-1})^2 + (y_n - y_{n-1})^2} \\
&= \sqrt{(p(t_1) - p(t_0))^2 + (q(t_1) - q(t_0))^2} + \sqrt{(p(t_2) - p(t_1))^2 + (q(t_2) - q(t_1))^2} \\
&\quad + \cdots + \sqrt{(p(t_n) - p(t_{n-1}))^2 + (q(t_n) - q(t_{n-1}))^2} \\
&= \sqrt{(p(t_0 + h_1) - p(t_0))^2 + (q(t_0 + h_1) - q(t_0))^2} \\
&\quad + \sqrt{(p(t_1 + h_2) - p(t_1))^2 + (q(t_1 + h_2) - q(t_1))^2} \\
&\quad + \cdots + \sqrt{(p(t_{n-1} + h_n) - p(t_{n-1}))^2 + (q(t_{n-1} + h_n) - q(t_{n-1}))^2} \\
&= h_1 \sqrt{\left(\frac{p(t_0 + h_1) - p(t_0)}{h_1}\right)^2 + \left(\frac{q(t_0 + h_1) - q(t_0)}{h_1}\right)^2} \\
&\quad + h_2 \sqrt{\left(\frac{p(t_1 + h_2) - p(t_1)}{h_2}\right)^2 + \left(\frac{q(t_1 + h_2) - q(t_1)}{h_2}\right)^2} \\
&\quad + \cdots + h_n \sqrt{\left(\frac{p(t_{n-1} + h_n) - p(t_{n-1})}{h_n}\right)^2 + \left(\frac{q(t_{n-1} + h_n) - q(t_{n-1})}{h_n}\right)^2}
\end{aligned}
$$

すべての j に対して h_j を 0 に近づけるとき，この近似の極限は l となる．一方，$\dfrac{p(t_{j-1} + h_j) - p(t_{j-1})}{h_j}$, $\dfrac{q(t_{j-1} + h_j) - q(t_{j-1})}{h_j}$ の極限はそれぞれ $p'(t_{j-1})$, $q'(t_{j-1})$ となるから，3.6 節より，この近似の極限は $\displaystyle\int_\alpha^\beta \sqrt{p'(t)^2 + q'(t)^2}\, dt$ に

ほかならない．以上より，次の公式が得られる．

公式 3.13. パラメータ表示の曲線 $x = p(t)$, $y = q(t)$, $\alpha \leq t \leq \beta$ の長さは

$$\int_\alpha^\beta \sqrt{p'(t)^2 + q'(t)^2}\, dt = \int_\alpha^\beta \sqrt{\left(\frac{dx}{dt}\right)^2 + \left(\frac{dy}{dt}\right)^2}\, dt$$

により与えられる．

◇**例題 3.28.** 例題 3.25 の曲線の長さ l を求めよ．

解答例.
$$\begin{aligned}\sqrt{\left(\frac{dx}{dt}\right)^2 + \left(\frac{dy}{dt}\right)^2} &= \sqrt{a^2(1-\cos t)^2 + a^2\sin^2 t}\\ &= a\sqrt{1 - 2\cos t + 1} = a\sqrt{2(1-\cos t)}\\ &= a\sqrt{4\sin^2\frac{t}{2}} = 2a\left|\sin\frac{t}{2}\right|\end{aligned}$$

と $0 \leq t \leq 2\pi$ において $\sin\dfrac{t}{2} \geq 0$ であることから，次式を得る．

$$l = 2a\int_0^{2\pi}\left|\sin\frac{t}{2}\right| dt = 2a\int_0^{2\pi}\sin\frac{t}{2}\, dt = 2a\left[-2\cos\frac{t}{2}\right]_0^{2\pi} = 8a \qquad \square$$

問 3.31. 曲線 (円の上半分) $x = a\cos t$, $y = a\sin t$, $0 \leq t \leq \pi$ の長さ l を求めよ．ただし，a は正の定数である．

次に，曲線 $y = f(x)$ の区間 $[a, b]$ に対応する部分の長さを求めることを考える．ただし，$f(x)$ は連続な導関数をもつとする．この場合は

$$x = t, \quad y = f(t), \qquad a \leq t \leq b$$

と書き直すと，パラメータ表示の曲線になる．これと公式 3.13 より，以下を得る．

公式 3.14. 曲線 $y = f(x)$ の区間 $[a, b]$ に対応する部分の長さは

$$\int_a^b \sqrt{1 + f'(x)^2}\, dx = \int_a^b \sqrt{1 + \left(\frac{dy}{dx}\right)^2}\, dx$$

により与えられる．

◇**例題 3.29.** 曲線 $y = \cosh x$ の区間 $[0, 1]$ に対応する部分の長さ l を求めよ．

解答例. $\sqrt{1+((\cosh x)')^2} = \sqrt{1+(\sinh x)^2} = \sqrt{(\cosh x)^2} = |\cosh x| = \cosh x$ より $l = \displaystyle\int_0^1 \cosh x\,dx = \Big[\sinh x\Big]_0^1 = \sinh 1.$ □

問 3.32. 曲線 $y = \dfrac{4}{3}x^{\frac{3}{2}}$ の区間 $[0,2]$ に対応する部分の長さ l を求めよ．

最後に，極座標表示された曲線 $r = f(\theta)$, $\alpha \leq \theta \leq \beta$ の長さ l を求めることを考える．ただし，$f(\theta)$ は連続な導関数をもつとする．この場合は

$$x = f(\theta)\cos\theta, \quad y = f(\theta)\sin\theta, \qquad \alpha \leq \theta \leq \beta$$

と書き直すと，パラメータ表示の曲線になる．これと公式 3.13 より，次式を得る．

$$\begin{aligned} l &= \int_\alpha^\beta \sqrt{\left(\frac{dx}{d\theta}\right)^2 + \left(\frac{dy}{d\theta}\right)^2}\,d\theta \\ &= \int_\alpha^\beta \sqrt{\{f'(\theta)\cos\theta - f(\theta)\sin\theta\}^2 + \{f'(\theta)\sin\theta + f(\theta)\cos\theta\}^2}\,d\theta \\ &= \int_\alpha^\beta \sqrt{f'(\theta)^2 + f(\theta)^2}\,d\theta \end{aligned}$$

公式 3.15. 極座標表示された曲線 $r = f(\theta)$, $\alpha \leq \theta \leq \beta$ の長さは

$$\int_\alpha^\beta \sqrt{f(\theta)^2 + f'(\theta)^2}\,d\theta = \int_\alpha^\beta \sqrt{r^2 + \left(\frac{dr}{d\theta}\right)^2}\,d\theta$$

により与えられる．

◇例題 3.30. 問 3.29 の曲線の長さ l を求めよ．

解答例. $\sqrt{r^2 + \left(\dfrac{dr}{d\theta}\right)^2} = \sqrt{a^2(1+\cos\theta)^2 + (-a\sin\theta)^2} = a\sqrt{2(1+\cos\theta)} = a\sqrt{4\cos^2\dfrac{\theta}{2}} = 2a\left|\cos\dfrac{\theta}{2}\right|$ より，次式を得る．

$$\begin{aligned} l &= 2a\int_0^{2\pi} \left|\cos\frac{\theta}{2}\right| d\theta = 2a\left(\int_0^\pi \cos\frac{\theta}{2}\,d\theta - \int_\pi^{2\pi} \cos\frac{\theta}{2}\,d\theta\right) \\ &= 2a\left(\left[2\sin\frac{\theta}{2}\right]_0^\pi - \left[2\sin\frac{\theta}{2}\right]_\pi^{2\pi}\right) = 8a \end{aligned}$$ □

問 3.33. 極座標表示された曲線 $r = \sin\theta$, $0 \leq \theta \leq \pi$ の長さ l を求めよ．

章末問題

1.　次の関数の不定積分を求めよ．ただし，a, b は $a \neq b$ かつ $a, b > 0$ なる定数とする．

(1)　$y = \dfrac{e^x}{1+e^{2x}}$　　(2)　$y = \dfrac{1}{\tan x}$　　(3)　$y = \cos^{-1} x$

(4)　$y = e^{2x}\cos x$　　(5)　$y = \dfrac{x^2+4x+5}{(x+1)(x+2)(x+3)}$　　(6)　$y = \dfrac{x^2}{x+1}$

(7)　$y = \dfrac{1}{\sin^2 x}$　　(8)　$y = \dfrac{1}{x\sqrt{x^2+1}}$　　(9)　$y = \dfrac{x^3+2x^2-2}{x^2+x-2}$

(10)　$y = \dfrac{1}{(x^2+a^2)(x^2+b^2)}$　　(11)　$y = \dfrac{x}{(x^2+a^2)(x^2+b^2)}$

2.　関数 $f(x)$ の原始関数を $F(x)$ とする．次の関数の原始関数を $f(x)$, $f'(x)$, $F(x)$ を用いて表せ．ただし，a, b, c は定数，かつ $a \neq 0$ とする．

(1)　$f(ax+b)$　　(2)　$F(x)^c f(x)$　　(3)　$xf(x^2)$　　(4)　$e^x f'(e^x)$　　(5)　$x^2 f''(x)$

3.　(3.10) を用いて $\displaystyle\int_0^1 e^x\,dx$ を求めよ．

4.　$f(x)$ を連続関数とする．次の極限を定積分を用いて表せ．

(1)　$\displaystyle\lim_{n\to\infty}\frac{1}{n}\sum_{k=n}^{2n-1} f\left(\frac{k}{n}\right)$　　(2)　$\displaystyle\lim_{n\to\infty}\frac{1}{(n+1)^3}\sum_{k=0}^{n-1} k^2 f\left(\frac{k}{n}\right)$

5.　次の定積分の値を求めよ．

(1)　$\displaystyle\int_{\frac{\pi}{4}}^{\frac{\pi}{3}} \tan x\,dx$　　(2)　$\displaystyle\int_0^{\frac{\pi}{6}} \sin^3 x\,dx$　　(3)　$\displaystyle\int_0^1 \sin^{-1} x\,dx$

(4)　$\displaystyle\int_0^{\frac{\pi}{2}} e^{-x}\sin x\,dx$

6.　m, n を自然数とする．定積分 $I(m,n) = \displaystyle\int_0^1 x^m(1-x)^n\,dx$ の値を求めよ．

7.　n を自然数とする．定積分 $I_n = \displaystyle\int_0^1 (1-x^2)^n\,dx$ の値を求めよ．

8.　$f(x)$ を周期 $T > 0$ の周期関数とする．すなわち，任意の x に対して，$f(x+T) = f(x)$ が成り立つとする．このとき，次式を示せ．ただし，a, b, c は定数である．

(1)　$\displaystyle\int_{a+T}^{b+T} f(x)\,dx = \int_a^b f(x)\,dx$　　(2)　$\displaystyle\int_a^{a+T} f(x)\,dx = \int_b^{b+T} f(x)\,dx$

(3)　$\displaystyle\int_a^{a+T} f(x+c)\,dx = \int_b^{b+T} f(x)\,dx$

9.　**(積分の第 1 平均値の定理 (定理 3.12 の一般化))**　$f(x)$, $g(x)$ を区間 $[a,b]$ 上で連続な関数とする．$[a,b]$ 上で $g(x) \geq 0$ かつ $\displaystyle\int_a^b g(x)\,dx > 0$ ならば，次式を満たす実数 c が存在することを示せ．

$$\int_a^b f(x)g(x)\,dx = f(c)\int_a^b g(x)\,dx, \quad a < c < b \tag{3.15}$$

10. **(積分の第 2 平均値の定理)** 関数 $f(x)$ は区間 $[a,b]$ 上で単調かつ C^1 級，関数 $g(x)$ は $[a,b]$ 上で連続とする．このとき，次式を満たす実数 c が存在することを示せ．

$$\int_a^b f(x)g(x)\,dx = f(a)\int_a^c g(x)\,dx + f(b)\int_c^b g(x)\,dx, \quad a < c < b$$

11. **(積分型のテイラーの定理)** $f(x)$ を区間 $[a,b]$ 上で C^n 級の関数とする．

(1) $\displaystyle\int_a^b (b-x)^{n-1} f^{(n)}(x)\,dx$ に部分積分を繰り返し適用することにより，次式を示せ．

$$f(b) = \sum_{k=0}^{n-1} \frac{(b-a)^k}{k!} f^{(k)}(a) + \frac{1}{(n-1)!}\int_a^b (b-x)^{n-1} f^{(n)}(x)\,dx \tag{3.16}$$

(2) (3.15) と (3.16) を用いて，テイラーの定理 (2 章参照) を示せ．

12. a を $a > 0$ なる定数とする．次式を示せ．

(1) $\displaystyle\int_0^a f(x)\,dx = \int_0^a f(a-x)\,dx$

(2) $\displaystyle\int_0^a f(x)\,dx = \int_0^{a/2} \{f(x) + f(a-x)\}\,dx$

13. $t = \tan x$ とおくことにより，$\displaystyle I_n = \int_0^{\pi/4} \tan^n x\,dx$ に対して，$\displaystyle\lim_{n\to\infty} I_n = 0$ を示せ．

14. 次の広義積分の収束・発散を調べよ．また，収束すればその値を求めよ．

(1) $\displaystyle\int_0^1 \frac{dx}{x\sqrt{x+1}}$ (2) $\displaystyle\int_0^\infty e^{-x}\cos x\,dx$

15. 次の広義積分は収束することを示せ．

(1) $\displaystyle\int_0^\infty \frac{\log(1+\sqrt{x})}{1+x^2}\,dx$ (2) $\displaystyle\int_0^1 \frac{dx}{\sqrt{x}(2+\cos x)}$

(3) $\displaystyle\int_0^1 \frac{\sin x}{x}\,dx$ (4) $\displaystyle\int_1^\infty \frac{dx}{\sqrt{e^x - 1}}$

16. $m = 0, 1, 2, \ldots;\ n = 1, 2, \ldots$ に対して，$\displaystyle I(m,n) = \int_0^1 x^m (\log x)^n\,dx$ とおく．

(1) $I(m,n)$ は収束することを示せ．

(2) $I(m,n)$ の値を求めよ．

17. 定義 3.10 の $\Gamma(s)$ について，以下の問いに答えよ．

(1) $\Gamma(1) = 1$ を示せ．

(2) 部分積分を用いて，$\Gamma(s+1) = s\Gamma(s)$ を示せ．

注意 3.15. 問 17 より，$\Gamma(n+1) = n!,\ n = 0, 1, \ldots$ が成り立つ．よって，ガンマ関数は階乗関数の一般化とみなすことができる．

18. $\displaystyle\int_0^1 x^{p-1}(1-x)^{q-1}\,dx$ は次の場合に広義積分となる．各場合において，広義積分が収束することを示せ．

(1) $p \geq 1,\ 0 < q < 1$ (2) $0 < p < 1,\ q \geq 1$ (3) $0 < p < 1,\ 0 < q < 1$

定義 3.12. $p > 0, q > 0$ に関する 2 変数関数 $B(p,q) = \displaystyle\int_0^1 x^{p-1}(1-x)^{q-1}\,dx$ を**ベータ関数**という．

$p \geq 1, q \geq 1$ のとき，$B(p,q)$ は広義積分ではなく，有限の値をとる．これと問 18 より，$p > 0, q > 0$ に対して $B(p,q)$ は有限の値をとる．

19. 次の曲線で囲まれる部分の面積を求めよ (**アステロイド**という．図 3.21 参照)．

$$x = a\cos^3 t, \quad y = a\sin^3 t \qquad (\text{ただし } a > 0,\ 0 \leq t \leq 2\pi)$$

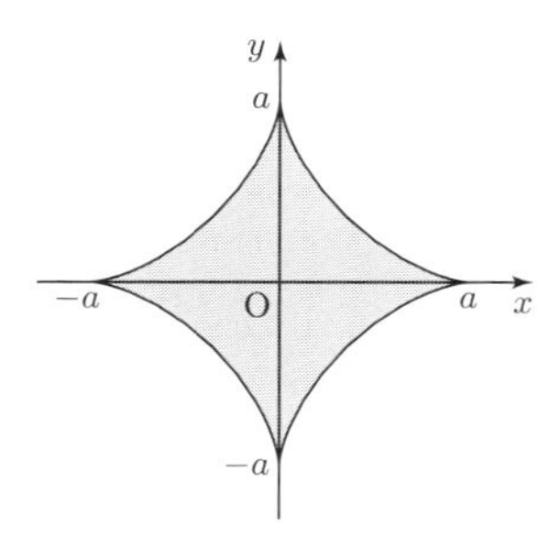

図 3.21 アステロイド

20. 問 3.28 の曲線を，x 軸を軸として回転させたときにできる回転体の体積を求めよ．

21. 前々問 19 の曲線の長さを求めよ．

4
多変数関数の微分

前章までは，1 変数関数の微分法および積分法について説明を行ってきたが，本章からは多変数関数の微分法，積分法について解説する．本章では多変数関数の微分法について説明を行うが，もっぱら 2 変数関数を扱うことにする．1 変数関数から 2 変数関数の場合に拡張するのに比べ，2 変数から 3 変数，あるいはさらに，n 変数関数の場合に拡張するのは容易である．

4.1　2 変数関数の極限と連続性

以下，平面内の点全体からなる集合 $\{(x, y) \mid x, y \in \mathbf{R}\}$ を $\mathbf{R}^2$ と表し，平面内の点 (x, y) と平面ベクトル (x, y) を同一視する．ベクトル (x, y) の長さを $\|(x, y)\| := \sqrt{x^2 + y^2}$ と書く[1]．平面 $\mathbf{R}^2$ 内の点 $p = (a, b)$ と正数 $\varepsilon > 0$ に対し，点 p を中心とする半径 ε の円の内部

$$\left\{(x, y) \in \mathbf{R}^2 \mid (x-a)^2 + (y-b)^2 < \varepsilon^2\right\}$$
$$= \left\{(x, y) \in \mathbf{R}^2 \mid \|(x-a, y-b)\| < \varepsilon\right\}$$

を，点 $p = (a, b)$ の **ε-近傍**とよび，$U_\varepsilon(p)$ または $U_\varepsilon(a, b)$ と書く．平面内の部分集合 $D \subset \mathbf{R}^2$ の点 p に対し，十分小さな正数 $\varepsilon > 0$ をとれば $U_\varepsilon(p) \subset D$ とできるとき，点 p は D の**内点**であるという．D の各点が D の内点であるとき，D

1)　$\|(x, y)\| = \sqrt{x^2 + y^2}$ はベクトル (x, y) の**ノルム**とよばれる．

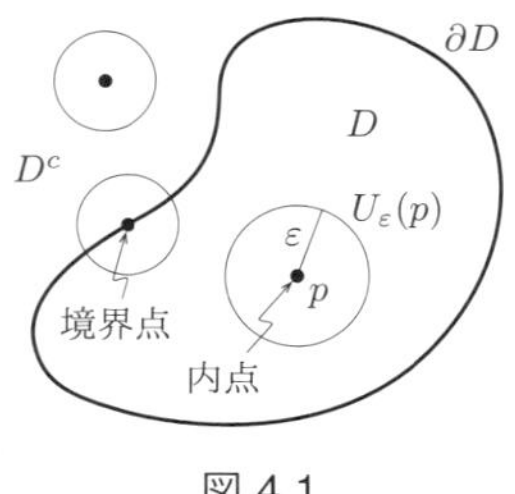

図 4.1

は**開集合**であるという．また，開集合 D 内の任意の 2 点が折れ線 (有限個の線分をつなぎ合せたもの) で結べるとき，D を**領域**とよぶ．

D の補集合を D^c と書くとき，どんな小さな正数 $\varepsilon > 0$ をとっても

$$U_\varepsilon(p) \cap D \neq \emptyset \quad \text{かつ} \quad U_\varepsilon(p) \cap D^c \neq \emptyset \tag{4.1}$$

となるとき，点 p を D の**境界点**といい，D の境界点の全体を D の**境界**とよび ∂D と書く．$\partial D \subset D$ であるとき D を**閉集合**という．また，(4.1) から明らかなように $\partial D = \partial D^c$ であるから，D が開集合であることと D^c が閉集合であることは必要十分である．さらに，(開集合や閉集合とは限らない一般の) 集合 D に対し，閉集合 $D \cup \partial D$ を D の**閉包**といい，本書ではこれを $\overline{D}$ で表すことにする．このとき，D が閉集合であることは $\overline{D} = D$ であることと必要十分である．

◆**例 4.1.** (1) $D = \{(x, y) \in \mathbf{R}^2 \mid x^2 + y^2 < 1\}$ に対し，その境界 ∂D は

$$\partial D = \{(x, y) \in \mathbf{R}^2 \mid x^2 + y^2 = 1\}$$

となり $\partial D \subset D^c$，ゆえに D は開集合である．また，その閉包は $\overline{D} = \{(x, y) \in \mathbf{R}^2 \mid x^2 + y^2 \leq 1\}$ となる (図 4.2 左).

(2) $D = [0, 1) \times [0, 1) = \{(x, y) \in \mathbf{R}^2 \mid 0 \leq x < 1 \text{ かつ } 0 \leq y < 1\}$ に対し，

$$\partial D = \left\{(x, y) \in \mathbf{R}^2 \mid 0 \leq x \leq 1,\ y = 0, 1\right\} \cup \left\{(x, y) \in \mathbf{R}^2 \mid x = 0, 1,\ 0 \leq y \leq 1\right\}$$

であるから，D は開集合でも閉集合でもない．また，その閉包は $\overline{D} = [0, 1] \times [0, 1] = \{(x, y) \in \mathbf{R}^2 \mid 0 \leq x \leq 1 \text{ かつ } 0 \leq y \leq 1\}$ となる (図 4.2 右). ■

平面内の部分集合 $D \subset \mathbf{R}^2$ の各点 $(x, y) \in D$ に対して，実数 z がただ 1 つだけ対応するような対応 f のことを D 上の **(2 変数) 関数**という．このとき D を f の**定義域**という．D 上の関数 f が与えられたとき，f によって点 $(x, y) \in D$ に対応する実数 z を (x, y) における f の**値**といい，$z = f(x, y)$ と表す．対応を

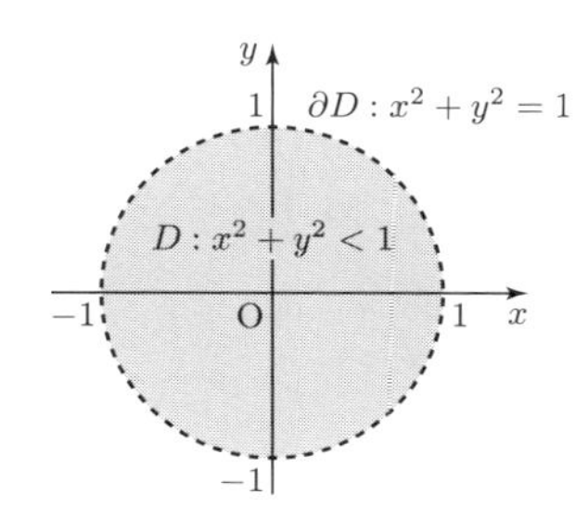

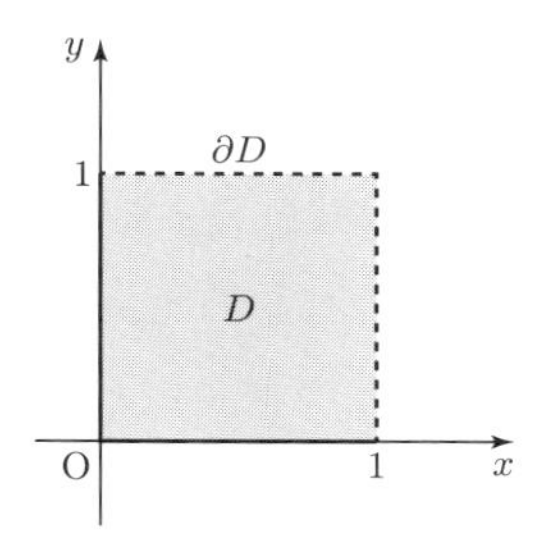

図 4.2　左：$\{x^2 + y^2 < 1\}$，右：$[0,1) \times [0,1)$

明示的に表したい場合，これを

$$f : D \longrightarrow \mathbf{R}, \quad (x, y) \mapsto f(x, y)$$

のように書く．f の値の集合 $\{f(x,y) \in \mathbf{R} \mid (x,y) \in D\}$ を f の**値域**とよぶのは 1 変数の場合と同様である．D 上で定義された関数 f に対し，そのグラフは，空間内の集合

$$\big\{(x, y, z) \in \mathbf{R}^3 \mid (x, y) \in D,\ z = f(x, y)\big\}$$

で与えられる．1 変数関数のグラフが平面内の曲線であるように，これは一般に空間内の曲面になる．

◆**例 4.2.**　$D = \{(x, y) \in \mathbf{R}^2 \mid x^2 + y^2 \leq 1\}$ を定義域とする関数，すなわち

$$f : D \longrightarrow \mathbf{R}, \quad (x, y) \mapsto \sqrt{1 - x^2 - y^2}$$

のグラフは図 4.3 のように，空間内の原点を中心とする半径 1 の球面の上半分 (上半球面) になる．　■

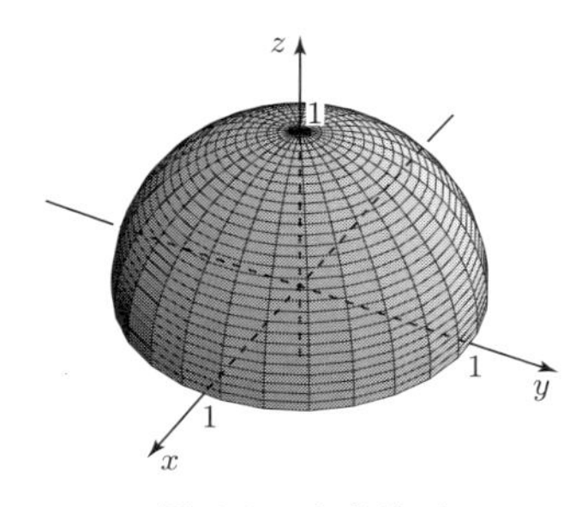

図 4.3　上半球面

定義 4.1 (極限値). $D \subset \mathbf{R}^2$ 上で定義された関数 $f(x,y)$ と点 $p=(a,b) \in \overline{D}$ に対して[2]，点 (x,y) が点 $p=(a,b)$ に限りなく近づくとき，その近づき方によらない一定の値 α が存在して $f(x,y)$ の値が α に限りなく近づくとき，$(x,y) \to (a,b)$ **のとき** $f(x,y)$ **の極限値は** α **であるといい**，

$$\lim_{(x,y)\to(a,b)} f(x,y) = \alpha$$

と書く．

1 変数関数の場合のように ε と δ を用いて書けば，次のようになる：

「任意の正数 $\varepsilon > 0$ に対し，ある正数 $\delta = \delta(\varepsilon) > 0$ が存在して

$$0 < \|(x-a, y-b)\| < \delta \implies |f(x,y) - \alpha| < \varepsilon \tag{4.2}$$

が成り立つ.」

◆例 **4.3.** 極限値 $\displaystyle\lim_{(x,y)\to(0,0)} \frac{x^2-y^2}{x^2+y^2}$ は存在しない．実際，直線 $y=mx$ に沿って点 (x,y) が原点 $(0,0)$ に近づくとき，

$$\lim_{\substack{(x,y)\to(0,0)\\ y=mx}} \frac{x^2-y^2}{x^2+y^2} = \lim_{x\to 0} \frac{x^2-m^2x^2}{x^2+m^2x^2} = \frac{1-m^2}{1+m^2}$$

となり，m により収束先が異なるので，定義によりこの極限値は存在しない． ■

もう一つ，極限値が存在しない例をあげよう．

◆例 **4.4.** 極限値 $\displaystyle\lim_{(x,y)\to(0,0)} \frac{xy}{x^2+y^2}$ は存在しない．実際，$x = r\cos\theta$，$y = r\sin\theta$ とおくと，$(x,y) \to (0,0)$ であることは，(θ にかかわらず) $r \to 0$ と同値であることに注意する．したがって，

$$\begin{aligned}\lim_{(x,y)\to(0,0)} \frac{xy}{x^2+y^2} &= \lim_{r\to 0} \frac{r\cos\theta \cdot r\sin\theta}{r^2\cos^2\theta + r^2\sin^2\theta}\\ &= \cos\theta\sin\theta\end{aligned}$$

となり，この値は θ の値により異なるのでこの極限値は存在しない (図 4.4)． ■

次に，極限値が存在する例をあげる．

2) 閉包の定義から，$p \in \overline{D}$ であることは，点 p に収束する D 内の点列が存在することを意味する．

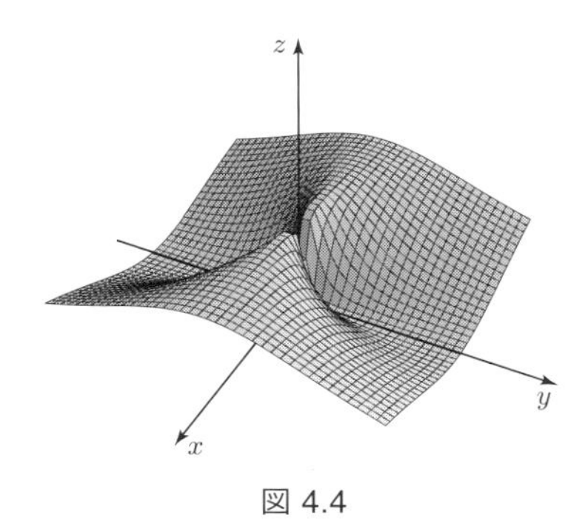

図 4.4

◆**例 4.5.** 極限値 $\displaystyle\lim_{(x,y)\to(0,0)} \frac{xy}{\sqrt{x^2+y^2}}$ は存在する．実際，上の例と同様に，$x = r\cos\theta$, $y = r\sin\theta$ とおくとき，$(x,y)\to(0,0) \Leftrightarrow r \to 0$ に注意して

$$0 \leq \left|\frac{xy}{\sqrt{x^2+y^2}}\right| = \left|\frac{r\cos\theta\cdot r\sin\theta}{\sqrt{r^2(\cos^2\theta+\sin^2\theta)}}\right| \leq r \to 0 \quad (r\to 0).$$

$$\therefore \quad \lim_{(x,y)\to(0,0)} \frac{xy}{\sqrt{x^2+y^2}} = 0.$$ ∎

定理 4.1. $D \subset \mathbf{R}^2$ 上の関数 $f(x,y)$, $g(x,y)$ および点 $(a,b) \in \overline{D}$ に対し，$\displaystyle\lim_{(x,y)\to(a,b)} f(x,y) = \alpha$, $\displaystyle\lim_{(x,y)\to(a,b)} g(x,y) = \beta$ ならば

(1) $\displaystyle\lim_{(x,y)\to(a,b)} \{f(x,y)+g(x,y)\} = \alpha+\beta$,

(2) $\displaystyle\lim_{(x,y)\to(a,b)} f(x,y)g(x,y) = \alpha\beta$,

(3) $\displaystyle\lim_{(x,y)\to(a,b)} \frac{f(x,y)}{g(x,y)} = \frac{\alpha}{\beta}$　(ただし $\beta \neq 0$ とする),

が成り立つ．

証明. (4.2) を使えば，1 変数関数の場合と同様に証明できる．□

問 4.1. 次の極限値は存在するか．

(1) $\displaystyle\lim_{(x,y)\to(0,0)} \frac{xy^2}{x^2+y^4}$　　(2) $\displaystyle\lim_{(x,y)\to(0,0)} \frac{x\sin(x^2+y^2)}{x^2+y^2}$

(3) $\displaystyle\lim_{(x,y)\to(0,0)} \frac{x\sin(x^2+2y^2)}{x^2+y^2}$　　(4) $\displaystyle\lim_{(x,y)\to(0,0)} \frac{x^3+y^3}{x^2+y^2}$

1 変数関数の場合と同様に，2 変数関数の連続性を次のように定義する．

定義 4.2. $D \subset \mathbf{R}^2$ 上で定義された関数 $f(x,y)$ および点 $(a,b) \in D$ に対し，極限値 $\displaystyle\lim_{(x,y)\to(a,b)} f(x,y)$ が存在して，かつ，その極限値が $f(a,b)$ に等しいとき，f は点 (a,b) で**連続**であるという：

$$\lim_{(x,y)\to(a,b)} f(x,y) = f(a,b).$$

これを ε, δ を用いて表せば，次のようになる：

「任意の $\varepsilon > 0$ に対し，ある $\delta = \delta(\varepsilon) > 0$ が存在して

$$\|(x-a, y-b)\| < \delta \quad\Longrightarrow\quad |\, f(x,y) - f(a,b)\,| < \varepsilon \tag{4.3}$$

が成り立つ.」

◆**例 4.6.** $\mathbf{R}^2$ 上の関数 f を

$$f(x,y) = \begin{cases} \dfrac{xy}{\sqrt{x^2+y^2}} & (\,(x,y) \neq (0,0)\,) \\ 0 & (\,(x,y) = (0,0)\,) \end{cases}$$

と定義すると，例 4.5 でみたように，

$$\lim_{(x,y)\to(0,0)} f(x,y) = \lim_{(x,y)\to(0,0)} \frac{xy}{\sqrt{x^2+y^2}} = 0 = f(0,0)$$

となるので，定義から f は原点 $(0,0)$ で連続である. ∎

したがって，定理 4.1 から直ちに次の定理が従うことも 1 変数関数の場合と同様である.

定理 4.2. $D \subset \mathbf{R}^2$ 上の関数 $f(x,y)$, $g(x,y)$ が点 $(a,b) \in D$ で連続ならば，和 $f+g$，積 fg，および $g(a,b) \neq 0$ である限り商 f/g も点 (a,b) で連続である.

また，次の定理が成り立つ.

定理 4.3 (合成関数). 関数 $f(x,y)$, $g(x,y)$ を $D \subset \mathbf{R}^2$ 上の連続関数，$\varphi(u,v)$ を $E \subset \mathbf{R}^2$ 上の連続関数とし，$(x,y) \in D$ ならば $(f(x,y), g(x,y)) \in E$ を満たすとする. このとき，合成関数 $\varphi(f(x,y), g(x,y))$ は D 上の連続関数になる.

◆**例 4.7.** 関数 $f(x,y) = x$ は $\mathbf{R}^2$ 上で連続である. 同様に $f(x,y) = y$ も $\mathbf{R}^2$ 上で連続であり，したがって，定理 4.2 より，2 変数 x, y の多項式は $\mathbf{R}^2$ 上の連続関数であり，さらに 2 変数 x, y の有理関数は分母が 0 でないところで連続関数である. ∎

1変数の場合と同様，次の定理が成り立つことが知られている．

定理 4.4. 有界閉集合上の連続関数は，最大値および最小値をもつ．

ここで平面内の集合 $D \subset \mathbf{R}^2$ が**有界**であるとは，$D \subset U_R(0,0)$ となるような正の実数 $R > 0$ が存在することをいう．

4.2 偏微分と全微分

開集合 $D \subset \mathbf{R}^2$ 上で定義された関数 $f(x,y)$ が点 $(a,b) \in D$ に対し，極限値

$$\lim_{x \to a} \frac{f(x,b) - f(a,b)}{x - a} = \lim_{h \to 0} \frac{f(a+h,b) - f(a,b)}{h}$$

が存在するとき，f は点 (a,b) で x **について偏微分可能**であるといい，この極限値を f の点 (a,b) における x **についての偏微分係数**といい，

$$f_x(a,b), \quad \frac{\partial f}{\partial x}(a,b)$$

などと書く．同様に，極限値

$$\lim_{y \to b} \frac{f(a,y) - f(a,b)}{y - b} = \lim_{k \to 0} \frac{f(a,b+k) - f(a,b)}{k}$$

が存在するとき，f は点 (a,b) で y **について偏微分可能**であるといい，この極限値を f の点 (a,b) における y **についての偏微分係数**といい，

$$f_y(a,b), \quad \frac{\partial f}{\partial y}(a,b)$$

などと書く (図 4.5 参照)．すべての変数について偏微分可能な関数を単に**偏微分可能**であるという．

$z = f(x,y)$ が D 内の各点で偏微分可能であるとき，D の各点に対し，その点における偏微分係数を対応させる関数

$$(x,y) \mapsto f_x(x,y) \qquad \text{および} \qquad (x,y) \mapsto f_y(x,y)$$

を f の**偏導関数**といい，それぞれ

$$z_x = f_x = \frac{\partial z}{\partial x} = \frac{\partial f}{\partial x} \quad \text{および} \quad z_y = f_y = \frac{\partial z}{\partial y} = \frac{\partial f}{\partial y}$$

などと書く．

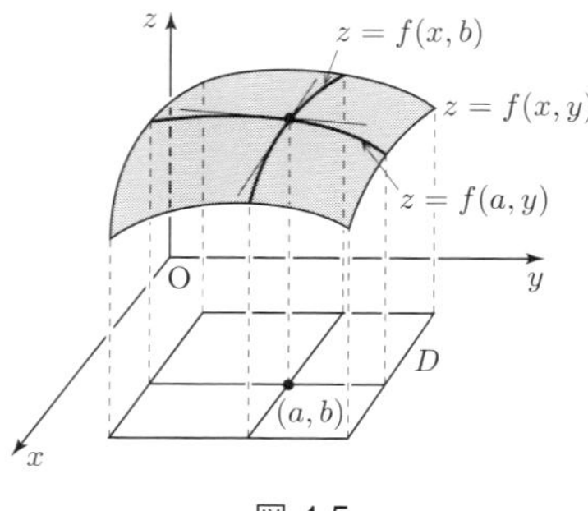

図 4.5

◆**例 4.8.** 次の関数の偏導関数を求めよう．

(1) $f(x,y)=x^3y^2$ (2) $f(x,y)=\dfrac{x}{x+y}$ (3) $f(x,y)=\tan^{-1}\dfrac{y}{x}$

解答例. (1) $f(x,y)=x^3y^2$ のとき，

$$f_x(x,y)=\lim_{h\to 0}\frac{f(x+h,y)-f(x,y)}{h}=\lim_{h\to 0}\frac{(x+h)^3y^2-x^3y^2}{h}$$
$$=y^2\lim_{h\to 0}\frac{(x+h)^3-x^3}{h}=3x^2y^2.$$

また，

$$f_y(x,y)=\lim_{k\to 0}\frac{f(x,y+k)-f(x,y)}{k}=\lim_{k\to 0}\frac{x^3(y+k)^2-x^3y^2}{k}$$
$$=x^3\lim_{k\to 0}\frac{(y+k)^2-y^2}{k}=2x^3y.$$

(2) $f(x,y)=\dfrac{x}{x+y}$ のとき，

$$f_x(x,y)=\lim_{h\to 0}\frac{1}{h}\left(\frac{x+h}{x+h+y}-\frac{x}{x+y}\right)=\lim_{h\to 0}\frac{y}{(x+y)(x+h+y)}$$
$$=\frac{y}{(x+y)^2}.$$

また，

$$f_y(x,y)=\lim_{k\to 0}\frac{1}{k}\left(\frac{x}{x+y+k}-\frac{x}{x+y}\right)=\lim_{k\to 0}\frac{-x}{(x+y)(x+y+k)}$$
$$=-\frac{x}{(x+y)^2}.$$

これらの計算からわかるように，x について偏微分するには，$y=$ 一定，つま

り y を定数とみなして 1 変数 x について微分をすればよく，y について偏微分するには，$x=$ 一定, つまり x を定数とみなして 1 変数 y について微分をすればよい．

(3) $f(x,y)=\tan^{-1}\dfrac{y}{x}$ のとき，$u=\dfrac{y}{x}$ とおけば，1 変数関数の合成関数の微分法から

$$\begin{aligned} f_x(x,y) &= \frac{d}{du}\tan^{-1}u\cdot\frac{\partial u}{\partial x}=\frac{1}{1+u^2}\left(-\frac{y}{x^2}\right) \\ &= \frac{1}{1+(y/x)^2}\left(-\frac{y}{x^2}\right)=-\frac{y}{x^2+y^2}. \end{aligned}$$

また，

$$\begin{aligned} f_y(x,y) &= \frac{d}{du}\tan^{-1}u\cdot\frac{\partial u}{\partial y}=\frac{1}{1+u^2}\,\frac{1}{x} \\ &= \frac{1}{1+(y/x)^2}\,\frac{1}{x}=\frac{x}{x^2+y^2}. \end{aligned}$$

■

問 4.2. 次の関数の偏導関数を求めよ．

(1) $\sin(x^2+y)$　　(2) $\log(x^2+y^2)$　　(3) $\sin^{-1}\dfrac{x}{\sqrt{x^2+y^2}}$

全微分可能性

偏微分可能であっても連続でない関数が存在する．

◆**例 4.9.** $\mathbf{R}^2$ 上の関数 f を次のように定義する：

$$f(x,y)=\begin{cases}\dfrac{xy}{x^2+y^2} & (\,(x,y)\neq(0,0)\,)\\ 0 & (\,(x,y)=(0,0)\,).\end{cases}$$

このとき，$f(x,y)$ は原点 $(0,0)$ において偏微分可能であるが連続でない．実際，$f_x(0,0)=f_y(0,0)=0$ が確かめられるが，例 4.4 でみたように，この関数 f は原点 (0,0) で連続でない． ■

1 変数関数の場合は微分可能ならば連続であった．2 変数 (あるいはより一般に，多変数) 関数の場合にも同様のことが成り立っているのが自然なので，偏微分可能性が 1 変数関数の場合の微分可能性に対応するとは考えにくい．そこで，1 変数関数の場合をおさらいしてみよう．1 変数関数 $f(x)$ について，次の極限値が存在するとき $f(x)$ は $x=a$ で微分可能であるといい，この極限値を

$f'(a)$ と定義するのであった：

$$\lim_{x\to a}\frac{f(x)-f(a)}{x-a}=f'(a).$$

これを次のように書き換えてみる．$\lim_{x\to a}\frac{f(x)-f(a)}{x-a}-f'(a)=0$ より

$$\lim_{x\to a}\frac{f(x)-f(a)-f'(a)(x-a)}{x-a}=0.$$

つまり，$f(x)$ が $x=a$ で微分可能であることは，次の条件を満たす定数 $A=f'(a)$ と関数 $\varepsilon(x)$ が存在することといい換えることができる：

$$f(x)=f(a)+A(x-a)+\varepsilon(x),$$
$$\lim_{x\to a}\frac{\varepsilon(x)}{x-a}=0.$$

そこで 2 変数関数の場合にもどって次のように定義しよう．

定義 4.3. 開集合 $D\subset\mathbf{R}^2$ 上で定義された関数 $f(x,y)$ が点 $(a,b)\in D$ で**全微分可能** (あるいは単に**微分可能**) であることを，次の条件を満たす定数 A,B および点 (a,b) の近傍で定義された関数 $\varepsilon(x,y)$ が存在することと定義する：

$$f(x,y)=f(a,b)+A(x-a)+B(y-b)+\varepsilon(x,y), \tag{4.4}$$

$$\lim_{(x,y)\to(a,b)}\frac{\varepsilon(x,y)}{\|(x-a,y-b)\|}=0. \tag{4.5}$$

命題 4.1. 開集合 D 上で定義された関数 $f(x,y)$ が点 $(a,b)\in D$ において (全) 微分可能ならば，f は点 (a,b) において連続，かつ，偏微分可能で，(4.4) の定数 A,B は

$$A=f_x(a,b),\qquad B=f_y(a,b)$$

でのみ与えられる．

証明. 実際，

$$\lim_{(x,y)\to(a,b)}\varepsilon(x,y)=\lim_{(x,y)\to(a,b)}\frac{\varepsilon(x,y)}{\|(x-a,y-b)\|}\cdot\|(x-a,y-b)\|=0$$

だから $\lim_{(x,y)\to(a,b)}f(x,y)=f(a,b)$.

また $(x,y)\to(a,b)$ とする際，$y=b$ に制限して近づければ，(4.4) より

$$\lim_{x\to a}\frac{f(x,b)-f(a,b)}{x-a}=A+\lim_{x\to a}\frac{\varepsilon(x,b)}{x-a}$$

となるが，(4.5) より $\lim_{x \to a} \dfrac{\varepsilon(x,b)}{x-a} = 0$ であるから $A = f_x(a,b)$ が従う．同様に $B = f_y(a,b)$ が従う． □

ただし，条件 (4.4), (4.5) を直接確かめるのは一般には容易ではなく，もっと便利な条件 (十分条件) が知られている．それを述べるために用語を一つ用意する．

2 変数関数 f が開集合 D 上で偏微分可能で，かつ，偏導関数 f_x および f_y がともに D 上で連続ならば，f は D 上で**連続微分可能**または $\boldsymbol{C^1}$ **級**であるという．

このとき，次の定理が成り立つ．

定理 4.5. 開集合 $D \subset \mathbf{R}^2$ に対し，関数 $f(x,y)$ が D 上で C^1 級ならば，f は D 上で微分可能である．

証明. (4.4) と (4.5) が成り立つことを示せばよい．任意の点 $(a,b) \in D$ とこの点に十分近い点 $(x,y) \in D$ に対し，

$$f(x,y) - f(a,b) = f(x,y) - f(a,y) + f(a,y) - f(a,b)$$

と書いて，平均値の定理を適用すれば，

$$f(x,y) - f(a,y) = (x-a) f_x(a + \theta_1(x-a), y) \qquad (0 < \theta_1 < 1),$$
$$f(a,y) - f(a,b) = (y-b) f_y(a, b + \theta_2(y-b)) \qquad (0 < \theta_2 < 1)$$

となる θ_1, θ_2 が存在する．簡単のため $h = x-a$, $k = y-b$ とおけば，f_x, f_y の連続性により

$$\frac{|\, f(x,y) - f(a,b) - hf_x(a,b) - kf_y(a,b)\,|}{\|(h,k)\|}$$
$$= \frac{|\, h\,(f_x(a+\theta_1 h, y) - f_x(a,b)) + k\,(f_y(a, b+\theta_2 k) - f_y(a,b))\,|}{(h^2+k^2)^{1/2}}$$
$$\leq \Big((f_x(a+\theta_1 h, y) - f_x(a,b))^2 + (f_y(a, b+\theta_2 k) - f_y(a,b))^2 \Big)^{1/2} \xrightarrow[(h,k)\to(0,0)]{} 0.$$

3 行目で，不等式 $|\, hu + kv\,| \leq (h^2+k^2)^{1/2}(u^2+v^2)^{1/2}$ (シュワルツ (Schwarz) の不等式)[3] を用いた． □

3) 平面ベクトル $\boldsymbol{a}$ と $\boldsymbol{b}$ のなす角を θ とするとき，内積 $(\boldsymbol{a}, \boldsymbol{b})$ は，$(\boldsymbol{a}, \boldsymbol{b}) = \|\boldsymbol{a}\|\,\|\boldsymbol{b}\| \cos\theta$ と書ける．$|\cos\theta| \leq 1$ よりシュワルツの不等式が従う．

条件 (4.4), (4.5) は，点 (x,y) が点 (a,b) に十分近いならば $\varepsilon(x,y)$ は非常に小さく，近似式

$$f(x,y) \fallingdotseq f(a,b) + f_x(a,b)(x-a) + f_y(a,b)(y-b) \tag{4.6}$$

が成り立つことを意味する．ここで右辺を z とおいて得られる方程式

$$z = f(a,b) + f_x(a,b)(x-a) + f_y(a,b)(y-b)$$

は空間内の平面を表す方程式であることから，2 変数関数が微分可能であることの直観的な意味は，1 変数関数の場合と同様に，**$z = f(x,y)$ のグラフが点 (a,b) において接平面をもつ**ことなのである．すなわち次の図式が成り立つ：

$f(x,y)$ が $(x,y)=(a,b)$ で微分可能	$=$	$z=f(x,y)$ のグラフが $(x,y)=(a,b)$ で接平面をもつ

このとき，**接平面の方程式**は

$$z = f(a,b) + f_x(a,b)(x-a) + f_y(a,b)(y-b) \tag{4.7}$$

で与えられる．

◆**例 4.10.** $a>0,\ b>0,\ c>0$ を正の定数とするとき，楕円面

$$\frac{x^2}{a^2} + \frac{y^2}{b^2} + \frac{z^2}{c^2} = 1 \tag{4.8}$$

上の点 (x_0, y_0, z_0) (ただし $z_0 > 0$) における接平面の方程式を求めよう．

(4.8) より $z > 0$ ならば

$$z = c\sqrt{1 - \frac{x^2}{a^2} - \frac{y^2}{b^2}}$$

となるが，この関数の偏導関数は

$$z_x = -\frac{c}{a^2}\,x\left(1 - \frac{x^2}{a^2} - \frac{y^2}{b^2}\right)^{-1/2} = -\frac{c^2}{a^2}\,\frac{x}{z},$$
$$z_y = -\frac{c}{b^2}\,y\left(1 - \frac{x^2}{a^2} - \frac{y^2}{b^2}\right)^{-1/2} = -\frac{c^2}{b^2}\,\frac{y}{z}$$

となる．したがって (4.7) より求める接平面の方程式は

$$z = z_0 - \frac{c^2}{a^2}\,\frac{x_0}{z_0}(x-x_0) - \frac{c^2}{b^2}\,\frac{y_0}{z_0}(y-y_0),$$
$$\therefore\quad \frac{x_0}{a^2}x + \frac{y_0}{b^2}y + \frac{z_0}{c^2}z = 1$$

となる (図 4.6 を参照)． ∎

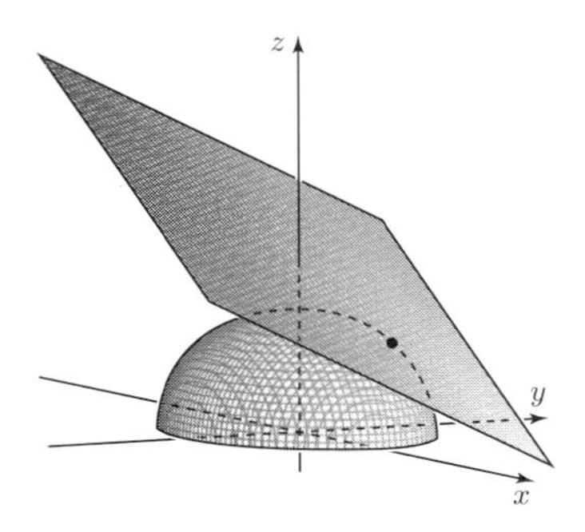

図 4.6 楕円面とその接平面

問 4.3. 次の各接平面の方程式を求めよ．

(1) 関数 $z = x^2 - y^2$ のグラフ上の点 $(1, 1, 0)$ における接平面

(2) 関数 $z = xy\sin\sqrt{x^2 + y^2}$ のグラフ上の点 $\left(\dfrac{\sqrt{2}}{4}\pi, \dfrac{\sqrt{2}}{4}\pi, \dfrac{\pi^2}{8}\right)$ における接平面

全 微 分

関数 $f(x, y)$ に対し，独立変数 x, y が，それぞれ，x から $x + \Delta x$, y から $y + \Delta y$ と変化するとき，f の変化量 $\Delta f = f(x + \Delta x, y + \Delta y) - f(x, y)$ (**増分**という) について，Δx, Δy がともに十分小さいならば，(4.6) より

$$\Delta f \fallingdotseq f_x(x, y)\Delta x + f_y(x, y)\Delta y \tag{4.9}$$

が成り立つ．そこで，1 変数の場合を拡張して，関数 $f(x, y)$ の**全微分** (または単に**微分**) df を

$$df = f_x(x, y)\Delta x + f_y(x, y)\Delta y \tag{4.10}$$

と定義する．$f(x, y) = x$, $f(x, y) = y$ の場合を考えれば，それぞれ，$\partial x/\partial x = 1$, $\partial x/\partial y = 0$, $\partial y/\partial x = 0$, $\partial y/\partial y = 1$ から，$dx = \Delta x$, $dy = \Delta y$ となり，(4.10) は

$$\begin{aligned} df &= f_x(x, y)\,dx + f_y(x, y)\,dy \\ &= \frac{\partial f}{\partial x}\,dx + \frac{\partial f}{\partial y}\,dy \end{aligned} \tag{4.11}$$

と書ける．全微分 df は関数 $f(x, y)$ の増分の主要部を表している．

4.3 高階の偏導関数

開集合 $D \subset \mathbf{R}^2$ 上の関数 $f(x,y)$ が偏微分可能で，さらに偏導関数 f_x, f_y が偏微分可能ならば，それらの偏導関数 $(f_x)_x, (f_x)_y, (f_y)_x, (f_y)_y$ を考えることができる．これらを

$$(f_x)_x = f_{xx} = \frac{\partial^2 f}{\partial x^2}, \quad (f_x)_y = f_{xy} = \frac{\partial^2 f}{\partial y \partial x},$$

$$(f_y)_x = f_{yx} = \frac{\partial^2 f}{\partial x \partial y}, \quad (f_y)_y = f_{yy} = \frac{\partial^2 f}{\partial y^2}$$

などと表し，**2 階の偏導関数**という．$z = f(x,y)$ と表す場合，z_{xx}，z_{xy} などの記号を用いることがあるのはこれまでと同様である．以下，帰納的に 3 階以上の偏導関数を定義し，2 階以上の偏導関数を総称して**高階の偏導関数**という．

開集合 D 上で，関数 $f(x,y)$ の n 階までの偏導関数がすべて存在し，かつ，すべて連続である[4)]とき，f は D 上 $\boldsymbol{C^n}$ **級**である，または $\boldsymbol{n}$ **回連続微分可能**であるという．さらに，すべての自然数 n に対し C^n 級である関数を $\boldsymbol{C^\infty}$ **級**，または**無限回微分可能**であるという．

◆**例 4.11.** 次の関数の 2 階の偏導関数を求めよう．

(1) $f(x,y) = x^3y^2$ (2) $f(x,y) = \dfrac{x}{x+y}$ (3) $f(x,y) = \tan^{-1}\dfrac{y}{x}$

解答例. (1) $f(x,y) = x^3y^2$ のとき，$f_x = 3x^2y^2$, $f_y = 2x^3y$ であるから

$$f_{xx} = 6xy^2, \quad f_{xy} = 6x^2y, \quad f_{yx} = 6x^2y, \quad f_{yy} = 2x^3.$$

(2) $f(x,y) = \dfrac{x}{x+y}$ のとき，$f_x = \dfrac{y}{(x+y)^2}$, $f_y = -\dfrac{x}{(x+y)^2}$ であるから

$$f_{xx} = -\frac{2y}{(x+y)^3}, \quad f_{xy} = \frac{x-y}{(x+y)^3}, \quad f_{yx} = \frac{x-y}{(x+y)^3}, \quad f_{yy} = \frac{2x}{(x+y)^3}.$$

(3) $f(x,y) = \tan^{-1}\dfrac{y}{x}$ のとき，$f_x = -\dfrac{y}{x^2+y^2}$, $f_y = \dfrac{x}{x^2+y^2}$ であるから

$$f_{xx} = \frac{2xy}{(x^2+y^2)^2}, \quad f_{xy} = -\frac{x^2-y^2}{(x^2+y^2)^2},$$

$$f_{yx} = -\frac{x^2-y^2}{(x^2+y^2)^2}, \quad f_{yy} = -\frac{2xy}{(x^2+y^2)^2}.$$ ∎

4) 教科書によっては，“n 階の偏導関数がすべて存在して，かつ，連続” と定義することもあるが，この定義が我々の定義と同値であることを容易に確かめることができる．

これらの例では $f_{xy} = f_{yx}$ が成り立っているが，次の例が示すように，無条件にこの関係式が成り立つわけではない．

◆例 **4.12.** $\mathbf{R}^2$ 上の関数 $f(x, y)$ を次のように定義する：

$$f(x,y) = \begin{cases} \dfrac{xy(x^2 - y^2)}{x^2 + y^2} & (\,(x,y) \neq (0,0)\,) \\ 0 & (\,(x,y) = (0,0)\,). \end{cases}$$

このとき，$f_{xy}(0,0) = -1$, $f_{yx}(0,0) = 1$ となり $f_{xy}(0,0) \neq f_{yx}(0,0)$ である．実際，

$$f_{xy}(0,0) = \lim_{k \to 0} \frac{f_x(0,k) - f_x(0,0)}{k} \quad \text{および} \quad f_{yx}(0,0) = \lim_{h \to 0} \frac{f_y(h,0) - f_y(0,0)}{h}$$

において

$$f_x(0,k) = \lim_{h \to 0} \frac{f(h,k) - f(0,k)}{h} = \lim_{h \to 0} \frac{1}{h} \frac{hk(h^2 - k^2)}{h^2 + k^2} = -k,$$

$$f_y(h,0) = \lim_{k \to 0} \frac{f(h,k) - f(h,0)}{k} = \lim_{k \to 0} \frac{1}{k} \frac{hk(h^2 - k^2)}{h^2 + k^2} = h$$

となること，また同様に $f_x(0,0) = 0$, $f_y(0,0) = 0$ となることから，$f_{xy}(0,0) = -1$, $f_{yx}(0,0) = 1$ が従う． ∎

定理 4.6. 2 階偏導関数 $f_{xy}(x, y)$ および $f_{yx}(x, y)$ が点 (a, b) で連続ならば $f_{xy}(a, b) = f_{yx}(a, b)$ が成り立つ．

証明. 次の $\Delta(h, k)$ を考える：

$$\Delta(h,k) = f(a+h, b+k) - f(a, b+k) - f(a+h, b) + f(a, b).$$

いま，$\phi(x) = f(x, b+k) - f(x, b)$ とおくと $\Delta(h,k) = \phi(a+h) - \phi(a)$ と書ける．

$$\phi'(x) = f_x(x, b+k) - f_x(x, b)$$

に注意すれば，平均値の定理から

$$\begin{aligned} \Delta(h,k) &= \phi(a+h) - \phi(a) = h\phi'(a + \theta h) \\ &= h\big(f_x(a + \theta h, b+k) - f_x(a + \theta h, b)\big) \\ &= hk f_{xy}(a + \theta h, b + \theta' k) \end{aligned}$$

を満たす実数 θ, θ' $(0 < \theta < 1,\ 0 < \theta' < 1)$ が存在する．

一方，$\psi(y) = f(a+h, y) - f(a, y)$ とおくと，$\Delta(h,k) = \psi(b+k) - \psi(b)$ と書けて

$$\psi'(y) = f_y(a+h, y) - f_y(a, y)$$

であるから，同様にして

$$\begin{aligned}\Delta(h,k) &= \psi(b+k) - \psi(b) = k\psi'(b+\theta_1 k) \\ &= k\bigl(f_y(a+h, b+\theta_1 k) - f_y(a, b+\theta_1 k)\bigr) \\ &= khf_{yx}(a+\theta_1' h, b+\theta_1 k)\end{aligned}$$

を満たす実数 θ_1, θ_1' $(0 < \theta_1 < 1,\ 0 < \theta_1' < 1)$ が存在する．

そこで $(h,k) \to (0,0)$ とすると，f_{xy}, f_{yx} の連続性から

$$\begin{aligned}f_{xy}(a,b) &= \lim_{(h,k)\to(0,0)} f_{xy}(a+\theta h, b+\theta' k) \\ &= \lim_{(h,k)\to(0,0)} \frac{\Delta(h,k)}{hk} \\ &= \lim_{(h,k)\to(0,0)} f_{yx}(a+\theta_1' h, b+\theta_1 k) = f_{yx}(a,b).\end{aligned}$$

□

したがって，特に f が C^2 級ならば $f_{xy} = f_{yx}$ である．

系 4.1. 関数 $f(x,y)$ が C^n 級ならば，任意の $k = 1, 2, \ldots, n$ に対し，f の k 階の偏導関数は

$$\frac{\partial^k f}{\partial x^j \partial y^{k-j}} \qquad (0 \leq j \leq k)$$

と表せる．

証明. $n = 1, 2$ のときはすでにみた．ここでは $n = 3$ のときのみを示す．記述を簡単にするために，偏導関数を添字を用いて表すことにする．このとき

$$\begin{aligned}f_{xxy} &= (f_x)_{xy} = (f_x)_{yx} = f_{xyx} \quad (f_x \text{ に定理 4.6 を適用}) \\ &= (f_{xy})_x = (f_{yx})_x = f_{yxx} \quad (f \text{ に定理 4.6 を適用}).\end{aligned}$$

同様にして，$f_{yyx} = f_{yxy} = f_{xyy}$.

一般の場合も帰納法により示すことができるが，本書では省略する． □

問 4.4. 次の関数の 2 階の偏導関数をすべて求めよ．

(1) $\sqrt{x^2+y^2}$ (2) $\sin(x^2+y)$ (3) $\log(x^2+y^2)$

4.4　合成関数の微分法

2 変数関数の合成関数の微分法は次のようになる．

定理 4.7. t について微分可能な関数 $x=\varphi(t)$, $y=\psi(t)$ と，x,y について微分可能な関数 $z=f(x,y)$ の合成関数 $z(t)=f(\varphi(t),\psi(t))$ は，t について微分可能で，その導関数 $z'(t)$ は

$$z'(t)=f_x(\varphi(t),\psi(t))\,\varphi'(t)+f_y(\varphi(t),\psi(t))\,\psi'(t) \tag{4.12}$$

で与えられる．(4.12) は

$$\frac{dz}{dt}=\frac{\partial f}{\partial x}\frac{dx}{dt}+\frac{\partial f}{\partial y}\frac{dy}{dt}$$

と書けばみやすい．

証明. t から $t+\Delta t$ まで変化したときの $x=\varphi(t)$, $y=\psi(t)$ の増分をそれぞれ $\Delta x, \Delta y$ とおけば

$$\begin{aligned}\Delta x &= \varphi'(t)\Delta t+o(\Delta t),\\ \Delta y &= \psi'(t)\Delta t+o(\Delta t)\end{aligned}$$

となる．ここで $o(\cdot)$ はランダウの記号スモールオーを表す (2.1.2 項を参照)．また，$z(t)$ の増分 $\Delta z=f(\varphi(t+\Delta t),\psi(t+\Delta t))-f(\varphi(t),\psi(t))$ は

$$\Delta z=f_x(\varphi(t),\psi(t))\Delta x+f_y(\varphi(t),\psi(t))\Delta y+o(\sqrt{(\Delta x)^2+(\Delta y)^2})$$

となるが，ここで

$$\begin{aligned}(\Delta x)^2+(\Delta y)^2 &= (\varphi'(t)\Delta t+o(\Delta t))^2+(\psi'(t)\Delta t+o(\Delta t))^2\\ &= (\Delta t)^2(\varphi'(t)^2+\psi'(t)^2)+o((\Delta t)^2)\end{aligned}$$

であることに注意すれば

$$\begin{aligned}\Delta z &= (f_x(\varphi(t),\psi(t))\,\varphi'(t)+f_y(\varphi(t),\psi(t))\,\psi'(t))\,\Delta t+o(\Delta t)\\ \therefore\quad z'(t) &= \lim_{\Delta t\to 0}\frac{\Delta z}{\Delta t}=f_x(\varphi(t),\psi(t))\,\varphi'(t)+f_y(\varphi(t),\psi(t))\,\psi'(t)\end{aligned}$$ □

系 4.2. 微分可能な関数 $f(x,y)$, $x=\phi(s,t)$, $y=\psi(s,t)$ の合成関数 $z(s,t)=f(x(s,t),y(s,t))$ も s,t について微分可能で，その偏導関数 $z_s=\partial z/\partial s$, $z_t=\partial z/\partial t$ は

$$z_s = f_x\,\phi_s + f_y\,\psi_s, \qquad \text{および} \qquad z_t = f_x\,\phi_t + f_y\,\psi_t \tag{4.13}$$

で与えられる．(4.13) は

$$\frac{\partial z}{\partial s} = \frac{\partial f}{\partial x}\frac{\partial x}{\partial s} + \frac{\partial f}{\partial y}\frac{\partial y}{\partial s}, \qquad \text{および} \qquad \frac{\partial z}{\partial t} = \frac{\partial f}{\partial x}\frac{\partial x}{\partial t} + \frac{\partial f}{\partial y}\frac{\partial y}{\partial t}$$

と書けばみやすい．

◆例 **4.13.** C^2 級の関数 $f(x,y)$ に対し，平面極座標変換

$$x = r\cos\theta, \qquad y = r\sin\theta \tag{4.14}$$

との合成関数 $f(r\cos\theta, r\sin\theta)$ も同じ文字 f で表すことにする．このとき，系 4.2 より

$$\begin{aligned} f_r &= f_x\cos\theta + f_y\sin\theta, \\ f_\theta &= -f_x\,r\sin\theta + f_y\,r\cos\theta \end{aligned} \tag{4.15}$$

となる．したがって

$$\begin{aligned} f_{rr} &= (f_r)_r = (f_x\cos\theta + f_y\sin\theta)_r \\ &= (f_x)_r\cos\theta + (f_y)_r\sin\theta \\ &= (f_{xx}\cos\theta + f_{xy}\sin\theta)\cos\theta + (f_{yx}\cos\theta + f_{yy}\sin\theta)\sin\theta \\ &= f_{xx}\cos^2\theta + 2f_{xy}\sin\theta\cos\theta + f_{yy}\sin^2\theta, \end{aligned} \tag{4.16}$$

また

$$\begin{aligned} f_{\theta\theta} &= (f_\theta)_\theta = (-f_x\,r\sin\theta + f_y\,r\cos\theta)_\theta \\ &= -(f_x)_\theta\,r\sin\theta - f_x\,r\cos\theta + (f_y)_\theta\,r\cos\theta - f_y\,r\sin\theta \\ &= -(-f_{xx}\,r\sin\theta + f_{xy}\,r\cos\theta)\,r\sin\theta + (-f_{yx}\,r\sin\theta + f_{yy}\,r\cos\theta)\,r\cos\theta \\ &\quad - f_x\,r\cos\theta - f_y\,r\sin\theta \\ &= f_{xx}\,r^2\sin^2\theta - 2f_{xy}\,r^2\cos\theta\sin\theta + f_{yy}\,r^2\cos^2\theta - f_x\,r\cos\theta - f_y\,r\sin\theta. \end{aligned} \tag{4.17}$$

ゆえに

$$f_{rr} + \frac{1}{r}f_r + \frac{1}{r^2}f_{\theta\theta} = f_{xx} + f_{yy}$$

が成り立つ．

微分作用素

$$\Delta = \left(\frac{\partial}{\partial x}\right)^2 + \left(\frac{\partial}{\partial y}\right)^2$$

を平面上の**ラプラス作用素 (ラプラシアン)** とよぶ[5]が，上の関係式は，これを極座標に変換すると，

$$\Delta f = \frac{\partial^2 f}{\partial x^2} + \frac{\partial^2 f}{\partial y^2} = \frac{\partial^2 f}{\partial r^2} + \frac{1}{r}\frac{\partial f}{\partial r} + \frac{1}{r^2}\frac{\partial^2 f}{\partial \theta^2} \tag{4.18}$$

となることを示している． ∎

◆**例 4.14** (**方向微分**)．点 (a,b) の近傍で定義された C^1 級の関数 $f(x,y)$ と，0 でないベクトル (h,k) に対し，合成関数 $f(a+th, b+tk)$ の t についての導関数は，定理 4.7 より

$$\frac{d}{dt}f(a+th, b+tk) = hf_x(a+th, b+tk) + kf_y(a+th, b+tk)$$

となるので，ここで $t=0$ とおいて

$$\left.\frac{d}{dt}f(a+th, b+tk)\right|_{t=0} = hf_x(a,b) + kf_y(a,b) \tag{4.19}$$

を，$f(x,y)$ の点 (a,b) におけるベクトル (h,k) 方向の**方向微分**という (図 4.7 を参照)．

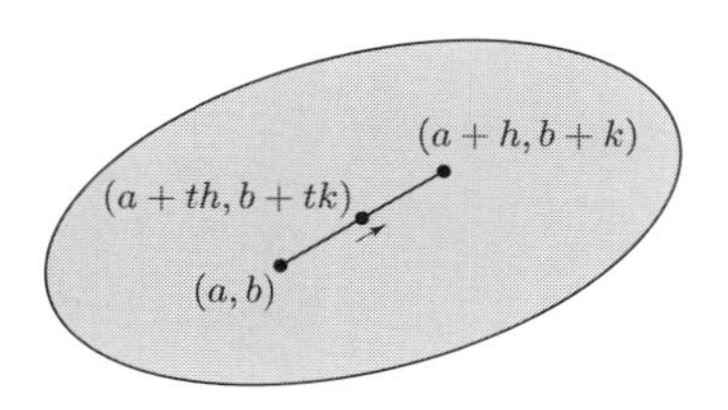

図 4.7　方向微分

例 4.9 でみたように，偏微分可能であっても微分可能であるとは限らないが，任意の方向に方向微分可能であっても微分可能であるとは限らないことが知られている． ∎

4.5　2 変数関数のテイラーの定理

実数 $h, k \in \mathbf{R}$ に対し，2 変数関数 $f(x,y)$ が C^1 級のとき，2 変数関数 $(h(\partial/\partial x) + k(\partial/\partial y))f(x,y)$ を

5)　$\Delta = (\partial/\partial x)^2 + (\partial/\partial y)^2$ を，関数 f に関数 Δf を対応させるような，ある関数空間からある関数空間への写像とみなす．

$$\left(h\frac{\partial}{\partial x}+k\frac{\partial}{\partial y}\right)f(x,y)=hf_x(x,y)+kf_y(x,y) \tag{4.20}$$

で定める．f が C^2 級のとき，(4.20) の左辺の f として f_x, f_y をとって

$$\begin{aligned}\left(h\frac{\partial}{\partial x}+k\frac{\partial}{\partial y}\right)^2 f(x,y) &= \left(h\frac{\partial}{\partial x}+k\frac{\partial}{\partial y}\right)(hf_x(x,y)+kf_y(x,y))\\ &= h\left(h\frac{\partial}{\partial x}+k\frac{\partial}{\partial y}\right)f_x(x,y)+k\left(h\frac{\partial}{\partial x}+k\frac{\partial}{\partial y}\right)f_y(x,y)\\ &= h^2f_{xx}(x,y)+2hkf_{xy}(x,y)+k^2f_{yy}(x,y)\end{aligned}$$

と定める．ここで $f_{xy}=f_{yx}$ となること (定理 4.6) を用いた．さらに，f が C^3 級のとき

$$\begin{aligned}&\left(h\frac{\partial}{\partial x}+k\frac{\partial}{\partial y}\right)^3 f(x,y)\\ &\quad= \left(h\frac{\partial}{\partial x}+k\frac{\partial}{\partial y}\right)(h^2f_{xx}(x,y)+2hkf_{xy}(x,y)+k^2f_{yy}(x,y))\\ &\quad= h^3f_{xxx}(x,y)+3h^2kf_{xxy}(x,y)+3hk^2f_{xyy}(x,y)+k^3f_{yyy}(x,y)\end{aligned}$$

と定める (系 4.1 を参照)．同様にして，f が C^n 級のとき，以下帰納的に $(h(\partial/\partial x)+k(\partial/\partial y))^n f(x,y)$ を定める．

定理 4.8 (**テイラーの定理**)．点 (a,b) と点 (x,y) を結ぶ線分 $\{(a+th,b+tk);\ t\in[0,1]\}$ (ただし $h=x-a$, $k=y-b$ とする) を含む開集合 $D\subset\mathbf{R}^2$ 上で関数 $f(x,y)$ が C^n 級ならば

$$\begin{aligned}f(x,y) &= \sum_{j=0}^{n-1}\frac{1}{j!}\left(h\frac{\partial}{\partial x}+k\frac{\partial}{\partial y}\right)^j f(a,b)+\frac{1}{n!}\left(h\frac{\partial}{\partial x}+k\frac{\partial}{\partial y}\right)^n f(a+\theta h,b+\theta k)\\ &= f(a,b)+(hf_x(a,b)+kf_y(a,b))\\ &\quad+\frac{1}{2}\left(h^2f_{xx}(a,b)+2hkf_{xy}(a,b)+k^2f_{yy}(a,b)\right)\\ &\quad+\frac{1}{3!}\left(h^3f_{xxx}(a,b)+3h^2kf_{xxy}(a,b)+3hk^2f_{xyy}(a,b)+k^3f_{yyy}(a,b)\right)+\cdots\\ &\quad+\frac{1}{n!}\left(h\frac{\partial}{\partial x}+k\frac{\partial}{\partial y}\right)^n f(a+\theta h,b+\theta k)\end{aligned} \tag{4.21}$$

となる実数 θ $(0<\theta<1)$ が存在する．

証明． 1 変数 t の関数を $\varphi(t)=f(a+th,b+tk)$ で定めるとき，j に関する帰納法により

$$\varphi^{(j)}(t) = \left(h\frac{\partial}{\partial x} + k\frac{\partial}{\partial y}\right)^j f(a+th, b+tk) \qquad (j = 0, 1, 2, \ldots, n)$$

が成り立つことがわかる．したがって，C^n 級関数 $\varphi(t)$ に 1 変数関数に関するマクローリンの定理 (系 2.3) を適用すると，

$$\varphi(t) = \sum_{j=0}^{n-1} \frac{\varphi^{(j)}(0)}{j!} t^j + \frac{\varphi^{(n)}(\theta t)}{n!} t^n$$
$$= \sum_{j=0}^{n-1} \frac{t^j}{j!} \left(h\frac{\partial}{\partial x} + k\frac{\partial}{\partial y}\right)^j f(a,b) + \frac{t^n}{n!} \left(h\frac{\partial}{\partial x} + k\frac{\partial}{\partial y}\right)^n f(a+\theta th, b+\theta tk)$$

を満たす実数 $\theta\,(0 < \theta < 1)$ が存在する．$t = 1$ とすれば (4.21) を得る．　□

定理 4.8 で特に $n = 1$ として，次の平均値の定理を得る．

系 4.3. 点 (a, b) と点 (x, y) を結ぶ線分 $\{(a+th, b+tk);\ t \in [0,1]\}$ (ただし $h = x - a$, $k = y - b$ とする) を含む開集合 $D \subset \mathbf{R}^2$ 上で関数 $f(x, y)$ が C^1 級ならば[6)]

$$f(x,y) = f(a,b) + hf_x(a+\theta h, b+\theta k) + kf_y(a+\theta h, b+\theta k) \tag{4.22}$$

となる実数 θ $(0 < \theta < 1)$ が存在する．

問 4.5. (1) $\dfrac{\partial^{i+j}}{\partial x^i \partial y^j} e^{x+y}$, および $\left(h\dfrac{\partial}{\partial x} + k\dfrac{\partial}{\partial y}\right)^n e^{x+y}$ を求めよ．

(2) $\dfrac{\partial^{i+j}}{\partial x^i \partial y^j} \dfrac{1}{1-x-y}$, および $\left(h\dfrac{\partial}{\partial x} + k\dfrac{\partial}{\partial y}\right)^n \dfrac{1}{1-x-y}$ を求めよ．

4.6　2 変数関数の極値問題

$D \subset \mathbf{R}^2$ を定義域とする 2 変数関数 $f: D \to \mathbf{R}$ が極値をとるということを，次のように定義しよう．

定義 4.4. $f: D \to \mathbf{R}$ が点 $(a, b) \in D$ で**極小** (または**極大**) であるとは，$U_\varepsilon(a, b) \subset D$ を満たす十分小さな正数 $\varepsilon > 0$ が存在して，$(x, y) \neq (a, b)$ であるようなすべての点 $(x, y) \in U_\varepsilon(a, b)$ に対し

$$f(x,y) > f(a,b) \qquad (\text{または}\ \ f(x,y) < f(a,b)\ )$$

6) 実際には，微分可能性でよい．

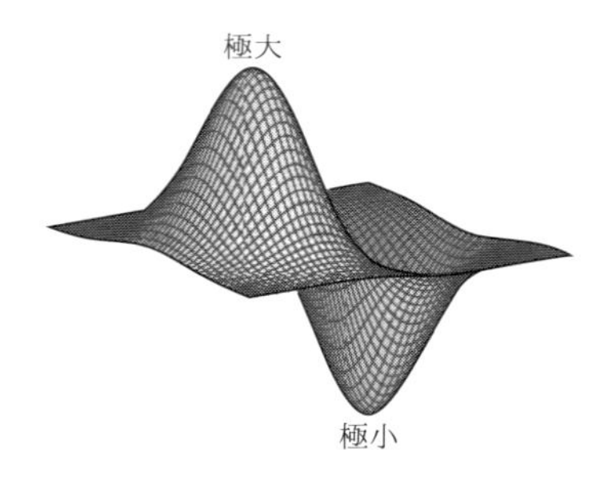

図 4.8　極大，極小

が成り立つことをいう．また，f が点 (a,b) で**極値をとる**とは，f が点 (a,b) で極大，または極小となることと定義する (図 4.8 を参照).

定理 4.9. $D \subset \mathbf{R}^2$ 上で定義された C^1 級関数 $f(x,y)$ が D の内点 (a,b) において極値をとるならば

$$f_x(a,b) = f_y(a,b) = 0$$

が成り立つ.

証明. 1 変数関数 $\phi(x) = f(x,b)$ は，$x = a$ で極値をとる．したがって，平均値の定理 (定理 2.4) での議論により $\phi'(a) = f_x(a,b) = 0$．同様に $f_y(a,b) = 0$. □

定理 4.10. $D \subset \mathbf{R}^2$ 上で定義された C^2 級の関数 $f(x,y)$ が D の内点 (a,b) において

$$f_x(a,b) = f_y(a,b) = 0$$

を満たすとする．$H_f(a,b) = f_{xx}(a,b)f_{yy}(a,b) - f_{xy}(a,b)^2$ とおくとき，

(1) $H_f(a,b) > 0$ かつ $f_{xx}(a,b) > 0$ ならば，$f(a,b)$ は極小値.

(2) $H_f(a,b) > 0$ かつ $f_{xx}(a,b) < 0$ ならば，$f(a,b)$ は極大値.

(3) $H_f(a,b) < 0$ ならば，$f(a,b)$ は極小値でも極大値でもない.

$H_f(a,b) = 0$ の場合，この定理では判定できない.

証明. 2 変数関数に対するテイラーの定理 (定理 4.8) より，点 $(a+h, b+k)$ が点 (a,b) に十分近いとき，$0 < \theta < 1$ を満たす実数 θ が存在し，次の 2 次近似式が成り立つ：

$$f(a+h,\, b+k) - f(a,b)$$
$$= \frac{1}{2}\left\{f_{xx}(a+\theta h, b+\theta k)h^2 + 2f_{xy}(a+\theta h, b+\theta k)hk + f_{yy}(a+\theta h, b+\theta k)k^2\right\}$$
$$\fallingdotseq \frac{1}{2}\left\{f_{xx}(a,b)h^2 + 2f_{xy}(a,b)hk + f_{yy}(a,b)k^2\right\}.$$

そこで，$\alpha = f_{xx}(a,b), \beta = f_{xy}(a,b), \gamma = f_{yy}(a,b)$ とおき，

$$D(h,k) = \alpha\, h^2 + 2\beta\, hk + \gamma\, k^2 \tag{4.23}$$

とおくと，$f(a+h, b+k) - f(a,b)$ の値はおよそ $D(h,k)/2$ と等しいので

$f(a,b)$ が極小値 $\Longleftrightarrow$ 十分小さなすべての $(h,k) \neq (0,0)$ に対し $D(h,k) > 0$,

$f(a,b)$ が極大値 $\Longleftrightarrow$ 十分小さなすべての $(h,k) \neq (0,0)$ に対し $D(h,k) < 0$

となる．$(\alpha, \beta, \gamma) = (0,0,0)$ ならば $D(h,k) = 0$ となるので，さらに高次の近似式を調べなければならない．以下，$(\alpha, \beta, \gamma) \neq (0,0,0)$ とする．

(i)　$\alpha \neq 0$ のとき，

$$D(h,k) = \alpha\left(h + \frac{\beta}{\alpha}k\right)^2 + \frac{\alpha\gamma - \beta^2}{\alpha}k^2$$

より，$\alpha\gamma - \beta^2 > 0$ かつ $\alpha > 0$ ならば，$D(h,k) > 0$ ($(h,k) \neq (0,0)$) となり $f(a,b)$ は極小値，また，$\alpha\gamma - \beta^2 > 0$ かつ $\alpha < 0$ ならば，$D(h,k) < 0$ ($(h,k) \neq (0,0)$) となり $f(a,b)$ は極大値．$\alpha\gamma - \beta^2 < 0$ ならば，$D(h,k)$ の値は正にも負にもなるので $f(a,b)$ は極値ではない．

$\gamma \neq 0$ のときも同様．また，条件 $\alpha\gamma - \beta^2 > 0$ のもとで α と γ は同符号であることに注意．

(ii)　$\alpha = \gamma = 0$ (このとき $\beta \neq 0$，したがって $\alpha\gamma - \beta^2 < 0$) のとき，$D(h,k) = 2\beta hk$ の値は正にも負にもなる．

以上をまとめて定理を得る．　□

注意 4.1 (線形代数の知識がある読者向け)．D 上で C^2 級の関数 $f(x,y)$ と点 $(a,b) \in D$ に対し，行列

$$\begin{pmatrix} f_{xx}(a,b) & f_{xy}(a,b) \\ f_{yx}(a,b) & f_{yy}(a,b) \end{pmatrix}$$

は対称行列となるが，これを点 (a,b) における f の**ヘッセ行列** (Hessian) といい，$\mathrm{Hess}_f(a,b)$ と書くことにする．定理 4.10 に現れる H_f はこのヘッセ行列

の行列式にほかならない．また，対称行列は直交行列で対角化されることに注意すると，定理の条件 (1) (または (2)) は，$\mathrm{Hess}_f(a,b)$ が正定値 (または負定値) であることと同値で，したがって定理は，$f_x(a,b)=f_y(a,b)=0$ のとき $\mathrm{Hess}_f(a,b)$ が正定値ならば $f(a,b)$ は極小値，負定値ならば極大値になることを主張する．ちなみに，定理の (3) は，ヘッセ行列 $\mathrm{Hess}_f(a,b)$ が不定値 (定値でない) ならば $f(a,b)$ は極値でないことを主張する．

次の 3 つの例はとても基本的である．

◆例 **4.15.** 次の関数の極値を求めよ．

(1) $f(x,y)=x^2+y^2$ (2) $f(x,y)=-x^2-y^2$

(3) $f(x,y)=x^2-y^2$

解答例. (1) $f_x=2x$, $f_y=2y$ より $f_x=f_y=0 \iff x=y=0$. また $f_{xx}=2$, $f_{xy}=0$, $f_{yy}=2$, したがって $H_f(0,0)=4>0$ とあわせて，定理 4.10 (1) から $f(0,0)=0$ は極小値 (図 4.9 参照).

(2) (1) と同様に，$f_x=-2x$, $f_y=-2y$ より $f_x=f_y=0 \iff x=y=0$. また $f_{xx}=-2$, $f_{xy}=0$, $f_{yy}=-2$, したがって $H_f(0,0)=4>0$ とあわせて，定理 4.10 (2) から $f(0,0)=0$ は極大値.

(3) $f_x=2x$, $f_y=-2y$ より $f_x=f_y=0 \iff x=y=0$. また $f_{xx}=2$, $f_{xy}=0$, $f_{yy}=-2$, したがって $H_f(0,0)=-4<0$ となり，定理 4.10 (3) から $f(0,0)=0$ は極値ではない (図 4.10 参照). ∎

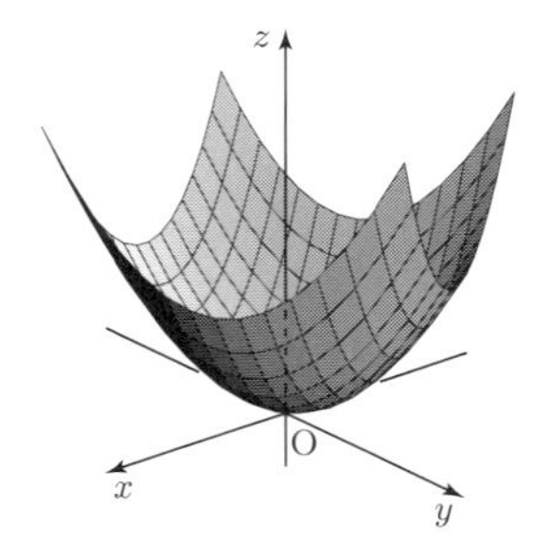

図 4.9 $z=x^2+y^2$ のグラフ

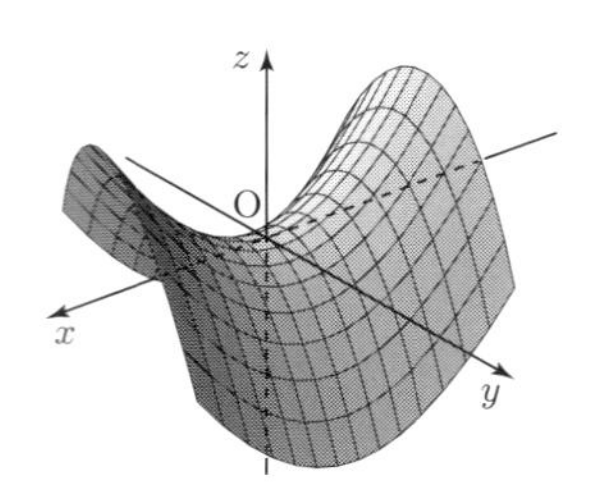

図 4.10 $z=x^2-y^2$ のグラフ

これらの例はすべて $f(0,0)=f_x(0,0)=f_y(0,0)=0$, $f_{xx}=\pm 2, f_{yy}=\pm 2, f_{xy}=f_{yx}=0$ であるから，関数 $f(x,y)$ 自身が上記の 2 次近似式 $D(x,y)$ (の 2 倍) になっている[7)].

◆**例 4.16.** 次の関数の極値を求めてみよう．

(1) x^3+y^3-3xy　　(2) $x^2+2axy+y^2+x+y \quad (a \neq \pm 1)$

解答例. (1) $f(x,y)=x^3+y^3-3xy$ とおくと，

$$f_x=3x^2-3y, \qquad f_y=-3x+3y^2$$

であるから，$f_x=f_y=0$ を解いて，$(x,y)=(0,0),(1,1)$ が極値をとる点の候補である．

$$f_{xx}=6x, \quad f_{xy}=f_{yx}=-3, \quad f_{yy}=6y$$

であるから，$H_f(x,y)=36xy-9$. したがって，

(a) $(x,y)=(0,0)$ のとき，$H_f(0,0)=-9<0$ であるから，$f(0,0)=0$ は極値ではない．

(b) $(x,y)=(1,1)$ のとき，$H_f(1,1)=27>0$, $f_{xx}(1,1)=6>0$ であるから，$f(1,1)=-1$ は極小値である．

(2) $f(x,y)=x^2+2axy+y^2+x+y$ とおくと，

$$f_x=2x+2ay+1, \qquad f_y=2ax+2y+1$$

であるから，$f_x=f_y=0$ を解いて，$(x,y)=\left(-\frac{1}{2(a+1)},-\frac{1}{2(a+1)}\right)$.

$$f_{xx}=2, \quad f_{xy}=f_{yx}=2a, \quad f_{yy}=2$$

であるから，$H_f(x,y)=4-4a^2$. したがって，

(a) $a^2>1$ のとき，$H_f<0$ であるから，$f\left(-\frac{1}{2(a+1)},-\frac{1}{2(a+1)}\right)$ は極値でない．

(b) $a^2<1$ のとき，$H_f>0$, $f_{xx}=2>0$ であるから，$f\left(-\frac{1}{2(a+1)},-\frac{1}{2(a+1)}\right)=-\frac{1}{2(a+1)}$ は極小値である．■

問 4.6. 次の関数の極値を求めよ．

(1) $x^2+2xy+3y^2+4x+5y$　　(2) $xy(1-x-y)$　　(3) $(x^2+y^2)\,e^{x^2-y^2}$

---

7) (4.23) で与えられる $D(h,k)$ は，ベクトル $(h,k)\in\mathbf{R}^2$ を変数とする $\mathbf{R}^2$ 上の関数を定めるが，これをベクトル空間 $\mathbf{R}^2$ 上の **2 次形式**という．$\mathbf{R}^2$ 上の非退化な 2 次形式 $D(h,k)$ は，(1) h^2+k^2, (2) h^2-k^2, (3) $-h^2-k^2$ のいずれかに帰着することが知られている．

4.7 陰関数定理

$\mathbf{R}^2$ 上で定義された 2 変数関数 $f(x,y)=x^2+y^2-1=0$ を考えよう．このとき，よく知られているように，$f(x,y)=0$ を満たす点全体の集合は原点を中心とする半径 1 の円周になり，したがって，$-1<x<1$ ならば x に対応する円周上の点は 2 つあるので，この x に円周上の点の y 座標を対応させる対応は関数ではない．しかし，例えば y の値を正の部分 $y>0$ に制限すれば $y=\sqrt{1-x^2}$ と書け，y を x の関数 $y=y(x)$ と思うことができる．このように，全体 (大域的) で考えれば関数ではないが，部分的 (局所的) に考えれば関数になる場合も「関数」を定めていると考え，この「関数」$y=y(x)$ を**陰関数**という．

定理 4.11 (陰関数定理)． 開集合 D 上で定義された関数 $f(x,y)$ が C^1 級で，点 $(a,b)\in D$ において $f(a,b)=0$ かつ $f_y(a,b)\neq 0$ を満たすとする．このとき，a を含む開区間 I と，I 上の関数 $g(x)$ で次の条件を満たすものが一意的に存在する：

(1) $f(x,g(x))=0 \quad (x\in I)$，かつ，$b=g(a)$,

(2) g は I 上で連続,

(3) g は I 上で微分可能で，$g'(x)=-\dfrac{f_x(x,g(x))}{f_y(x,g(x))} \quad (x\in I)$.

証明． $f_y(a,b)<0$ のときは，f の代わりに $-f$ を考えればよいので，以下，$f_y(a,b)>0$ を仮定する．f_y の連続性より，十分小さな正数 $\varepsilon>0$ を選べば，$|x-a|\leq\varepsilon$, $|y-b|\leq\varepsilon$ のとき $f_y(x,y)>0$ となる．すなわち，$|x-a|\leq\varepsilon$ を満たす x を任意に固定するとき，y についての 1 変数関数 $f^x(y)=f(x,y)$ は，$(f^x)'(y)=f_y(x,y)>0$ に注意すれば，y に関する区間 $[b-\varepsilon,b+\varepsilon]$ 上で単調増加であることがわかる．したがって，特に，$f(a,b)=0$ であることから

$$f(a,b-\varepsilon)<0 \quad \text{かつ} \quad f(a,b+\varepsilon)>0$$

がわかる．そこで f の連続性を使って，十分小さな正数 $\delta>0$ をとれば，

$$|x-a|<\delta \quad \text{ならば} \quad f(x,b-\varepsilon)<0 \text{ かつ } f(x,b+\varepsilon)>0$$

とできる．すなわち，$|x-a|<\delta$ を満たす x を任意に固定するとき，$f^x(b-\varepsilon)<0$ かつ $f^x(b+\varepsilon)>0$ であるが，$f^x(y)$ は区間 $[b-\varepsilon,b+\varepsilon]$ 上で単調増加だから，中間値の定理より $f^x(y)=f(x,y)=0$ を満たす $y\in(b-\varepsilon,b+\varepsilon)$ がただ一つ存在する．そこで，$I=(a-\delta,a+\delta)\subset\mathbf{R}$ とおき，このようにして定まる y を

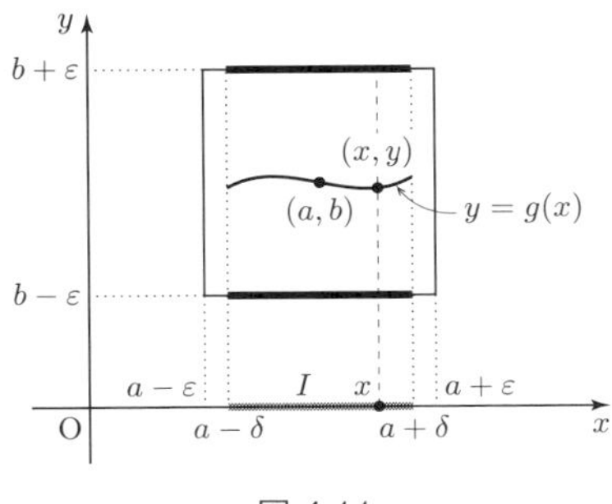

図 4.11

$y=g(x)$ とおくと，定義により $b=g(a)$ かつ $f(x,g(x))=0$ $(x \in I)$.

こうして得られた関数 $y=g(x)$ が定理の条件 (2) および (3) を満たすことを証明できるが，詳細は割愛する. □

◆**例 4.17.** $f(x,y)=x^2+y^2-1=0$ で定まる陰関数を考えよう．$f_y(x,y)=2y$ であるから，定理 4.11 より，点 $(0,1)$ の近くで定理の条件を満たすような $x=0$ を含む区間 I と，I 上で定義された 1 変数関数 $g(x)$ が存在する．本節のはじめにも述べたように，この場合，$x=0$ を含む区間として $I=(-1,1)$ をとり，$g(x)=\sqrt{1-x^2}$ と具体的に求めることができ，$g'(x)=-\dfrac{x}{\sqrt{1-x^2}}$ となる．これは y を x の関数とみなして $f(x,y)=x^2+y^2-1=0$ の両辺を x で微分して得られる結果

$$2x+2yy'=0, \qquad \therefore \quad y \neq 0 \text{ ならば } y'=-\frac{x}{y}=-\frac{x}{\sqrt{1-x^2}}$$

と，当然のことながら一致する．また $f_y=2y=0$ ならば $x=\pm 1$ となり，したがって $f_x=2x \neq 0$ なので，このときは x と y の役割を入れ換えて，$y=0$ を含む区間として $J=(-1,1)$ ととり，J 上の関数として $x=h(y)=\pm\sqrt{1-y^2}$ とすればよい. ■

◆**例 4.18.** $f(x,y)=x^3+y^3-3xy=0$ で定まる陰関数を考えよう．$f_y \neq 0$ または $f_x \neq 0$ であるような点のまわりでは，陰関数定理から $y=g(x)$ または $x=h(y)$ と表せることがわかるが，この場合は具体的に関数の形 g, h を求めることは容易ではない．ただし，それらの導関数は x,y を用いて表すことが簡単にできて，例えば $y'=g'(x)$ については，$x^3+y^3-3xy=0$ の両辺を x で微

分して

$$3x^2 + 3y^2y' - 3(y + xy') = 0 \tag{4.24}$$

となるので，$x - y^2 \neq 0$ ならば

$$y' = g'(x) = \frac{x^2 - y}{x - y^2} \tag{4.25}$$

となる．さらに 2 階導関数 $y'' = g''(x)$ を求めるには，(4.25) を x について微分してもよいが，(4.24) の両辺を直接，x について微分して計算するほうが簡単である．実際，(4.24) の両辺を x で微分すると，

$$2x + 2yy'^2 - 2y' + (y^2 - x)y'' = 0$$

となるので，$x^3 + y^3 - 3xy = 0$ であること，および (4.25) を用いれば，$x - y^2 \neq 0$ のとき

$$y'' = \frac{2xy}{(x - y^2)^3}.$$

また，原点 $(x, y) = (0, 0)$ においては $f_x = f_y = 0$ となるが，図 4.12 からわかるように，原点のまわりでは一方の変数を他方の変数の関数として表すことはできない．■

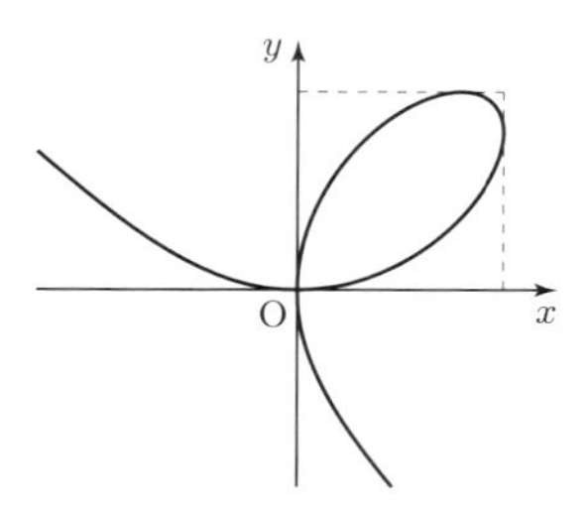

図 4.12　$x^3 + y^3 - 3xy = 0$

問 4.7. 次が定める陰関数 y について，$\dfrac{dy}{dx}$ および $\dfrac{d^2y}{dx^2}$ を求めよ．

(1)　$x^2 + xy + y^2 + x - y = 0$　　　(2)　$x^4 + y^4 - 4xy = 0$

4.8　条件付き極値問題

4.6 節では変数 (x, y) が独立に動く場合，つまり点 (x, y) が平面内を 2 次元的に動く場合の 2 変数関数の極値問題を考えた．本節では，変数 (x, y) がある拘束条件を満たしながら動く場合に 2 変数関数の極値問題を考える．

定理 4.12 (**ラグランジュ** (Lagrange) **の未定乗数法**)．2 つの 2 変数関数 $f(x, y)$，$g(x, y)$ は C^1 級とする．点 (x, y) が $g(x, y) = 0$ で定義される曲線 C 上を動くとき，関数 $f(x, y)$ が点 $(a, b) \in C$ で極値をとると仮定する．このとき，$(g_x(a, b), g_y(a, b)) \neq (0, 0)$ ならば

$$\begin{aligned} f_x(a, b) &= \lambda\, g_x(a, b), \\ f_y(a, b) &= \lambda\, g_y(a, b) \end{aligned} \tag{4.26}$$

を満たす定数 λ が存在する．

証明． $g_y(a, b) \neq 0$ のとき，陰関数定理 (定理 4.11) より，点 (a, b) のまわりで局所的に $y = h(x)$ と表すことができて $b = h(a)$ を満たす．このとき $\varphi(x) = f(x, h(x))$ とおくと，

$$\begin{aligned} \varphi'(x) &= f_x(x, h(x)) + f_y(x, h(x))\, h'(x) \\ &= f_x(x, h(x)) + f_y(x, h(x)) \left(-\frac{g_x(x, h(x))}{g_y(x, h(x))} \right) \end{aligned}$$

となるが，仮定から関数 $\varphi(x)$ は $x = a$ において極値をとるので，$\varphi'(a) = 0$ でなければならない．

$$\therefore \quad f_x(a, b) g_y(a, b) - f_y(a, b) g_x(a, b) = 0 \tag{4.27}$$

$g_x(a, b) \neq 0$ のときも同様にして (4.27) を得るが，これはベクトル $(f_x(a, b), f_y(a, b))$ がベクトル $(g_x(a, b), g_y(a, b))$ に平行であることを意味する．　□

接ベクトル，勾配

区間 $I \subset \mathbf{R}$ と I 上の関数 $x(t), y(t)$ に対し，平面内の集合

$$\{(x, y) \mid x = x(t), y = y(t)\ (t \in I)\} \tag{4.28}$$

がなめらかな曲線であるとは，関数 $x(t), y(t)$ は I 上で C^1 級で，$x'(t)$ と $y'(t)$ とが同時に 0 にならないときをいう．このとき，(4.28) を

$$\boldsymbol{x} = \boldsymbol{x}(t) = \begin{pmatrix} x(t) \\ y(t) \end{pmatrix} \quad (t \in I) \tag{4.29}$$

のように書く[8]．各成分を t で微分して得られるベクトル

$$\boldsymbol{x}'(t) = \frac{d}{dt}\boldsymbol{x}(t) = \begin{pmatrix} x'(t) \\ y'(t) \end{pmatrix}$$

を曲線 (4.28) (または (4.29)) の点 $\boldsymbol{x}(t)$ における**接ベクトル**という．

◆**例 4.19** (円周)．正定数 $a > 0$ に対し，曲線 $\boldsymbol{x}(t) = \begin{pmatrix} a\cos t \\ a\sin t \end{pmatrix}$ は原点を中心とする半径 a の円周であるが，$\boldsymbol{x}(t)$ と，この点における接ベクトル $\boldsymbol{x}'(t) = \begin{pmatrix} -a\sin t \\ a\cos t \end{pmatrix}$ との内積を計算すると

$$\boldsymbol{x}(t) \cdot \boldsymbol{x}'(t) = a\cos t \cdot (-a\sin t) + a\sin t \cdot a\cos t = 0$$

となり，直交することがわかる (図 4.13 参照)．■

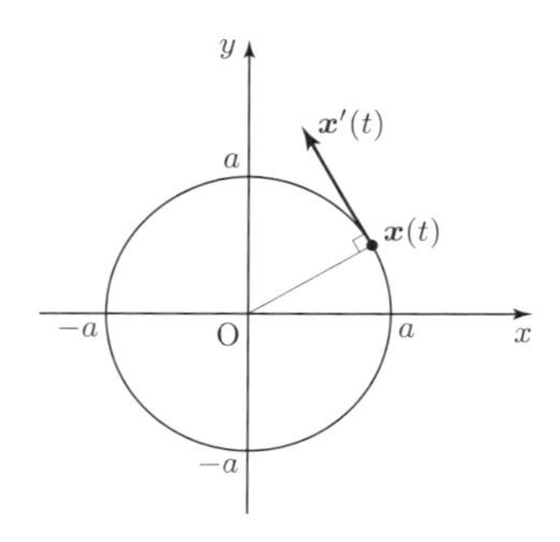

図 4.13　円周上の 1 点における接ベクトル

一般に，平面上の C^1 級関数 $\varphi(x,y)$ に対し，ベクトル ${}^t(\varphi_x(x,y), \varphi_y(x,y))$ を点 (x,y) における φ の**勾配** (gradient (グラジエント)) といい，$\operatorname{grad}\varphi$ で表す：

$$\operatorname{grad}\varphi = \begin{pmatrix} \varphi_x(x,y) \\ \varphi_y(x,y) \end{pmatrix}.$$

さて，C^1 級の関数 $\varphi(x,y)$ に対し，曲線 $\varphi(x,y) = c$ (c：定数) 上の点 (x,y) が (4.28) のような表示をもつと仮定しよう．$x = x(t)$, $y = y(t)$ を $\varphi(x,y) = c$

8) 以下，本節の残りの部分では，ベクトルといえば列ベクトルをさす．さらに，スペース節約のため，列ベクトル $\begin{pmatrix} a_1 \\ a_2 \end{pmatrix}$ を転置記号を用いて ${}^t(a_1, a_2)$ と表すこともある．

に代入して，両辺を t について微分すると，合成関数の微分の公式 (定理 4.7) により

$$0 = \frac{d}{dt}\varphi(x(t), y(t)) = \varphi_x \frac{dx}{dt} + \varphi_y \frac{dy}{dt} = \varphi_x\, x'(t) + \varphi_y\, y'(t) \quad (4.30)$$

となる．ただし $\varphi_x = \varphi_x(x(t), y(t))$ などと書いた．(4.30) より，関数 φ の勾配ベクトル ${}^t(\varphi_x, \varphi_y)$ は，曲線 $\varphi = c$ の接ベクトル $\boldsymbol{x}'(t) = {}^t(x'(t), y'(t))$ と直交するベクトル (法線ベクトル) であることがわかる．したがって，定理 4.12 の条件 (4.26) は，$f =$ 一定 という曲線 (等高線) の勾配 $\mathrm{grad}\, f$ と曲線 $g = 0$ の勾配 $\mathrm{grad}\, g$ が平行であることを意味する．すなわち，f が曲線 $g = 0$ 上の点 (a, b) で極値 c をとるならば，点 (a, b) において等高線 $f = c$ は曲線 $g = 0$ に接する (図 4.14 を参照)．

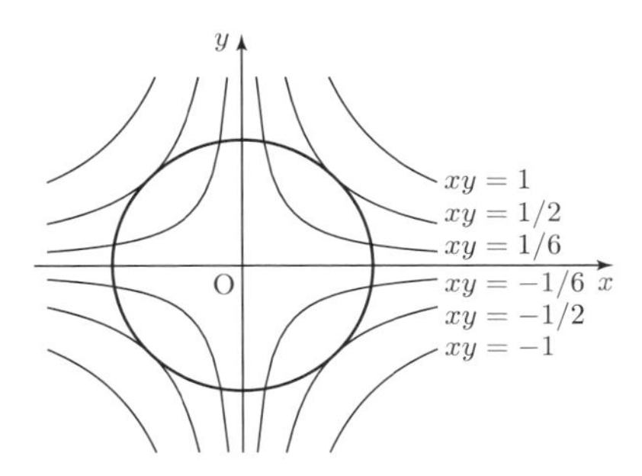

図 4.14　等高線 $xy =$ 一定 と曲線 $x^2 + y^2 = 1$

◆例 4.20.　点 (x, y) が $x^2 + y^2 = 1$ を満たすとき，$f(x, y) = xy$ の最大値，最小値を求めよう．$g(x, y) = x^2 + y^2 - 1$ とおくと，ラグランジュの未定乗数法 (定理 4.12) より，$f_x = \lambda g_y$，$f_y = \lambda g_y$，$g(x, y) = 0$, すなわち

$$y = 2\lambda x, \quad x = 2\lambda y, \quad x^2 + y^2 = 1$$

を満たす λ, x, y を求めれば，

$$\lambda = \frac{1}{2},\ (x, y) = \pm\left(\frac{1}{\sqrt{2}}, \frac{1}{\sqrt{2}}\right), \quad \text{または} \quad \lambda = -\frac{1}{2},\ (x, y) = \pm\left(\frac{1}{\sqrt{2}}, -\frac{1}{\sqrt{2}}\right). \tag{4.31}$$

これらの点において連続関数 $f(x, y) = xy$ は極値をとるが，$g(x, y) = x^2 + y^2 - 1 = 0$ で定義される集合は有界閉集合であるから，定理 4.4 より最大値と最小値をもつ．そこで (4.31) における f の値を比べて

$$\text{最大値}: f\left(\pm\frac{1}{\sqrt{2}}, \pm\frac{1}{\sqrt{2}}\right) = \frac{1}{2}, \qquad \text{最小値}: f\left(\pm\frac{1}{\sqrt{2}}, \mp\frac{1}{\sqrt{2}}\right) = -\frac{1}{2}$$

となる.

この場合には次のように求めてもよい. 単位円周 $x^2+y^2=1$ 上の点 (x,y) は $x=\cos\theta$, $y=\sin\theta$ とパラメータ表示できて，このとき

$$f(x,y) = xy = \cos\theta\sin\theta = \frac{1}{2}\sin 2\theta$$

となるので，最大値は $\frac{1}{2}$ $(\theta = \frac{\pi}{4}+n\pi$ のとき)，最小値は $-\frac{1}{2}$ $(\theta = -\frac{\pi}{4}+n\pi$ のとき) であることがわかる (ただし，$n=0,\pm 1,\pm 2,\ldots$). ■

上述のように，例 4.20 ではラグランジュの未定乗数法を使うまでもなく極値 (あるいは，最大値および最小値) を求めることができる．そこで，もう一つ，今度はもう少しだけ自明でない例をあげよう.

◆例 4.21. 点 (x,y) が条件 $x^2+xy+y^2=3$ を満たしながら動くとき，関数 x^2+y^2 の極値を求めてみよう. $f(x,y)=x^2+y^2$, $g(x,y)=x^2+xy+y^2-3$ とおいて $f_x=\lambda g_y$, $f_y=\lambda g_y$, $g(x,y)=0$ を満たす λ, x, y を求めれば

$$2x=\lambda(2x+y), \quad 2y=\lambda(2y+x), \quad x^2+xy+y^2=3$$

より

$$\lambda=\frac{2}{3},\ (x,y)=\pm(1,1), \quad \text{または} \quad \lambda=2,\ (x,y)=\pm(\sqrt{3},-\sqrt{3}).$$

これらの点が関数 $f(x,y)=x^2+y^2$ の極値点の候補であるが，$g(x,y)=0$ から定まる陰関数を $y=y(x)$ とし，$\phi(x)=f(x,y(x))$ とすると，前節の例 4.18 と同様にして，$y'(x)=-\dfrac{2x+y}{x+2y}$, $\phi'(x)=2x+2yy'$，したがって

$$y''(x) = -\frac{18}{(x+2y)^3}, \qquad \phi''(x) = 2+2{y'}^2+2yy''.$$

ゆえに，$(x,y)=\pm(1,1)$ のとき，$\phi''(\pm 1)=8/3>0$ であるから，$\phi(\pm 1)=2$ は極小値，$(x,y)=\pm(\sqrt{3},-\sqrt{3})$ のとき，$\phi''(\pm\sqrt{3})=-8<0$ であるから，$\phi(\pm\sqrt{3})=6$ は極大値となる. ■

問 4.8. 次の条件付き極値問題を解け.

(1) 条件 $x^2+y^2=1$ のもとで，関数 $xy+x+y$ の最大値および最小値を求めよ.

(2) 条件 $2x^2+3y^2=1$ のもとで，関数 $x+y$ の最大値および最小値を求めよ.

章末問題

1. $\mathbf{R}^2$ 上で C^1 級の関数 $f(x,y)$ について，次の極限を $f(0,0), f_x(0,0), f_y(0,0)$ を用いて表せ.

(1) $\displaystyle\lim_{t\to 0}\frac{f(t,0)-f(0,-t)}{t}$ (2) $\displaystyle\lim_{t\to 0}\frac{\{f(t,0)\}^2-\{f(0,0)\}^2}{t}$

(3) $\displaystyle\lim_{t\to 0}\frac{f(-t,t)-f(t,-t)}{t}$ (4) $\displaystyle\lim_{t\to 0}\frac{f(t,0)-f(0,t^2)}{t}$

(5) $\displaystyle\lim_{t\to 0}\frac{f(t,0)-f(0,0)}{f(2t,0)-f(0,0)}$ ただし，(5) においては $f_x(0,0)\neq 0$ とする.

2. 関数 $f(x,y)$ を

$$f(x,y)=\begin{cases}(x^2+y^2)\sin\left(\dfrac{1}{\sqrt{x^2+y^2}}\right) & (\,(x,y)\neq(0,0)\,)\\ 0 & (\,(x,y)=(0,0)\,)\end{cases}$$

で定めるとき，以下の問いに答えよ.

(1) $f(x,y)$ は原点 $(0,0)$ で偏微分可能であるが，C^1 級でないことを示せ.

(2) $f(x,y)$ は原点 $(0,0)$ で全微分可能であることを示せ.

3. 微分可能な関数 $f(x,y)$，$g(x,y)$ に対して，次の式が成り立つことを示せ.

(1) $d(af+bg)=a\,df+b\,dg$ (2) $d(fg)=df\cdot g+f\cdot dg$

ただし，a,b は定数とする.

4. 偏微分可能な関数 $f(x,y)$，$g(x,y)$ に対し，

$$\det\begin{pmatrix}\dfrac{\partial f}{\partial x} & \dfrac{\partial f}{\partial y}\\ \dfrac{\partial g}{\partial x} & \dfrac{\partial g}{\partial y}\end{pmatrix}=\frac{\partial f}{\partial x}\frac{\partial g}{\partial y}-\frac{\partial f}{\partial y}\frac{\partial g}{\partial x} \tag{4.32}$$

を f,g の**ヤコビ行列式**といい，これを $\dfrac{\partial(f,g)}{\partial(x,y)}$ と書くことにする．このとき，次の式が成り立つことを示せ.

(1) 定数 a および偏微分可能な関数 f,g,h に対し，

(a) $\dfrac{\partial(af,g)}{\partial(x,y)}=a\dfrac{\partial(f,g)}{\partial(x,y)}$, (b) $\dfrac{\partial(f+g,h)}{\partial(x,y)}=\dfrac{\partial(f,h)}{\partial(x,y)}+\dfrac{\partial(g,h)}{\partial(x,y)}$,

(c) $\dfrac{\partial(g,f)}{\partial(x,y)}=-\dfrac{\partial(f,g)}{\partial(x,y)}$

(2) 微分可能な関数 $x=\phi(s,t)$，$y=\psi(s,t)$ に対し，合成関数 $f(\phi(s,t),\psi(s,t))$, $g(\phi(s,t),\psi(s,t))$ もそれぞれ同じ文字 f,g で表すとき，

$$\frac{\partial(f,g)}{\partial(s,t)}=\frac{\partial(f,g)}{\partial(x,y)}\frac{\partial(\phi,\psi)}{\partial(s,t)}.$$

5. $f : \mathbf{R}^2 \to \mathbf{R}$ が原点 $(0,0)$ で微分可能であるための必要十分条件は，原点 $(0,0)$ で連続な関数 $\phi, \psi : \mathbf{R}^2 \to \mathbf{R}$ が存在して，

$$f(x,y) = f(0,0) + x\,\phi(x,y) + y\,\psi(x,y)$$

が成り立つことであることを示せ．

6. 関数 $f(x,y)$ を

$$f(x,y) = \begin{cases} \dfrac{x^2 y}{x^4 + y^2} & (\,(x,y) \neq (0,0)\,) \\ 0 & (\,(x,y) = (0,0)\,) \end{cases}$$

で定めるとき，以下の問いに答えよ．

(1) $f(x,y)$ は原点 $(0,0)$ で連続でないことを示せ．

(2) 任意のベクトル $(h,k) \neq (0,0)$ に対し，$f(x,y)$ は原点 $(0,0)$ において (h,k) 方向に方向微分可能であることを示せ．

7. 関数 $f(x,y)$ は $\mathbf{R}^2$ 上で C^2 級とする．

(1) $\mathbf{R}^2$ 上で $f_x = f_y = 0$ ならば f は定数関数であることを示せ．

(2) $\mathbf{R}^2$ 上で $f_{xx} = f_{yy} = f_{xy} = 0$ ならば $f(x,y) = Ax + By + C$ となる定数 A, B, C が存在することを示せ．(ヒント：2 変数関数のテイラーの定理)

8. α を定数とするとき，(u,v) 座標から (x,y) 座標への回転変換

$$x = u\cos\alpha - v\sin\alpha, \qquad y = u\sin\alpha + v\cos\alpha$$

により，ラプラシアン $\Delta = \left(\dfrac{\partial}{\partial x}\right)^2 + \left(\dfrac{\partial}{\partial y}\right)^2$ は不変，すなわち，C^2 級の関数 $f(x,y)$ に対し，

$$\frac{\partial^2 f}{\partial x^2} + \frac{\partial^2 f}{\partial y^2} = \frac{\partial^2 f}{\partial u^2} + \frac{\partial^2 f}{\partial v^2}$$

が成り立つことを示せ．

9. $h^2 + k^2 = 1$ とする．このとき，次の関数 u は**波動方程式** $u_{tt} = c^2 \Delta u$ を満たすことを示せ (この形の解を平面波という)： $u(x,y,t) = f(hx + ky - ct)$.

10. 次の関数 u は**熱方程式** $u_t = \Delta u$ を満たすことを示せ： $u(x,y,t) = \dfrac{1}{4\pi t} e^{-\frac{x^2+y^2}{4t}}$.
(この解を熱方程式の基本解という．)

11. 空間内の曲面の曲がり具合を測る量として**ガウス曲率**[9)]がある．C^2 級の関数 $z = f(x,y)$ のグラフが描く曲面のガウス曲率 K は $K = \dfrac{f_{xx} f_{yy} - f_{xy}^2}{(1 + f_x^2 + f_y^2)^2}$ で与えられる．

---

9) 詳細は成書にゆずる．例えば，小林昭七著「曲線と曲面の微分幾何」(裳華房) を参照．

次の関数のグラフのガウス曲率を求めよ．ただし，a は正の定数とする．

(1) $z = x^2 + y^2$　　(2) $z = \sqrt{a^2 - x^2 - y^2}$　　(3) $z = \sqrt{x^2 + y^2 - a^2}$

12. 空間 $\mathbf{R}^3 = \{(x, y, z) \mid x, y, z \in \mathbf{R}\}$ 上のラプラシアン $\Delta = \left(\frac{\partial}{\partial x}\right)^2 + \left(\frac{\partial}{\partial y}\right)^2 + \left(\frac{\partial}{\partial z}\right)^2$ を空間極座標

$$x = r \sin\theta \cos\phi, \qquad y = r \sin\theta \sin\phi, \quad z = r \cos\theta$$

$(r > 0,\ 0 \leq \theta \leq \pi,\ 0 \leq \phi \leq 2\pi)$ に変数変換すると

$$\Delta = \frac{\partial^2}{\partial r^2} + \frac{2}{r}\frac{\partial}{\partial r} + \frac{1}{r^2}\left(\frac{\partial^2}{\partial \theta^2} + \frac{1}{\tan\theta}\frac{\partial}{\partial \theta} + \frac{1}{\sin^2\theta}\frac{\partial^2}{\partial \phi^2}\right) \tag{4.33}$$

となることを，次の手順で示せ．

(i) 円柱座標 $x = \rho\cos\phi,\ y = \rho\sin\phi,\ z = z$ に変換する (図 4.15)．

(ii) 続いて，$z = r\cos\theta,\ \rho = r\sin\theta,\ \phi = \phi$ と変換し，(4.33) を示す．

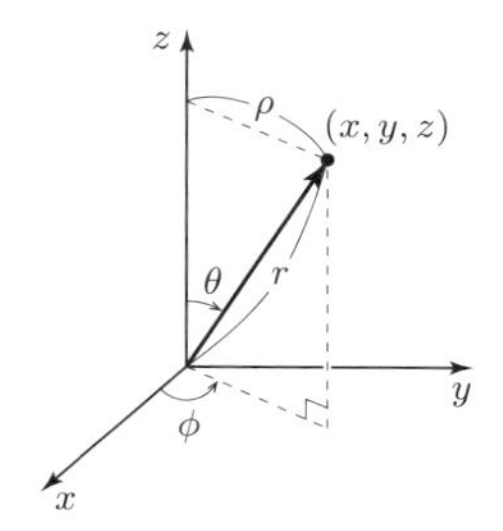

図 4.15

5
重 積 分

本章では，大域的な情報を得るのに重要な多変数関数の積分法 (重積分) について学ぶ．特に，体積，表面積，重心などを求める方法について理解することを目標とする．また，ガンマ関数，ベータ関数のような高等な関数を理知的に取り扱うのに必要な準備を行う．はじめは定義を厳密に理解するよりも，おおまかな考え方を把握して，計算を確実に実行することに注力しよう．

5.1　重積分の定義

最初に，2 変数関数の積分について定義を述べる．この考え方は，第 3 章でリーマン和を用いて定義した 1 変数関数の積分の概念を，2 変数関数の場合に自然に拡張したものである．

定義 5.1. 長方形 $[a,b]\times[c,d]$ 上で定義された 2 変数関数

$$f:[a,b]\times[c,d]\to\mathbf{R}$$

を考える．区間 $[a,b]$ を ℓ 個に，区間 $[c,d]$ を ℓ' 個に分割する，すなわち，

$$a=x_0<x_1<\cdots<x_{\ell-1}<x_\ell=b,$$
$$c=y_0<y_1<\cdots<y_{\ell'-1}<y_{\ell'}=d$$

とする．この小長方形によって，$[a,b]\times[c,d]$ の分割

$$\Delta=\left\{[x_{i-1},x_i]\times[y_{j-1},y_j]\,\middle|\,1\le i\le\ell,\ 1\le j\le\ell'\right\}$$

をつくる．分割の大きさ $\|\Delta\|$ を各小長方形の対角線の長さの最大値，すなわち，

$$\|\Delta\| = \max\left\{\sqrt{(x_i - x_{i-1})^2 + (y_j - y_{j-1})^2}\,\middle|\, 1 \le i \le \ell,\, 1 \le j \le \ell'\right\}$$

と定める．各小長方形 $[x_{i-1}, x_i] \times [y_{j-1}, y_j]$ の中から 1 点 (ξ_i, η_j) をとる．このとき，底面をその小長方形，高さを $f(\xi_i, \eta_j)$ とする角柱の体積の和

$$V_\Delta = \sum_{i=1}^{\ell} \sum_{j=1}^{\ell'} f(\xi_i, \eta_j)(x_i - x_{i-1})(y_j - y_{j-1})$$

を考える．分割の大きさ $\|\Delta\|$ をどんどん小さくしたとき，分割の仕方や ξ_i, η_j の選び方によらずに V_Δ がある値に近づくとき，2 変数関数 $f(x,y)$ は長方形 $[a,b] \times [c,d]$ 上で **2 重積分可能**であるという．さらに，この極限値を

$$\lim_{\|\Delta\| \to 0} V_\Delta = \iint_{[a,b]\times[c,d]} f(x,y)\, dx\, dy$$

と書き表すことにして，f の $[a,b] \times [c,d]$ 上での **2 重積分**という．

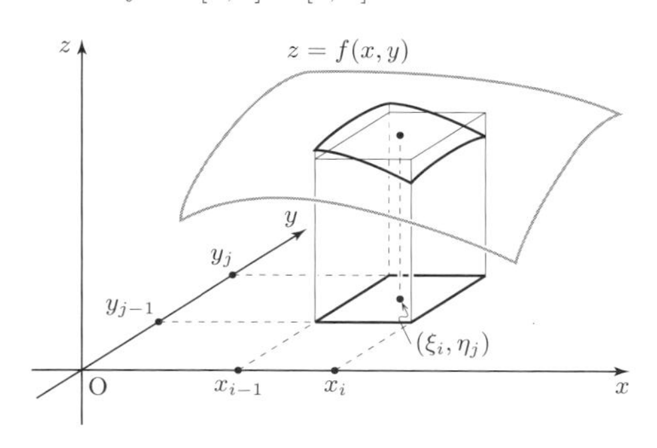

図 5.1

2 重積分を単に**重積分**とよぶことも多い．被積分関数が恒等的に 1 の定数関数 $(f \equiv 1)$ のとき，または有理関数などで分子が 1 のとき，1 を省略して書く：

$$\iint_{[a,b]\times[c,d]} 1\, dx\, dy = \iint_{[a,b]\times[c,d]} dx\, dy.$$

また，$f \ge 0$ としたとき，$\displaystyle\iint_{[a,b]\times[c,d]} f(x,y)\, dx\, dy$ は立体 $\big\{(x,y,z) \bigm| a \le x \le b,\ c \le y \le d,\ 0 \le z \le f(x,y)\big\}$ の体積を表す．

関数 $f(x,y)$ が $[a,b] \times [c,d]$ 上で連続であれば，重積分可能である．また，第 3 章で学習した 1 変数関数の積分と同様に，次の主張が成り立つ．

定理 5.1. 長方形 $R=[a,b]\times[c,d]$ 上で定義された 2 つの連続な 2 変数関数 $f(x,y)$, $g(x,y)$ が R 上で重積分可能であるとする．

(1) (線形性) 2 つの実数 λ,ν に対して，$\lambda f+\nu g$ も R 上で重積分可能であり，

$$\begin{aligned}\iint_R(\lambda f+\nu g)(x,y)\,dx\,dy&=\iint_R\big(\lambda f(x,y)+\nu g(x,y)\big)\,dx\,dy\\&=\lambda\iint_R f(x,y)\,dx\,dy+\nu\iint_R g(x,y)\,dx\,dy.\end{aligned}$$

(2) (単調性) すべての点 $(x,y)\in R$ で $f(x,y)\le g(x,y)$ が成り立てば，

$$\iint_R f(x,y)\,dx\,dy\le\iint_R g(x,y)\,dx\,dy.$$

特に，$|f|$ も R 上で重積分可能であり，

$$\left|\iint_R f(x,y)\,dx\,dy\right|\le\iint_R|f(x,y)|\,dx\,dy.$$

(3) (加法性) $s\in(a,b)$ として，2 つの長方形 $R_1=[a,s]\times[c,d]$, $R_2=[s,b]\times[c,d]$ を考える，すなわち，$R=R_1\cup R_2$ と 2 つに分割する．このとき，f は R_1, R_2 上でそれぞれ重積分可能であり，

$$\iint_R f(x,y)\,dx\,dy=\iint_{R_1}f(x,y)\,dx\,dy+\iint_{R_2}f(x,y)\,dx\,dy.$$

また，$t\in(c,d)$ として，R を 2 つの長方形 $R_3=[a,b]\times[c,t]$, $R_4=[a,b]\times[t,d]$ に分割すると，f は R_3, R_4 上でそれぞれ重積分可能であり，

$$\iint_R f(x,y)\,dx\,dy=\iint_{R_3}f(x,y)\,dx\,dy+\iint_{R_4}f(x,y)\,dx\,dy.$$

(4) (平均値の定理) ある $(\xi,\eta)\in R$ が存在して，次が成り立つ：

$$\iint_R f(x,y)\,dx\,dy=f(\xi,\eta)(b-a)(d-c).$$

上の定理の証明は省略する．

問 5.1. n を自然数とする．$k=0,1,\ldots,n$ に対して，$x_k=y_k=k^2/n^2$ とする．次の分割 Δ_n に対して，その大きさ $\|\Delta_n\|$ を求めよ．

$$\Delta_n=\big\{[x_{i-1},x_i]\times[y_{j-1},y_j]\,\big|\,1\le i\le n,\ 1\le j\le n\big\}$$

縦線集合・横線集合

次に，2 次元平面内の有界集合 D 上で定義された 2 変数関数の積分について考える．2 つの連続な 1 変数関数 $\varphi_1, \varphi_2 : [a,b] \to \mathbf{R}$ が各点 $x \in [a,b]$ で $\varphi_1(x) \leq \varphi_2(x)$ を満たすとする．このとき，

$$D = \left\{(x,y) \in \mathbf{R}^2 \,\middle|\, a \leq x \leq b,\ \varphi_1(x) \leq y \leq \varphi_2(x)\right\}$$

と表される有界集合 D を**縦線集合**という．これは，図 5.2(1) でみるとおり，縦に細長い図形を横に並べてできたような形の集合である．

他方，2 つの連続な 1 変数関数 $\psi_1, \psi_2 : [c,d] \to \mathbf{R}$ が各点 $y \in [c,d]$ で $\psi_1(y) \leq \psi_2(y)$ を満たすとき，

$$E = \left\{(x,y) \in \mathbf{R}^2 \,\middle|\, c \leq y \leq d,\ \psi_1(y) \leq x \leq \psi_2(y)\right\}$$

と表される有界集合 E を**横線集合** (または，y についての縦線集合) という．

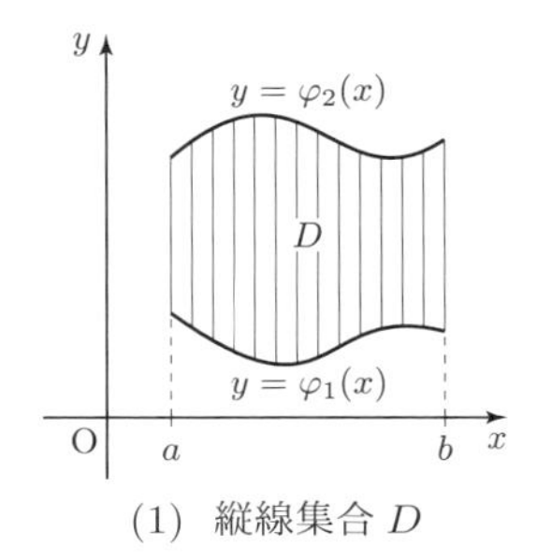

(1) 縦線集合 D

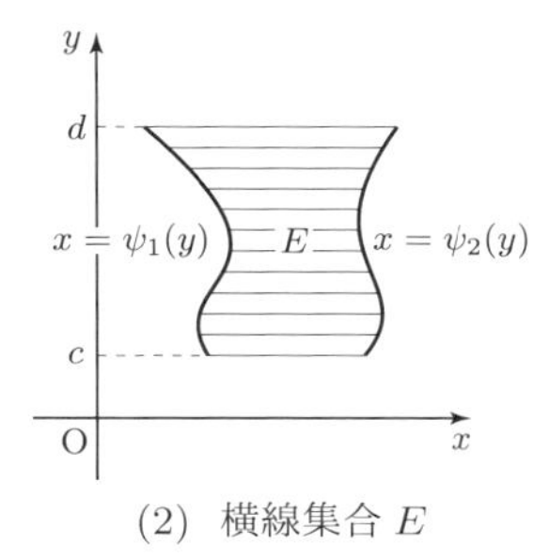

(2) 横線集合 E

図 5.2

定義 5.2. 縦線集合や横線集合上においても，長方形上と同様に，そこで定義される連続関数 $f(x,y)$ の重積分が定義できる．縦線集合

$$D = \left\{(x,y) \in \mathbf{R}^2 \,\middle|\, a \leq x \leq b,\ \varphi_1(x) \leq y \leq \varphi_2(x)\right\}$$

を考えよう．$c = \displaystyle\min_{a \leq x \leq b} \varphi_1(x)$, $d = \displaystyle\max_{a \leq x \leq b} \varphi_2(x)$ とする．D を覆う長方形 $R = [a,b] \times [c,d]$ に対して，分割

$$\Delta = \left\{R_{ij} = [x_{i-1}, x_i] \times [y_{j-1}, y_j] \,\middle|\, 1 \leq i \leq \ell,\ 1 \leq j \leq \ell'\right\}$$

を考える．さらに，R_{ij} の中で，D の点を含むものの集合を考える，すなわち，$E_\Delta = \left\{(i,j) \,\middle|\, R_{ij} \cap D \neq \emptyset\right\}$ とおく．$D \subset \displaystyle\bigcup_{(i,j) \in E_\Delta} R_{ij}$ に注意しよう．

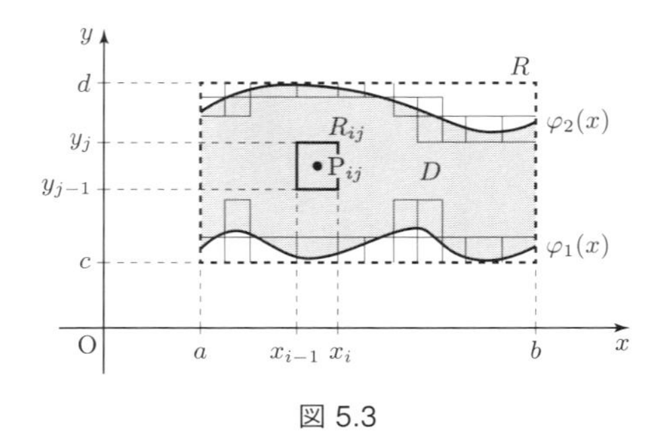

図 5.3

f を R 上での連続関数に拡張したものを関数 $f^\sharp$ とする．長方形 R 上の連続関数 $f^\sharp$ に対して，小長方形 R_{ij} の中から任意の点 $\mathrm{P}_{ij}(\xi_i, \eta_j)$ を選んで

$$V_\Delta = \sum_{(i,j)\in E_\Delta} f^\sharp(\xi_i, \eta_j)(x_i - x_{i-1})(y_j - y_{j-1})$$

とする．分割の大きさ $\|\Delta\|$ を小さくしたとき，分割の仕方や P_{ij} の選び方によらずに V_Δ がある値に近づくとき，2 変数関数 $f(x, y)$ は D 上で**重積分可能**であるという．さらに，この極限値を

$$\lim_{\|\Delta\|\to 0} V_\Delta = \iint_D f(x, y)\, dx\, dy$$

と書き表す．

横線集合についても，同様にして重積分を定義できる．

このようにして，重積分

$$\iint_D f(x, y)\, dx\, dy \qquad \left(= \iint_D f \text{ と省略して書くこともある}\right)$$

が定義されるとき，D を**積分領域**または定義域とよぶ．

D 上の重積分についても，定理 5.1 と同様の性質が成り立つ．さらに，次の主張が成り立つ．

定理 5.2. 縦線または横線集合上で定義された連続関数は重積分可能である．

定理 5.1 と 5.2 を組み合わせることにより，有界閉集合 D をいくつかの縦線集合や横線集合に分割することができるならば，D 上で定義された連続関数は重積分可能であることがわかる．

D の面積を $\mu(D)$ とする．$f \equiv 1$ を D 上で重積分すると，$\mu(D)$ と一致する：

$$\iint_D dx\,dy = \mu(D).$$

一方で，この値を底面が D，高さが 1 の立体の体積と考えることもできる．

問 5.2. 次の集合を縦線集合または横線集合の和で書き表し，図示せよ．

(1) $D_1 = \left\{(x,y) \in \mathbf{R}^2 \,\middle|\, x^2 + y^2 \leq 2\right\}$

(2) $D_2 = \left\{(x,y) \in \mathbf{R}^2 \,\middle|\, 1 \leq |x| + |y| \leq 3\right\}$

(3) $D_3 = \left\{(x,y) \in \mathbf{R}^2 \,\middle|\, 4x^2 + y^2 \leq 8x + 6y + 3\right\}$

(4) $D_4 = \left\{(x,y) \in \mathbf{R}^2 \,\middle|\, |xy| \leq 1,\, |x^2 - y^2| \leq 1\right\}$

5.2 累次積分

立体の体積を求めるのに際して，重積分を定義 5.1 または 5.2 から計算するのは大変そうであることが容易に想像される．実際，2 変数を同時に動かして考えるよりも，1 変数ずつ積分を実行するほうが計算しやすいことが多い．それらを組み合わせることによって重積分を求める手法を確立しよう．

縦線集合は y 軸に平行な線分の集まりとみることができるから，まず y 軸に平行な線分に沿って積分して，その線分上の図形の『面積』を求める．これは，いい換えるなら，x 軸と直交する平面で立体を切った断面の図形の面積である．それらを集めて全体の『体積』とする考え方を採用する (図 5.4 参照)．この手法は，1 変数関数のリーマン積分において，細長い『線分』を集めて図形の『面積』とした考え方を踏襲している．

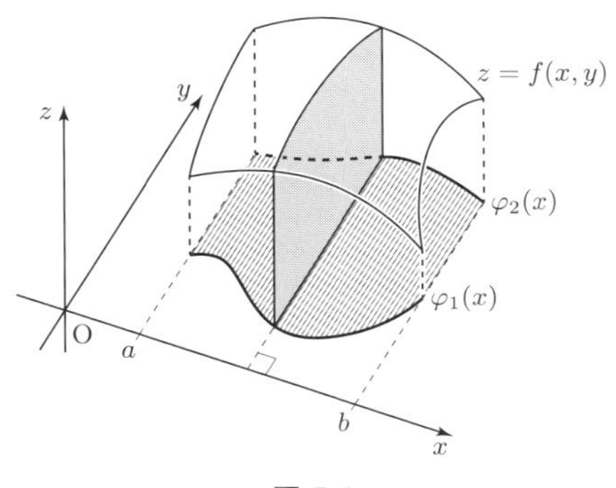

図 5.4

定理 5.3. 縦線集合 $D=\left\{(x,y)\in\mathbf{R}^2\,\middle|\,a\le x\le b,\,\varphi_1(x)\le y\le\varphi_2(x)\right\}$ 上で定義された連続関数 $z=f(x,y)$ について，次が成り立つ：

$$\iint_D f(x,y)\,dx\,dy=\int_a^b\left\{\int_{\varphi_1(x)}^{\varphi_2(x)}f(x,y)\,dy\right\}dx.$$

同様に，横線集合 $E=\left\{(x,y)\in\mathbf{R}^2\,\middle|\,c\le y\le d,\,\psi_1(y)\le x\le\psi_2(y)\right\}$ 上で定義された連続関数 $z=g(x,y)$ についても，次が成り立つ：

$$\iint_E g(x,y)\,dx\,dy=\int_c^d\left\{\int_{\psi_1(y)}^{\psi_2(y)}g(x,y)\,dx\right\}dy.$$

証明. 積分領域が縦線集合の場合のみ示す．$x\in[a,b]$ を固定して，1 変数関数 $y\mapsto f(x,y)$ を考える．これは区間 $[\varphi_1(x),\varphi_2(x)]$ 上で連続な関数であるから，y について積分可能である．変数 x についての 1 変数関数

$$F(x)=\int_{\varphi_1(x)}^{\varphi_2(x)}f(x,y)\,dy$$

を考えると，この F は区間 $[a,b]$ 上で連続関数である．したがって，関数 F は $[a,b]$ 上で積分可能である．

積分領域 D に対して，それを囲む長方形 $R=[a,b]\times[c,d]$ を考え，

$$c=\min\left\{\varphi_1(x)\,\middle|\,a\le x\le b\right\},\quad d=\max\left\{\varphi_2(x)\,\middle|\,a\le x\le b\right\}$$

とする．関数 f を次のように R 上の関数 f^* に拡張する：

$$f^*(x,y)=\begin{cases}f(x,y) & ((x,y)\in D),\\ 0 & ((x,y)\in R\setminus D).\end{cases}$$

この関数 f^* は R 上で連続とは限らないが，R 上で重積分可能である．区間 $[a,b]$ を ℓ 個に，$[c,d]$ を ℓ' 個に分割する：

$$a=x_0<x_1<\cdots<x_\ell=b,\quad c=y_0<y_1<\cdots<y_{\ell'}=d.$$

ここで，$1\le i\le\ell,\,1\le j\le\ell'$ に対して，$R_{ij}=[x_{i-1},x_i]\times[y_{j-1},y_j]$ および

$$\underline{m}_{ij}^*=\min\left\{f^*(x,y)\,\middle|\,(x,y)\in R_{ij}\right\},\qquad \overline{m}_{ij}^*=\max\left\{f^*(x,y)\,\middle|\,(x,y)\in R_{ij}\right\}$$

とおく．任意の $\xi_i\in[x_{i-1},x_i]$ に対して，

$$\underline{m}_{ij}^*(y_j-y_{j-1})\le\int_{y_{j-1}}^{y_j}f^*(\xi_i,y)\,dy\le\overline{m}_{ij}^*(y_j-y_{j-1})$$

が成り立つので，各辺 j について和をとり，

$$\sum_{j=1}^{\ell'} \underline{m}^*_{ij}(y_j - y_{j-1}) \leq \int_c^d f^*(\xi_i, y)\,dy \leq \sum_{j=1}^{\ell'} \overline{m}^*_{ij}(y_j - y_{j-1})$$

を得る．ここで，$F(\xi_i) = \displaystyle\int_c^d f^*(\xi_i, y)\,dy$ に注意して，i について和をとると，

$$\begin{aligned}\sum_{i=1}^{\ell}\sum_{j=1}^{\ell'} \underline{m}^*_{ij}(x_i - x_{i-1})(y_j - y_{j-1}) &\leq \sum_{i=1}^{\ell} F(\xi_i)\cdot(x_i - x_{i-1}) \\ &\leq \sum_{i=1}^{\ell}\sum_{j=1}^{\ell'} \overline{m}^*_{ij}(x_i - x_{i-1})(y_j - y_{j-1})\end{aligned}$$

となる．ゆえに，分割の大きさを小さくすることにより

$$\underline{\iint_D} f(x,y)\,dx\,dy \leq \int_a^b F(x)\,dx \leq \overline{\iint_D} f(x,y)\,dx\,dy$$

を導き，これによって主張が証明された． □

上の定理の

$$\int_a^b \left\{\int_{\varphi_1(x)}^{\varphi_2(x)} f(x,y)\,dy\right\}dx \quad \text{および} \quad \int_c^d \left\{\int_{\psi_1(y)}^{\psi_2(y)} g(x,y)\,dx\right\}dy$$

を**累次積分** (または，繰り返し積分) という[1]．

◆**例 5.1．** $D = \left\{(x,y) \in \mathbf{R}^2 \,\middle|\, x \geq 0,\ x^2 + y^2 \leq 4\right\}$ とおき，$I = \displaystyle\iint_D x\,dx\,dy$ を計算してみよう．D は縦線集合であり，

$$D = \left\{(x,y) \in \mathbf{R}^2 \,\middle|\, 0 \leq x \leq 2,\ -\sqrt{4-x^2} \leq y \leq \sqrt{4-x^2}\right\}$$

と書ける．ゆえに，

$$I = \int_0^2 \left(\int_{-\sqrt{4-x^2}}^{\sqrt{4-x^2}} x\,dy\right)dx = \int_0^2 2x\sqrt{4-x^2}\,dx = \left[\frac{-2}{3}(4-x^2)^{\frac{3}{2}}\right]_{x=0}^{x=2} = \frac{16}{3}$$

となる．

一方，D は横線集合でもあるので，

$$D = \left\{(x,y) \in \mathbf{R}^2 \,\middle|\, -2 \leq y \leq 2,\ 0 \leq x \leq \sqrt{4-y^2}\right\}$$

と考えれば，次のように積分値を求めることもできる：

1) また，この証明では，$R \setminus D$ 上を 0 で拡張したが，連続関数で拡張して示すことも可能である．

$$I = \int_{-2}^{2} \left(\int_{0}^{\sqrt{4-y^2}} x\,dx \right) dy = \int_{-2}^{2} \left[\frac{1}{2} x^2 \right]_{x=0}^{x=\sqrt{4-y^2}} dy$$

$$= \int_{-2}^{2} \frac{1}{2}(4-y^2)\,dy = \left[2y - \frac{1}{6} y^3 \right]_{y=-2}^{y=2} = \frac{16}{3}. \qquad \blacksquare$$

◆**例 5.2.** $E = \left\{ (x, y) \in \mathbf{R}^2 \,\middle|\, 0 \leq x \leq 1,\, x \leq y \leq 1 \right\}$ とおき，$\tilde{I} = \displaystyle\iint_E e^{y^2}\,dx\,dy$ を計算してみよう．E は横線集合であるから，

$$E = \left\{ (x, y) \in \mathbf{R}^2 \,\middle|\, 0 \leq y \leq 1,\, 0 \leq x \leq y \right\}$$

(この E を $\left\{ 0 \leq y \leq 1,\, 0 \leq x \leq y \right\}$ と略記することもある) として，

$$\tilde{I} = \int_0^1 \left(\int_0^y e^{y^2}\,dx \right) dy = \int_0^1 y e^{y^2}\,dy = \left[\frac{1}{2} e^{y^2} \right]_{y=0}^{y=1} = \frac{e-1}{2}$$

を得る．

他方，E を縦線集合だとみると，$\displaystyle\int_x^1 e^{y^2} dy$ の扱いに困ることなる． $\blacksquare$

例 5.1 でみたように，縦線集合でも横線集合でもあるような積分領域については，二通りの累次積分を考えることができる．このような二通りの累次積分において，一方から他方に移すことを**積分の順序を変える**という．そのどちらを選んでも，積分値は変わらない．しかし，例 5.2 でみたとおり，積分の順序によっては，積分値や原始関数が簡単には得られない状況もある．

◆**例 5.3.** 重積分 $I_* = \displaystyle\int_0^1 \left(\int_x^{\sqrt{2-x^2}} f(x, y)\,dy \right) dx$ について，積分の順序を変えてみよう．縦線集合 $D_* = \left\{ 0 \leq x \leq 1,\, x \leq y \leq \sqrt{2-x^2} \right\}$ (図 5.5 左) を横線集合の形で書くと，

$$D_* = \left\{ 0 \leq y \leq 1,\, 0 \leq x \leq y \right\} \cup \left\{ 1 \leq y \leq \sqrt{2},\, 0 \leq x \leq \sqrt{2-y^2} \right\}$$

となる (図 5.5 右)．ゆえに，定理 5.1(3) の加法性から次のようになる：

$$I_* = \int_0^1 \left(\int_0^y f(x, y)\,dx \right) dy + \int_1^{\sqrt{2}} \left(\int_0^{\sqrt{2-y^2}} f(x, y)\,dx \right) dy. \qquad \blacksquare$$

問 5.3. 次の重積分の積分領域を図示して，積分値を求めよ．

(1) $I_1 = \displaystyle\iint_{E_1} y\,dx\,dy, \quad E_1 = \left\{ (x, y) \in \mathbf{R}^2 \,\middle|\, 0 \leq x \leq 1,\, x^2 \leq y \leq x \right\}$

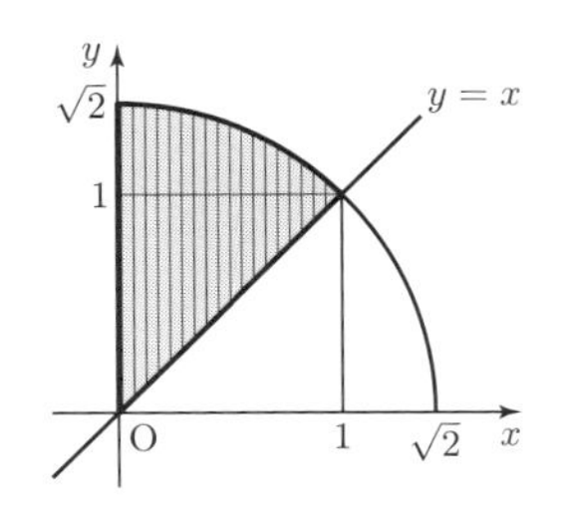

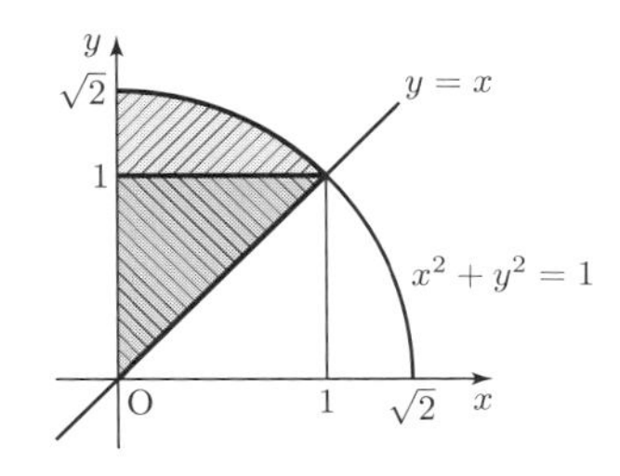

図 5.5

(2) $I_2 = \displaystyle\iint_{E_2} \frac{x}{y}\,dx\,dy, \quad E_2 = \left\{(x,y) \in \mathbf{R}^2 \,\middle|\, 1 \leq y \leq 2,\ y^2 \leq x \leq 4y^2\right\}$

(3) $I_3 = \displaystyle\iint_{E_3} x^2 \sin(\pi y^2)\,dx\,dy, \quad E_3 = \left\{(x,y) \in \mathbf{R}^2 \,\middle|\, 0 \leq y \leq 1,\ 0 \leq x \leq y\right\}$

(4) $I_4 = \displaystyle\iint_{E_4} (x - y^3)\,dx\,dy, \quad E_4 = \left\{(x,y) \in \mathbf{R}^2 \,\middle|\, 0 \leq x \leq 1,\ x^2 \leq y \leq 2\sqrt{x}\right\}$

問 5.4. 問 5.2 の $D_1, \ldots, D_4$ について，それぞれの面積を求めよ．

5.3 置換積分

1 変数関数の積分において，変数変換 (置換) を用いる方法を学習した．本節では，重積分における置換を考えよう．第 3 章の置換積分法を思い出すと，

$$\int_a^b f(x)\,dx = \int_\alpha^\beta f(g(t))g'(t)\,dt \tag{5.1}$$

が成り立つ．ただし，関数 $x = g(t)$ が 1 階連続微分可能，t が $\alpha \to \beta$ と変化するのに対応して $x = g(t)$ は $a \to b$ と変化するとした．置換 g は区間 $[\alpha, \beta]$ を区間 $[a, b]$ に移していることは容易にみてとれる．ここにおいて，右辺の $g'(t)$ は，パラメータ t が少し移動したときの底辺の変化量を表していた．より具体的には，$\lambda > 0$ に対して，$g(t) = \lambda t$ を考えてみればよい．実際，見かけ上の面積が λ 倍されていることがわかる (図 5.6)．

式 (5.1) の考え方を 2 変数関数に適用する．まずは，uv 座標の長方形 R を別の xy 座標の平行四辺形に移すことを考えよう．これは，変数変換

$$\begin{cases} x = \alpha u + \beta v + \tilde{x} \\ y = \gamma u + \delta v + \tilde{y} \end{cases} \iff \begin{pmatrix} x \\ y \end{pmatrix} = J \begin{pmatrix} u \\ v \end{pmatrix} + \begin{pmatrix} \tilde{x} \\ \tilde{y} \end{pmatrix},\ J = \begin{pmatrix} \alpha & \beta \\ \gamma & \delta \end{pmatrix}$$

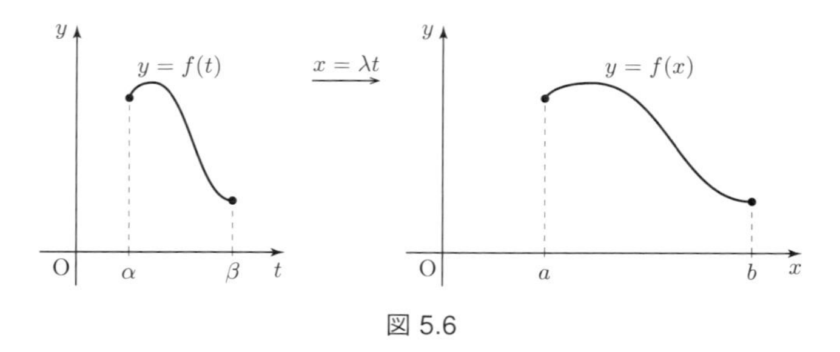

図 5.6

を考えることである．この変換をアフィン変換とよぶ．このアフィン変換を Φ とおき，$\Phi:(u,v)\mapsto(x,y)$ による底面積の変化量を調べよう．

以下，簡単のため，$p,q>0$, $(\widetilde{x},\widetilde{y})=(0,0)$ とする．uv 平面の原点 $\mathrm{O}(0,0)$，点 $\mathrm{P}(0,p)$，点 $\mathrm{T}(p,q)$，点 $\mathrm{Q}(0,q)$ とおく．長方形 OPTQ を R とおき，R の面積がアフィン変換 Φ によってどれだけ変化するかを考える．

この 4 点を Φ で移した先を $'$ を付けて表すことにすると，xy 座標における原点 $\mathrm{O}'(0,0)$，点 $\mathrm{P}'(\alpha p,\gamma p)$，点 $\mathrm{T}'(\alpha p+\beta q,\gamma p+\delta q)$，点 $\mathrm{Q}'(\beta q,\delta q)$ である (図 5.7 参照)．平行四辺形 $\mathrm{O'P'T'Q'}$ の面積を S とおくと，

$$
\begin{aligned}
S &= |\mathrm{O'P'}|\cdot|\mathrm{O'Q'}|\cdot|\sin\angle\mathrm{P'O'Q'}| \\
&= |\mathrm{O'P'}|\cdot|\mathrm{O'Q'}|\cdot\sqrt{1-\cos^2\angle\mathrm{P'O'Q'}} \\
&= \sqrt{|\mathrm{O'P'}|^2\cdot|\mathrm{O'Q'}|^2-\left(|\mathrm{O'P'}|\cdot|\mathrm{O'Q'}|\cdot\cos\angle\mathrm{P'O'Q'}\right)^2} \\
&= \sqrt{|\mathrm{O'P'}|^2\cdot|\mathrm{O'Q'}|^2-\left(\overrightarrow{\mathrm{O'P'}}\cdot\overrightarrow{\mathrm{O'Q'}}\right)^2} \\
&= pq\sqrt{(\alpha^2+\gamma^2)(\beta^2+\delta^2)-(\alpha\beta+\gamma\delta)^2} \\
&= pq|\alpha\delta-\beta\gamma|
\end{aligned}
$$

を得る．ここにおいて，$|\det J|=|\alpha\delta-\beta\gamma|\neq 0$ とする．$\det J=0$ の場合は，$\Phi(R)=\left\{(x,y)=\Phi(u,v)\,\middle|\,(u,v)\in R\right\}$ が平行四辺形にならないため，考えない．

もとの長方形 OPTQ の面積が pq であるから，変換 Φ によって面積は $|\det J|=|\alpha\delta-\beta\gamma|=\left|\det\begin{pmatrix}\alpha & \beta\\ \gamma & \delta\end{pmatrix}\right|$ 倍されたことがわかる．

これをもとに類推すると，uv 平面上の長方形を R として，平行四辺形 $\Phi(R)$ 上の関数 $z=f(x,y)$ が重積分可能であれば，

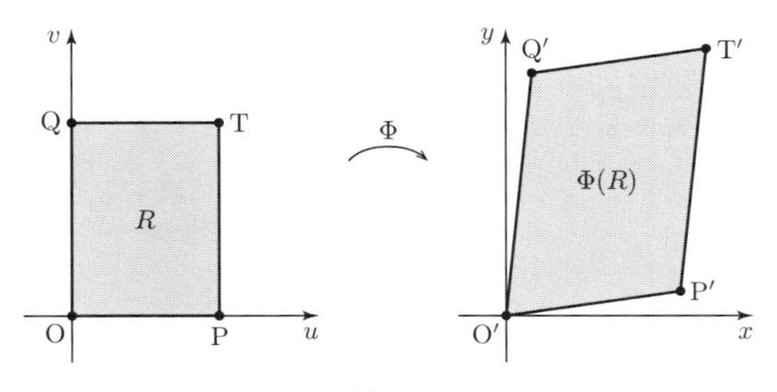

図 5.7

$$\iint_{\Phi(R)} f(x,y)\,dx\,dy = \iint_R f(\Phi(u,v))\,|\det J|\,du\,dv \qquad (5.2)$$

となることがわかる．

問 5.5. $\alpha > 0,\ \delta > 0,\ \beta = \gamma = 0$ として，長方形 R および連続関数 $z = f(x,y)$ を具体的に定めて，累次積分を実行して (5.2) を確かめよ．

次に，一般の変換 Φ と積分領域 E において，重積分の変数変換を考えよう．まずは，変換による面積の変化量がどうなるかを考える．

$$\Phi : (u,\ v) \mapsto (\varphi(u,v),\ \psi(u,v))$$

とする．ここで，2 変数関数 $x = \varphi(u,v),\ y = \psi(u,v)$ は C^1 級であるとする．第 4 章で学んだように，(u,v) の変化量 $(\Delta u, \Delta v) = (h,k)$ がとても小さい場合は，x, y の変化量 $(\Delta x, \Delta y)$ も小さいと考えられる．実際，テイラー展開を用いて

$$\Delta x = \varphi(u+h, v+k) - \varphi(u,v) \fallingdotseq h\frac{\partial \varphi}{\partial u}(u,v) + k\frac{\partial \varphi}{\partial v}(u,v),$$

$$\Delta y = \psi(u+h, v+k) - \psi(u,v) \fallingdotseq h\frac{\partial \psi}{\partial u}(u,v) + k\frac{\partial \psi}{\partial v}(u,v)$$

と近似される．点 (u,v) を始点として，u 方向の長さが h，v 方向の長さが k の小さな長方形 ΔR を考えよう．ΔR が Φ で移される像は，

$$\begin{pmatrix} \dfrac{\partial \varphi}{\partial u}(u,v) & \dfrac{\partial \varphi}{\partial v}(u,v) \\ \dfrac{\partial \psi}{\partial u}(u,v) & \dfrac{\partial \psi}{\partial v}(u,v) \end{pmatrix} = J_\Phi \qquad (5.3)$$

という行列で与えられる線形変換による像である平行四辺形 $J_\Phi(\Delta R)$ の近くに移される (図 5.8 参照)．

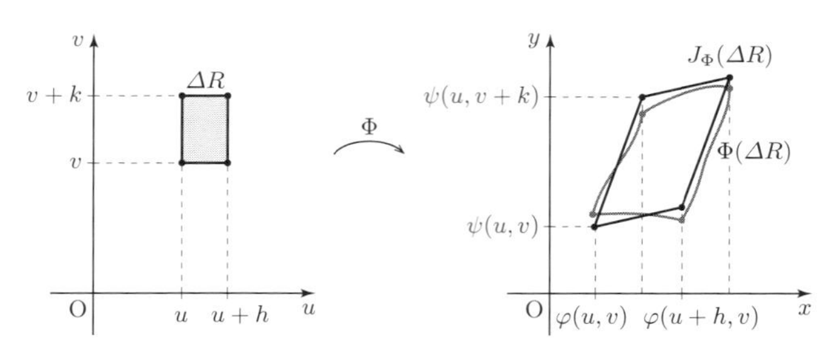

図 5.8

以上のことから，面積の変化量は

$$|\det J_\Phi| = \left|\det\begin{pmatrix}\partial\varphi/\partial u & \partial\varphi/\partial v\\ \partial\psi/\partial u & \partial\psi/\partial v\end{pmatrix}\right|$$

で与えられることがわかる．慣例に従って，(5.3) の J_Φ を**ヤコビ** (Jacobi) **行列**とよぶことにする．また，行列 J_Φ の行列式を $\det J_\Phi = \dfrac{\partial(\varphi,\psi)}{\partial(u,v)}$ と書き，これをヤコビ行列式あるいは**ヤコビアン**とよぶ．混乱が生じない場合は，$x = x(u,v)$, $y = y(u,v)$ とおき，ヤコビアンを $\dfrac{\partial(x,y)}{\partial(u,v)}$ と書くこともある．

この考え方から，積分領域 E を細かく分割して，それぞれで変数変換 (アフィン変換による近似) を行い，それらを足し合わせることによって重積分の変数変換の公式が得られる．

定理 5.4. 変数変換 $\Phi : \mathbf{R}^2 \to \mathbf{R}^2$, $(x,y) = \Phi(u,v) = \big(\varphi(u,v), \psi(u,v)\big)$ が開集合 $\Omega \subset \mathbf{R}^2$ 上で C^1 級であり，有界閉集合 $E \subset \Omega$ から $D = \Phi(E)$ への 1 対 1 対応かつ E の各点で $\dfrac{\partial(\varphi,\psi)}{\partial(u,v)} \neq 0$ が成り立つとする．このとき，2 変数関数 $z = f(x,y)$ が $D = \Phi(E)$ 上で連続ならば，次が成り立つ：

$$\iint_D f(x,y)\,dx\,dy = \iint_E f(\varphi(u,v),\psi(u,v))\left|\frac{\partial(\varphi,\psi)}{\partial(u,v)}(u,v)\right|du\,dv. \tag{5.4}$$

証明は省略する．なお，直感的には開集合 Ω の導入は不要に思えるが，数学的厳密性を保持するために，Φ の定義域として開集合 $\Omega \subset \mathbf{R}^2$ かつ $E \subset \Omega$ を用意しておく必要がある．集合 D と E がともに開集合であれば，Ω の導入は不要となる (定理 5.7 を参照)．

与えられた重積分 $\iint_D f(x,y)\,dx\,dy$ に対して，どのような変数変換を行えばよいかは，一概にはいえない．しかし，積分値を算出するという目的のためには，公式 (5.4) の右辺が 1 変数の積分に帰着しやすいような変数変換を選ぶことが多い．以下，代表的な変数変換の例をあげる．

◆**例 5.4.** $D=\left\{(x,y)\in\mathbf{R}^2 \;\middle|\; 0\le x+y\le\pi,\ 0\le y-x\le 2\right\}$ とおき，

$$I=\iint_D e^{y-x}\sin(x+y)\,dx\,dy$$

を計算してみよう．D は縦線集合かつ横線集合であるから，それらによる重積分は可能であるが，どちらを選んでも複雑な計算になる．

そこで，変数変換 $u=x+y,\ v=y-x$ を考える．$x=\dfrac{1}{2}(u-v),\ y=\dfrac{1}{2}(u+v)$ であり，この変換により $E=\left\{(u,v)\in\mathbf{R}^2 \;\middle|\; 0\le u\le\pi,\ 0\le v\le 2\right\}$ は D の上へ 1 対 1 に移される (図 5.9)．ヤコビアンは

$$\frac{\partial(x,y)}{\partial(u,v)}=\begin{vmatrix}1/2 & -1/2\\ 1/2 & 1/2\end{vmatrix}=\frac{1}{2}$$

であるから，積分値は次のように容易に計算できる：

$$\begin{aligned}I&=\iint_E e^v(\sin u)\left|\frac{1}{2}\right|du\,dv\\&=\int_0^2\left(\int_0^\pi \frac{1}{2}e^v\sin u\,du\right)dv=\int_0^2 e^v\,dv=e^2-1.\end{aligned}$$

■

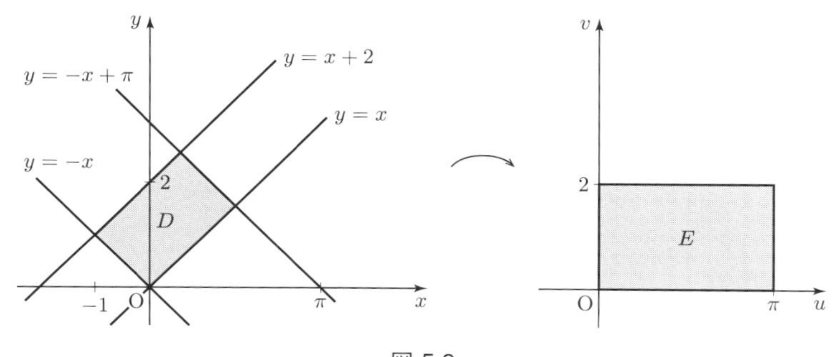

図 5.9

◆**例 5.5.** $A = \left\{(x,y) \in \mathbf{R}^2 \;\middle|\; 1 \leq x^2+y^2 \leq 4\right\}$ とおき，$\tilde{I} = \displaystyle\iint_A e^{-x^2-y^2}\,dx\,dy$ を計算してみよう．

ここでは，極座標変換 $x = r\sin\theta,\ y = r\cos\theta$ を考える．$B = \left\{(r,\theta) \in \mathbf{R}^2 \;\middle|\; 1 \leq r \leq 2,\ 0 \leq \theta < 2\pi\right\}$ とすると，極座標変換により，B は A の上へ 1 対 1 に移される．被積分関数は $e^{-x^2-y^2} = e^{-r^2}$ と変換される (図 5.10)．一方，ヤコビアンは

$$\frac{\partial(x,y)}{\partial(r,\theta)} = \begin{vmatrix} \cos\theta & -r\sin\theta \\ \sin\theta & r\cos\theta \end{vmatrix} = r\cos^2\theta + r\sin^2\theta = r$$

であるから，重積分の値は次で与えられる：

$$\begin{aligned}\tilde{I} &= \iint_B e^{-r^2}|r|\,dr\,d\theta \\ &= \int_1^2 \left(\int_0^{2\pi} re^{-r^2}\,d\theta\right) dr = 2\pi\int_1^2 re^{-r^2}\,dr = \frac{\pi}{e} - \frac{\pi}{e^4}.\end{aligned}$$

■

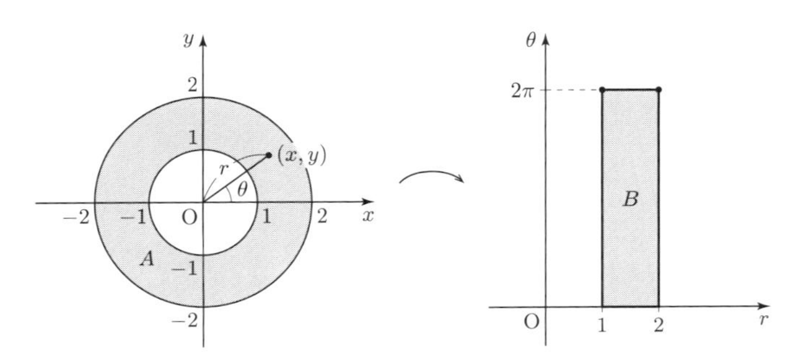

図 5.10

問 5.6. 次の重積分の積分領域を図示して，積分値を求めよ．

(1) $K_1 = \displaystyle\iint_{A_1} \frac{2x+y}{(x+2y)^2}\,dx\,dy, \quad A_1 = \left\{1 \leq x-y \leq 3,\ 1 \leq x+2y \leq 2\right\}$

(2) $K_2 = \displaystyle\iint_{A_2} y\,dx\,dy, \quad A_2 = \left\{\sqrt{x} + \sqrt{y/2} \leq 1\right\}$

(3) $K_3 = \displaystyle\iint_{A_3} \frac{dx\,dy}{\sqrt{9-x^2-y^2}}, \quad A_3 = \left\{x \geq 0,\ x^2+y^2 \leq 4\right\}$

(4) $K_4 = \displaystyle\iint_{A_4} (x^2+4y^2+1)\,dx\,dy, \quad A_4 = \left\{y \geq 0,\ x^2+4y^2 \leq 2x\right\}$

5.4 広義積分

2変数の非有界な関数や非有界な積分領域上の重積分を広義積分とよぶのは，1変数関数の場合と同じである．その定義も1変数の場合と同様に，被積分関数が有界となる部分集合を考えて，部分集合を積分領域に近づけたときに重積分値の極限が存在するならば，その極限値として考えるのが自然であろう．

特に断りがない限り，ここでは被積分関数を非負連続関数として議論する．また，積分領域 $D \subset \mathbf{R}^2$ (閉集合とは限らない) に対して，次の3つの条件を満たす集合の列 $\{D_n\}_{n=1,2,\ldots}$ があるとする：

(1) $D_n \subset D_{n+1} \subset D \quad (n = 1, 2, \ldots)$,

(2) D_n は有界閉集合，かつ縦線集合と横線集合の和，

(3) 任意の有界閉集合 $D' \subset D$ に対して，$D' \subset D_n$ となる D_n がある．

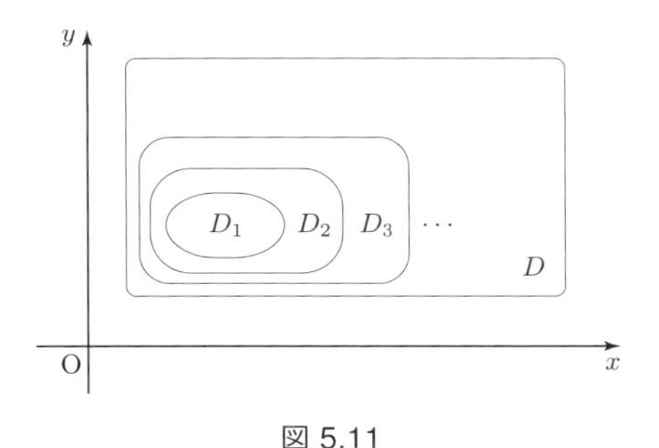

図 5.11

積分領域 D に対して，上記の3条件を満たす集合列 $\{D_n\}$ を D の**近似増加列**または**単調近似列**という．一般に，近似増加列は存在するとは限らないし，存在するとしても無数にあることに注意しておこう．

問 5.7. 自然数 n に対して，

$$D_n = \left[\frac{1}{n}, 1\right] \times [0,1] \cup \left[0, \frac{1}{n}\right] \times \left[\frac{1}{n}, 1\right], \quad D = [0,1] \times [0,1] \setminus \{(0,0)\}$$

とおく．このとき，$\{D_n\}$ は D の近似増加列であることを示せ．また，$\{D_n\}$ 以外の近似増加列を2つあげよ．

定義 5.3. $f(x, y)$ を D 上の連続関数とする．D のどのような近似増加列 $\{D_n\}$ についても $\displaystyle\lim_{n\to\infty}\iint_{D_n} f(x,y)\,dx\,dy$ が存在し，かつその値が近似増加

列 $\{D_n\}$ によらず一定のとき，その値を $\iint_D f(x,y)\,dx\,dy$ で表す．このとき，**広義積分** $\iint_D f(x,y)\,dx\,dy$ **が収束する**という．

もし $f(x,y)$ が D 上で重積分可能であれば，5.1 節で定義した重積分値に一致する．以後，広義積分の収束の条件，さらに重積分値を求めることが主題となる．

定理 5.5. $f(x,y)$ を D 上の非負連続関数とする．D の一つの近似増加列 $\{D_n\}$ について $\lim_{n\to\infty}\iint_{D_n} f(x,y)\,dx\,dy$ が存在するとき，その値は $\iint_D f(x,y)\,dx\,dy$ となる．

証明. $\{A_m\}$ を D の近似増加列とする．各 A_m に対して，$A_m \subset D_n$ となる D_n が存在する．f が非負なので，

$$\iint_{A_m} f(x,y)\,dx\,dy \le \iint_{D_n} f(x,y)\,dx\,dy \le \lim_{n\to\infty}\iint_{D_n} f(x,y)\,dx\,dy$$

が従う．よって，

$$\lim_{m\to\infty}\iint_{A_m} f(x,y)\,dx\,dy \le \lim_{n\to\infty}\iint_{D_n} f(x,y)\,dx\,dy$$

を得る．他方，$\{A_m\}$ と $\{D_n\}$ の役割を入れ換えると逆向きの不等式も成り立つので，この 2 つの極限値は一致する．ゆえに，定義から $\iint_D f(x,y)\,dx\,dy$ は収束し，その値は $\lim_{n\to\infty}\iint_{D_n} f(x,y)\,dx\,dy$ となる． □

なお，関数 f が非負の代わりに非正であっても，同様の主張が成り立つ．

◆**例 5.6.** $p>-2$ ならば，$I_p = \iint_D (x+y)^p\,dx\,dy,\ \ D=\{0<x,y\le 1\}$ が収束することを示そう．被積分関数は D 上で非負連続関数である．$p<0$ のときは有界ではないので，有界になる集合 $D_n = \{1/n \le x,y \le 1\}$ $(n\in\mathbb{N})$ を考えると，$\{D_n\}$ は D の近似増加列となる．実際，条件 (1), (2) は容易なので，(3) を確認する．任意の閉集合 $D' \subset D$ に対して，$\min\{|w'-w| \mid w'\in D',\ w\in \overline{D}\backslash D\} \ge 1/n$ となる $n\in\mathbb{N}$ が存在するので，$D'\subset D_n$ となる．定理 5.5 より，各 n につい

て，D_n 上の重積分値 $I_{p,n} = \iint_{D_n} (x+y)^p\,dx\,dy$ を求めればよい．$p \neq -1$ ならば

$$I_{p,n} = \int_{1/n}^{1} \left\{ \int_{1/n}^{1} (x+y)^p\,dy \right\} dx = \int_{1/n}^{1} \left[\frac{(x+y)^{p+1}}{p+1} \right]_{y=1/n}^{y=1} dx$$
$$= \frac{1}{p+1} \int_{1/n}^{1} \left\{ (x+1)^{p+1} - \left(x + \frac{1}{n} \right)^{p+1} \right\} dx$$
$$= \frac{1}{(p+1)(p+2)} \left\{ 2^{p+2} + \left(\frac{2}{n} \right)^{p+2} - 2\left(1 + \frac{1}{n} \right)^{p+2} \right\}$$

となる．ここで，$n \to \infty$ として，

$$I_p = \lim_{n\to\infty} I_{p,n} = \frac{2^{p+2} - 2}{(p+1)(p+2)} \quad (p > -2,\, p \neq -1)$$

を得る．$p = -1$ の場合も，同様に収束することが確かめられる． ∎

問 5.8. 上の例 5.6 で $p = -1$ の場合について考察せよ，すなわち，$\lim_{n\to\infty} I_{-1,n} = \lim_{p\to -1} I_p$ を示せ．さらに，すべての $p > -2$ において，$I_p > 0$ を確かめよ．

定理 5.5 の証明からわかるように，D 上の関数 f が非負連続のとき，一つの近似増加列 $\{D_n\}$ に対して $\left\{ \iint_{D_n} f(x,y)\,dx\,dy \right\}$ が ∞ に発散するならば，他の近似増加列に対しても重積分値は ∞ に発散する．よって，値が ∞ になることも含めて

$$\iint_D f(x,y)\,dx\,dy = \lim_{n\to\infty} \iint_{D_n} f(x,y)\,dx\,dy$$

が成り立つとする．他方，数列 $\left\{ \iint_{D_n} f(x,y)\,dx\,dy \right\}$ が有界列であることが重積分の収束に対応する．

◆例 5.7. (1) $Q = \{x, y \geq 0\}$ とする．$\displaystyle\iint_Q \frac{dx\,dy}{1+x^2+y^2}$ は ∞ に発散する．

(2) 一方，$\displaystyle\iint_Q \frac{dx\,dy}{1+x^3+y^3}$ は収束することを示そう．

解答例． まず，被積分関数は両方とも Q 上で非負連続であり，直線 $y = x$ に関して対称である．$Q_n = \{0 \leq x, y \leq n\}$ とすると，$\{Q_n\}$ は Q の近似増加列になる．

(1)　$f(x,y)=\dfrac{1}{1+x^2+y^2}$ とおく．$x\geq 1$ または $y\geq 1$ ならば $f(x,y)\geq \dfrac{1}{2(x^2+y^2)}$ であるから，

$$\iint_{Q_n} f=\iint_{Q_n\setminus Q_1} f+\iint_{Q_1} f>\int_{Q_n\setminus Q_1} f\geq 2\int_1^n\left\{\int_0^x \frac{dy}{2(x^2+y^2)}\right\}dx$$
$$=\int_1^n\left[\frac{1}{x}\tan^{-1}\frac{y}{x}\right]_{y=0}^{y=x}dx=\frac{\pi}{4}\int_1^n\frac{dx}{x}=\frac{\pi}{4}\log n\ \to\ \infty\quad(n\to\infty).$$

(2)　$g(x,y)=\dfrac{1}{1+x^3+y^3}$ とおく．Q 上で $g(x,y)\leq\dfrac{1}{x^3+y^3}$ より

$$\iint_{Q_n} g=\iint_{Q_n\setminus Q_1} g+\iint_{Q_1} g<2\int_1^n\left\{\int_0^x g(x,y)\,dy\right\}dx+1$$
$$<2\int_1^n\left\{\int_0^x\frac{dy}{x^3+y^3}\right\}dx+1=2\int_1^n\left(\frac{1}{x^2}\int_0^1\frac{dt}{1+t^3}\right)dx+1$$
$$<2\int_1^n\frac{dx}{x^2}+1<2\int_1^\infty\frac{dx}{x^2}+1=3$$

を導く．ゆえに，$\left\{\iint_{Q_n} g(x,y)\,dx\,dy\right\}$ が有界列であるから，$\iint_Q g(x,y)\,dx\,dy$ は収束する．∎

問 5.9.　$\displaystyle\iint_{0\leq y<x\leq 1}\frac{dx\,dy}{(x-y)^\alpha}$ が収束する α の範囲と，そのときの値を求めよ．

問 5.10.　$\displaystyle\iint_{\mathbf{R}^2}\frac{dx\,dy}{1+x^2+y^2+x^2y^2}$ の値を求めよ．

例 5.7 (1) でみたように，広義積分の値が定義できない場合があることに注意する．ここで，広義積分の値が "定義できない"(収束しない) とは，重積分が「$\pm\infty$ に発散する」または「有限確定しない，かつ $\pm\infty$ に発散することもない」のどちらかになることを意味する．これまでは被積分関数が定符号の場合について考察してきたが，被積分関数が定符号でない場合は，より容易に広義積分の値を定義できない状況をつくり出すことができる．

◆例 5.8.　$D=\left\{(x,y)\in\mathbf{R}^2\ \middle|\ 0\leq x,y\leq 1,\,(x,y)\neq(0,0)\right\}$ とする．重積分 $\displaystyle\iint_D\frac{y^2-x^2}{(x^2+y^2)^2}\,dx\,dy$ を考えよう．$0<\lambda<1$ とする．各 n に対して

$$D_{\lambda,n} = \left\{(x,y) \,\middle|\, \frac{1}{n} \leq x \leq 1,\ 0 \leq y \leq x\right\} \cup \left\{(x,y) \,\middle|\, \frac{\lambda}{n} \leq y \leq 1,\ 0 \leq x \leq y\right\}$$

とおくと，$\{D_{\lambda,n}\}$ は D の近似増加列である．

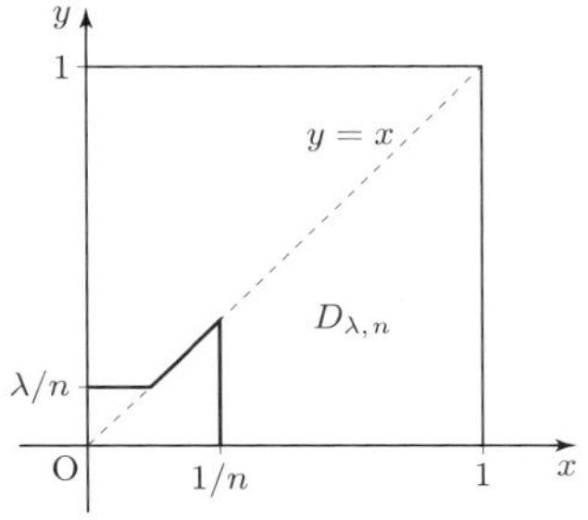

$$\begin{aligned}
&\iint_{D_{\lambda,n}} \frac{y^2 - x^2}{(x^2+y^2)^2}\,dx\,dy \\
&\quad= \int_{1/n}^{1} \left\{\int_0^x \frac{y^2-x^2}{(x^2+y^2)^2}\,dy\right\} dx \\
&\qquad+ \int_{\lambda/n}^{1} \left\{\int_0^y \frac{y^2-x^2}{(x^2+y^2)^2}\,dx\right\} dy \\
&\quad= \int_{1/n}^{1} \left[\frac{-y}{x^2+y^2}\right]_{y=0}^{y=x} dy \\
&\qquad+ \int_{\lambda/n}^{1} \left[\frac{x}{x^2+y^2}\right]_{x=0}^{x=y} dy \\
&\quad= -\frac{1}{2}\int_{1/n}^{1} \frac{dx}{x} + \frac{1}{2}\int_{\lambda/n}^{1} \frac{dy}{y} = \frac{1}{2}\log\frac{1}{n} - \frac{1}{2}\log\frac{\lambda}{n} = -\frac{1}{2}\log\lambda
\end{aligned}$$

図 5.12

したがって，近似増加列 $\{D_{\lambda,n}\}$ の選び方によって重積分の極限値が異なる．これは，この広義重積分が「有限確定しない，かつ $\pm\infty$ に発散することもない」ことを意味する． ∎

問 5.11. $E = \{(x,y) \in \mathbf{R}^2 \,|\, 0 < x, y \leq 1\}$，$h(x,y) = \dfrac{1}{x} - \dfrac{1}{y}$ とする．$E_n = \left\{\dfrac{1}{n} \leq x, y \leq 1\right\}$ とすると，$\{E_n\}$ は E の近似増加列であり，

$$\iint_{E_n} h(x,y)\,dx\,dy = 0 \qquad (n = 1, 2, \ldots)$$

となることを示せ．また，$E'_n = E_n \cup \left\{\dfrac{1}{n^2} \leq x \leq \dfrac{1}{n},\ x \leq y \leq 1\right\}$ とすると，$\{E'_n\}$ も E の近似増加列であり，

$$\iint_{E'_n} h(x,y)\,dx\,dy \to \infty \qquad (n \to \infty)$$

となることを示せ．

次は，確率論などで広範にわたって非常によく用いられる積分値を学習しておく．特に，変数変換を用いることで，広義積分を容易に求められることをみる．

◆例 **5.9.** $\displaystyle\int_{-\infty}^{\infty} e^{-x^2}\,dx = \sqrt{\pi}$ を示そう．まず，被積分関数 e^{-x^2} が非負連続かつ偶関数であることに注意する．$\displaystyle I = \int_0^{\infty} e^{-x^2}\,dx$ とおく．$n \in \mathbb{N}$ に対して，$\displaystyle I_n = \int_0^{n} e^{-x^2}\,dx$ とする．各 n に対して，第 1 象限の 2 つの集合

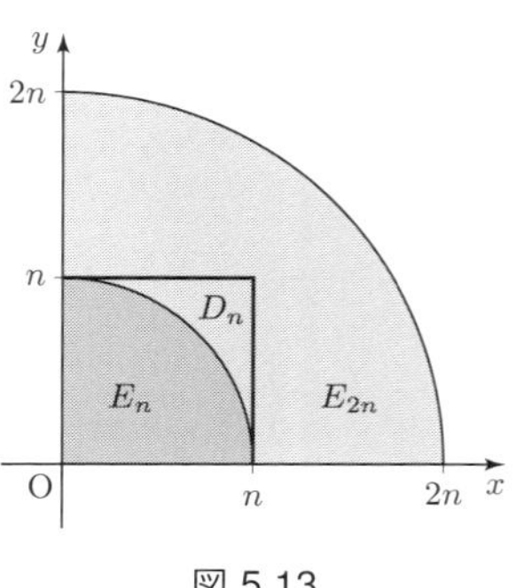

図 5.13

$$D_n = \{(x,y) \in \mathbf{R}^2 \mid 0 \le x \le n,\ 0 \le y \le n\},$$

$$E_n = \{(r\cos\theta, r\sin\theta) \mid 0 \le r \le n,\ 0 \le \theta \le \tfrac{\pi}{2}\}$$

とおくと，$E_n \subset D_n \subset E_{2n}$ となる．ここで

$$I_n^2 = \left(\int_0^n e^{-x^2}\,dx\right)\left(\int_0^n e^{-y^2}\,dy\right) = \iint_{D_n} e^{-x^2-y^2}\,dx\,dy.$$

他方，$\displaystyle L_n = \iint_{E_n} e^{-x^2-y^2}\,dx\,dy$ とおくと，各 n に対して

$$L_n \le I_n^2 \le L_{2n}$$

が成り立つ．L_n を極座標変換を用いて計算すると，

$$L_n = \int_0^n \left\{\int_0^{\pi/2} e^{-r^2}|r|\,d\theta\right\} dr = \frac{\pi}{2}\int_0^n re^{-r^2}\,dr = \frac{\pi}{4}\left(1 - e^{n^2}\right).$$

したがって，L_n, L_{2n} のどちらも $n \to \infty$ で $\pi/4$ に収束する．はさみうちの原理より $\displaystyle I^2 = \lim_{n\to\infty} I_n^2 = \frac{\pi}{4}$ が導かれ，ゆえに $\displaystyle\int_{-\infty}^{\infty} e^{-x^2}\,dx = 2I = \sqrt{\pi}$ となる．

∎

問 **5.12.** 確率論や統計力学の分野などで頻繁に現れる正規分布の確率密度関数 (ガウス関数，ガウシアン)

$$G_\sigma(x) = \frac{1}{\sqrt{2\pi}\sigma}\exp\left(-\frac{x^2}{2\sigma^2}\right)$$

を考える．ただし，$\sigma > 0$ とする．このとき，任意の $\sigma > 0$ に対して，

$$\int_{-\infty}^{\infty} G_\sigma(x)\,dx = 1 \tag{5.5}$$

を確かめよ．また，$\sigma, \tau > 0$ に対して，次の等式が成り立つことを示せ：

$$(G_\sigma * G_\tau)(x) = \int_{-\infty}^{\infty} G_\sigma(x-y)G_\tau(y)\,dy = G_{\sqrt{\sigma^2+\tau^2}}(x). \tag{5.6}$$

問 5.13. $a > 0$ とする．$\displaystyle\iint_{x^2+y^2<a^2} \frac{dx\,dy}{\sqrt{a^2-x^2-y^2}}$ を求めよ．

問 5.14. $\displaystyle\iint_{x>0,|y|<x} e^{-x^2-xy-y^2}\,dx\,dy$ を求めよ．

本節の最後に，関数 $f(x,y)$ とその絶対値をとった関数 $|f(x,y)|$ の広義積分の関係について述べておく．

定理 5.6. 関数 $f(x,y)$ が D 上で連続とする．広義積分 $\displaystyle\iint_D |f(x,y)|\,dx\,dy$ が収束すれば，$\displaystyle\iint_D f(x,y)\,dx\,dy$ も収束する．さらに，次の不等式が成立する：

$$\left|\iint_D f(x,y)\,dx\,dy\right| \leq \iint_D |f(x,y)|\,dx\,dy.$$

5.5 多重積分

前節までは 2 重積分を学習してきた．本節で，一般の自然数 $n \geq 3$ に対して，n 重積分を考えよう．これは，立体の体積や重心などを求めるのに有用である．

n 次元空間 $\mathbf{R}^n$ の有界閉集合 U および U 上の連続関数に対して，$n=2$ の場合と同じようにリーマン積分が行える．例えば，$n=3$ において，定理 5.2 (累次積分) の類似を具体的に述べると，

$$U = \left\{(x,y,z) \in \mathbf{R}^3 \;\middle|\; (x,y) \in D,\, \zeta_1(x,y) \leq z \leq \zeta_2(x,y)\right\}$$

であれば，U 上の連続関数 $f(x,y,z)$ について

$$\iiint_U f(x,y,z)\,dx\,dy\,dz = \iint_D \left\{\int_{\zeta_1(x,y)}^{\zeta_2(x,y)} f(x,y,z)\,dz\right\} dx\,dy \tag{5.7}$$

となり，2 重積分の議論に帰着する．

他方，$a \leq x \leq b$ に対して，各 x において，x 軸と直交する平面で切った U の断面を $U_x = \left\{(y,z) \in \mathbf{R}^2 \;\middle|\; (x,y,z) \in U\right\}$ とおくと，

$$\iiint_U f(x,y,z)\,dx\,dy\,dz = \int_a^b \left\{\iint_{U_x} f(x,y,z)\,dy\,dz\right\} dx \tag{5.8}$$

と表すことができて，上と同様に，2 重積分の議論に帰着する[2]．

2) 厳密には，この記述は正確ではない．U が整った集合ならば問題ないが，一般の閉集合のなかには複雑なものもある．ただし，重積分がそれぞれ定義できれば正しい．

以降も，$n=3$ の場合についての考察を進めていこう．

3 重積分 $\iiint_U dx\,dy\,dz$ の値は，積分領域 U の**体積** $\mathrm{vol}\,(U)$ を表す．なお，ここでは被積分関数 $f\equiv 1$ を略記した．

3 重積分 $\iiint_U f(x,y,z)\,dx\,dy\,dz$ の値は，定義 5.1 と同じく，U を細かく分割して足し合わせる操作の極限としても得られる．具体的には，U の分割 $U=\bigcup_{i=1,\ldots,\ell} V_i$ を考え，$(\xi_i,\eta_i,\zeta_i)\in V_i$ とする．分割を細かくして $\max_{i=1,\ldots,\ell}\mathrm{diam}(V_i)\to 0\ (\ell\to\infty)$ を満たすとする，ただし，$\mathrm{diam}(V_i)$ は V_i を囲むような球の直径の最小値とする．分割の仕方および (ξ_i,η_i,ζ_i) の選び方によらず

$$\iiint_U f(x,y,z)\,dx\,dy\,dz=\lim_{\ell\to\infty}\sum_{i=1}^{\ell} f(\xi_i,\eta_i,\zeta_i)\cdot\mathrm{vol}\,(V_i) \tag{5.9}$$

が定まるとき，f は U 上で**3 重積分可能**という．この 3 重積分値は，累次積分で定義した (5.7) および (5.8) の値と一致する．

数学的厳密性を保持した 3 重積分の定義式 (5.9) を拡張して，一般の n 重積分についても同様に定義することができる．厳密性および整合性はとりあえず横に置くとして，まずは累次積分によって 3 重積分の値を求める手法を学ぼう．

◆**例 5.10.** 三角錐 $T=\{(x,y,z)\in\mathbf{R}^3 \mid x+y+z\le 1,\ x\ge 0,\ y\ge 0,\ z\ge 0\}$ 上の 3 重積分 $\iiint_T x\,dx\,dy\,dz$ の値を求める．

$$B=\{(x,y)\in\mathbf{R}^2 \mid 0\le x\le 1,\ 0\le y\le 1-x\}$$

とおくと，

$$T=\{(x,y,z) \mid (x,y)\in B,\ 0\le z\le 1-x-y\}$$

と表すことができる．したがって，

$$\begin{aligned}\iiint_T x\,dx\,dy\,dz&=\iint_B\left(\int_0^{1-x-y}x\,dz\right)dx\,dy\\&=\iint_B x(1-x-y)\,dx\,dy\\&=\int_0^1\left\{\int_0^{1-x}(x-x^2-xy)\,dy\right\}dx\\&=\int_0^1\left[xy-x^2y-\frac{1}{2}xy^2\right]_{y=0}^{y=1-x}dx\\&=\int_0^1\frac{1}{2}x(1-x)^2\,dx=\frac{1}{24}.\end{aligned}$$

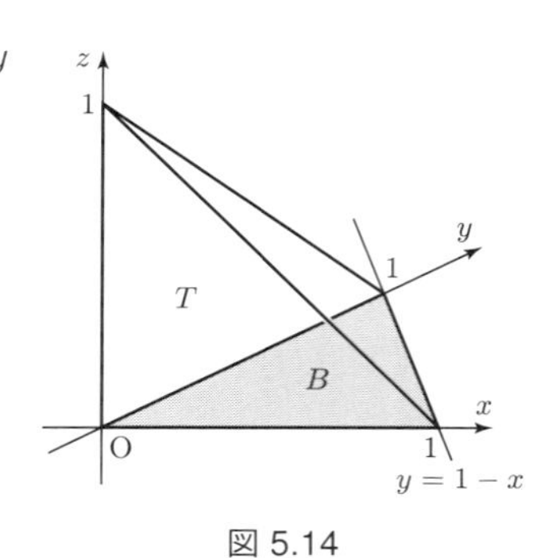

図 5.14

問 5.15. 楕円体 $E = \left\{(x,y,z) \in \mathbf{R}^3 \;\middle|\; x^2+y^2+\dfrac{z^2}{c^2} \le 1\right\}$ 上の3重積分 $\displaystyle\iiint_E z^2\,dx\,dy\,dz$ の値を求めよ．ただし，$c>0$ とする．

次いで，3重積分の変数変換の公式を述べる．変数変換を

$$\Psi : \mathbf{R}^3 \to \mathbf{R}^3,\ (x,y,z) = \Psi(u,v,w) = \big(\varphi(u,v,w),\, \psi(u,v,w),\, \zeta(u,v,w)\big)$$

とする．2重積分の変数変換と同じく，ヤコビアン

$$\det J_\Psi = \frac{\partial(\varphi,\psi,\zeta)}{\partial(u,v,w)} = \det\begin{pmatrix} \partial\varphi/\partial u & \partial\varphi/\partial v & \partial\varphi/\partial w \\ \partial\psi/\partial u & \partial\psi/\partial v & \partial\psi/\partial w \\ \partial\zeta/\partial u & \partial\zeta/\partial v & \partial\zeta/\partial w \end{pmatrix}$$

が重要な役割を果たす．

定理 5.7. 変数変換 $\Psi : \mathbf{R}^3 \to \mathbf{R}^3$, $(x,y,z) = \Psi(u,v,w)$ が開集合 $V \subset \mathbf{R}^3$ から開集合 $U = \Psi(V) \subset \mathbf{R}^3$ への C^1 級写像であり，1対1対応かつ V の各点で $\det J_\Psi \ne 0$ が成り立つとする．このとき，3変数関数 $f(x,y,z)$ が $U = \Psi(V)$ 上で連続ならば，次が成り立つ：

$$\iiint_U f(x,y,z)\,dx\,dy\,dz = \iiint_V f(\Psi(u,v,w))\,|\det J_\Psi|\,du\,dv\,dw. \tag{5.10}$$

なお，集合 U, V を閉集合としてこの定理を適用したいのであれば，定理5.4と同じく，$U \subset \Omega$ なる開集合を考えて，Ψ を Ω 上の C^1 級の写像と定義すれば，数学的厳密性を失わない．

以下，代表的な変数変換の例をあげる．

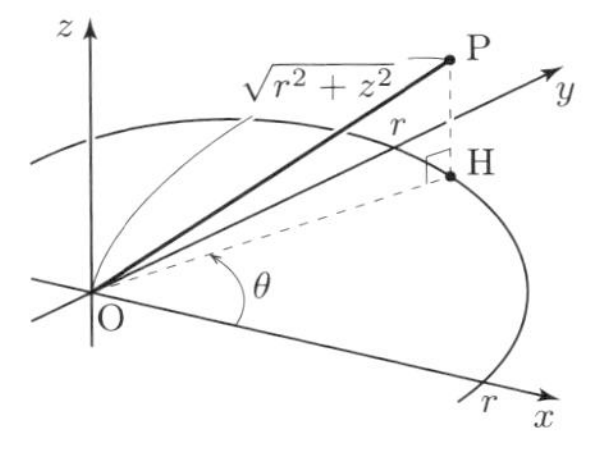

図 5.15

◆**例 5.11** (円柱座標)．座標変換

$$x = r\cos\theta,\quad y = r\sin\theta,\quad z = z$$

$(r>0,\ 0 \le \theta < 2\pi,\ z \in \mathbf{R})$ によって，xyz 空間の縦線集合 U と $r\theta z$ 空間の縦線集合 V が対応する．このとき，次が成り立つ：

$$\iiint_U f(x,y,z)\,dx\,dy\,dz = \iiint_V f(r\cos\theta, r\sin\theta, z)\,r\,dr\,d\theta\,dz.$$

∎

◆例 **5.12** (球面座標). 座標変換

$$\begin{cases} x = r\cos\theta\sin\alpha \\ y = r\sin\theta\sin\alpha \\ z = r\cos\alpha \end{cases}$$

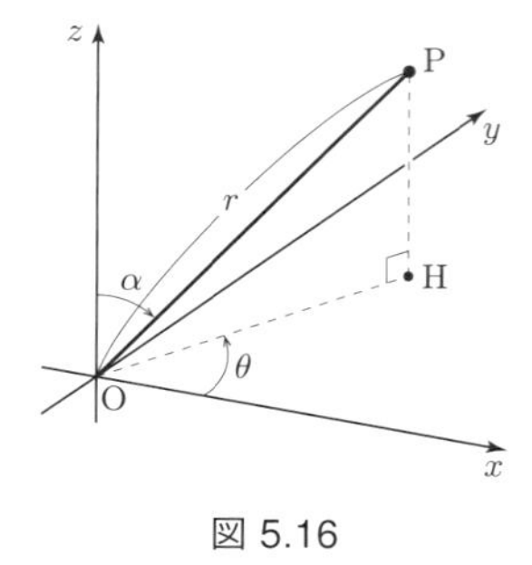

図 5.16

を考える. θ, α は図 5.16 の示す角度となる. この座標変換によって, $r\theta\alpha$ 空間の縦線集合 V が xyz 空間の縦線集合 U に移されるとき,

$$\iiint_U f(x,y,z)\,dx\,dy\,dz$$
$$= \iiint_V f(r\cos\theta\sin\alpha, r\sin\theta\sin\alpha, r\cos\alpha)\,r^2\sin\alpha\,dr\,d\theta\,d\alpha$$

が成り立つ. なお, $r > 0$, $\theta \in (0, 2\pi)$, $\alpha \in (0, \pi)$ であれば, $r^2\sin\alpha > 0$ となることに注意せよ. (第 4 章の章末問題 12 参照.) ■

問 5.16. 例 5.11, 5.12 のヤコビアンを確かめて, 等式をそれぞれ証明せよ.
問 5.17. 球面座標を用いて $\mathrm{vol}\left\{x^2 + y^2 + z^2 \leq \rho^2\right\} = 4\pi\rho^3/3$ $(\rho > 0)$ を示せ.
問 5.18. 次の変数変換において, 各点で変数 (ξ, η, ζ) が示す量を図示せよ.

$$x = a\cosh\xi\sin\eta\cos\zeta, \quad y = a\cosh\xi\sin\eta\sin\zeta, \quad z = a\sinh\xi\cos\eta$$

ただし, $a > 0$ は定数とする. また, ヤコビアン $\dfrac{\partial(x,y,z)}{\partial(\xi,\eta,\zeta)}$ を求めよ.

5.6 重積分の応用

本節では, 重積分を用いて定義される量について, 代表的なものをいくつかあげることにする. 具体的には, 体積, 表面積, 重心, 慣性モーメント等を扱う. また, ガンマ関数, ベータ関数などの高等な関数 (『特殊関数』ともよばれる) について, さらなる考察を試みる.

第 3 章で, 1 変数の積分を用いて曲線の長さや曲線で囲まれる図形の面積を求めることを学んだ. ここでは重積分も曲面の面積や曲面で囲まれる立体の体積の計算に利用できることを示す.

5.6.1 体　　積

重積分 $\displaystyle\iint_D f(x,y)\,dx\,dy$ の値は, 定義からわかるように, $f(x,y) \geq 0$ のと

き立体 $\{(x,y,z) \mid (x,y) \in D,\ 0 \leq z \leq f(x,y)\}$ の体積に相当する．そこで，一般に 2 つの連続な曲面 $z = \zeta_1(z,y)$, $z = \zeta_2(x,y)$，ただし，$\zeta_1(x,y) \leq \zeta_2(x,y)$ に挟まれる立体

$$K = \{(x,y,z) \in \mathbf{R}^3 \mid (x,y) \in D,\ \zeta_1(x,y) \leq z \leq \zeta_2(x,y)\}$$

があるとき，K の体積 $\mathrm{vol}\,(K)$ を

$$\mathrm{vol}\,(K) = \iint_D \{\zeta_2(x,y) - \zeta_1(x,y)\}\, dx\, dy$$

と定義する．D が縦線集合

$$D = \{(x,y) \in \mathbf{R}^2 \mid a \leq x \leq b,\ \varphi_1(x) \leq y \leq \varphi_2(x)\}$$

の場合を考えよう．ただし，ここで $a < b$, $\varphi_1(x) \leq \varphi_2(x)$ とした．このとき，

$$\mathrm{vol}\,(K) = \int_a^b \left[\int_{\varphi_1(x)}^{\varphi_2(x)} \{\zeta_2(x,y) - \zeta_1(x,y)\}\, dy \right] dx$$

となる．なお，積分 $\displaystyle\int_{\varphi_1(x)}^{\varphi_2(x)} \{\zeta_2(x,y) - \zeta_1(x,y)\}\, dy$ の値は，各 x における，x 軸と直交する平面で切った K の断面

$$K_x = \{(y,z) \in \mathbf{R}^2 \mid (x,y,z) \in K\}$$

の面積 $\mu(K_x)$ に等しいことに注意しよう (図 5.17).

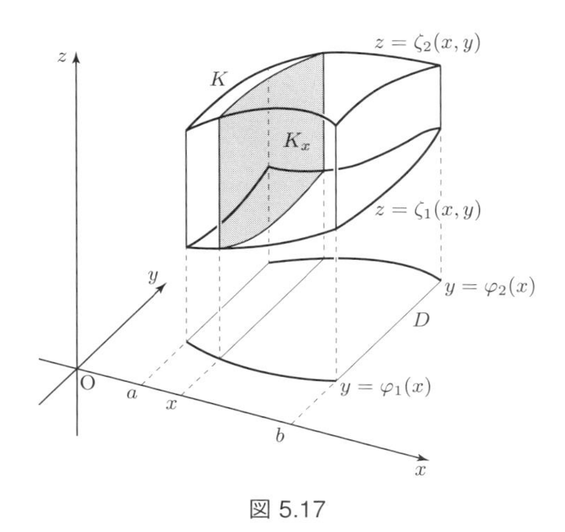

図 5.17

問 5.19. $a>0,\ c>b>0$ とする．半径 a の円柱 $P=\{(x,y,z)\,|\,x^2+y^2\leq a^2\}$ の一部 $P\cap\{bx\leq z\leq cx\}$ の体積を求めよ．

問 5.20. 立体 $A=\{\sqrt{x}+\sqrt{y}+\sqrt{z}\leq 1\}$ を図示して，さらに体積を求めよ．

5.6.2 曲 面 積

平面内の曲線の長さを第3章で考察したように，3次元空間内の曲面の面積について調べる．まず，曲面が平らなときから考察する．平面 $\Pi: z=ax+by+c$ 上の平行四辺形 A を xy 平面上に正射影したものが長方形 R であるとすると，

$$\mu(A)=\sqrt{1+a^2+b^2}\cdot\mu(R) \tag{5.11}$$

が成り立つ．これは，平面 Π の法線ベクトル $(-a,-b,1)$ と z 軸とのなす角を θ とおくと，Π と xy 平面のなす角も θ と等しいので，$\mu(R)=\mu(A)\cdot\cos\theta$ である．一方，ベクトルの内積を計算すると，

$$1=(-a,-b,1)\cdot(0,0,1)=\sqrt{a^2+b^2+1}\cdot 1\cdot\cos\theta$$

が成り立つから，(5.11) が従う．

長方形 D 上の C^1 級関数 $z=f(x,y)$ およびこのグラフのなす曲面

$$S=\{(x,y,f(x,y))\,|\,(x,y)\in D\}$$

を考える．D の分割 : $D=\bigcup_{i=1,\ldots,\ell} R_i$ とする．ただし，各 R_i も長方形として，$\mu(R_i\cap R_j)=0\ (i\neq j)$，かつ分割は $\ell\to\infty$ で $\max_{i=1,\ldots,\ell}\operatorname{diam}(R_i)\to 0$ が成り立つものとする．点 $\mathrm{P}_i(\xi_i,\eta_i)\in R_i$ と定めると，S 上の点 $(\mathrm{P}_i, f(\mathrm{P}_i))$ における法線ベクトルは $(-f_x(\mathrm{P}_i),-f_y(\mathrm{P}_i),1)$ となる．したがって，点 P_i における接平面 Π_i の式は

$$z=f_x(\mathrm{P}_i)x+f_y(\mathrm{P}_i)y+c_i$$

の形で与えられる．接平面 Π_i 上の平行四辺形 A_i を，その xy 平面への正射影がちょうど R_i になるように定めると，(5.11) より

$$\mu(A_i)=\sqrt{1+\{f_x(\mathrm{P}_i)\}^2+\{f_y(\mathrm{P}_i)\}^2}\cdot\mu(R_i)$$

となる．分割を細かく (ℓ を大きく) すると，空間における平行四辺形の集まり $\bigcup_{i=1,\ldots,\ell} A_i$ は曲面 S に近い形となる．ゆえに，$\lim_{\ell\to\infty}\sum_{i=1}^{\ell}\mu(A_i)$ が分割や点 P_i の選び方によらずに存在するとき，その値を S の**曲面積**と定義する：

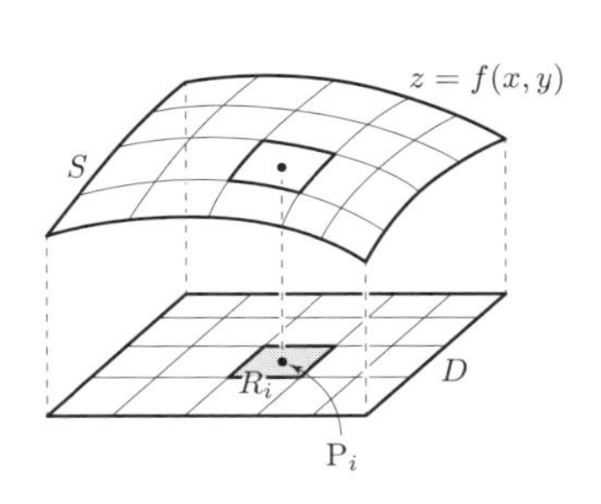

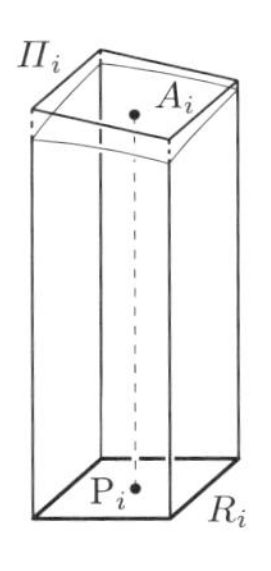

図 5.18

$$\mu(S) = \iint_D \sqrt{1 + \{f_x(x,y)\}^2 + \{f_y(x,y)\}^2}\, dx\, dy. \tag{5.12}$$

同様にして，一般の積分領域 D においても，関数 $z = f(x,y)$ のグラフのなす曲面積を (5.12) で定義できる．

問 5.21. 曲面積の定義式 (5.12) を用いて，半径 $r > 0$ の球の表面積を求めよ．

問 5.22. 各座標軸と平面 $\dfrac{x}{a} + \dfrac{y}{b} + \dfrac{z}{c} = 1$ との交点により定まる三角形の面積を積分によって求めよ．

◆**例 5.13.** $a > b > 0$ とする．xz 平面の閉領域 $\{(x-a)^2 + z^2 \leq b^2\}$ を z 軸のまわりに回転させて得られる立体の表面 T を**トーラス** (torus) という．

この表面積 $\mu(T)$ を求めてみよう．まずは，$\{x, y, z \geq 0\}$ 部分の曲面の表面積を計算する．積分領域 $B = \{a - b \leq \sqrt{x^2+y^2} \leq a+b,\ x \geq 0,\ y \geq 0\}$ において，$z = f(x,y) = \sqrt{b^2 - (\sqrt{x^2+y^2} - a)^2}$ を考える (図 5.19(2) を参照)．ここにおいて，極座標または円柱座標 (例 5.11) を用いる．$x = r\cos\theta$, $y = r\sin\theta$ とおくと，$\left\{a - b \leq r \leq a + b,\ 0 \leq \theta \leq \dfrac{\pi}{2}\right\} \to B$ と移されることが

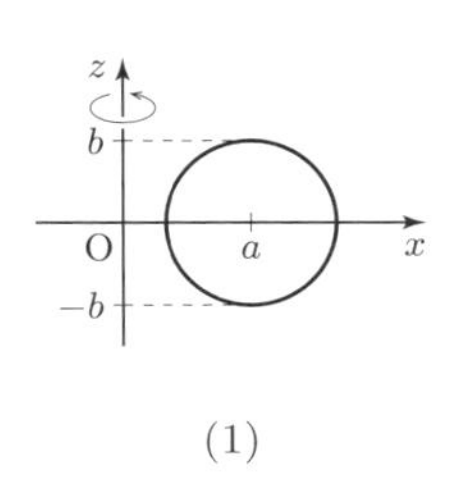

(1)

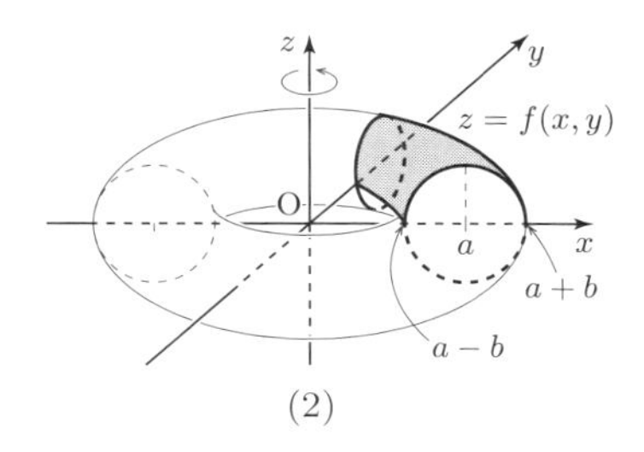

(2)

図 5.19

わかる．他方，

$$\left(\frac{\partial f}{\partial r}\right)^2 = \left(\frac{\partial f}{\partial x}\frac{\partial x}{\partial r} + \frac{\partial f}{\partial y}\frac{\partial y}{\partial r}\right)^2 = \left(\frac{\partial f}{\partial x}\cos\theta + \frac{\partial f}{\partial y}\sin\theta\right)^2,$$

$$\frac{1}{r^2}\left(\frac{\partial f}{\partial \theta}\right)^2 = \frac{1}{r^2}\left(\frac{\partial f}{\partial x}\frac{\partial x}{\partial \theta} + \frac{\partial f}{\partial y}\frac{\partial y}{\partial \theta}\right)^2 = \left(-\frac{\partial f}{\partial x}\sin\theta + \frac{\partial f}{\partial y}\cos\theta\right)^2.$$

$$\therefore \quad \left(\frac{\partial f}{\partial x}\right)^2 + \left(\frac{\partial f}{\partial y}\right)^2 = \left(\frac{\partial f}{\partial r}\right)^2 + \frac{1}{r^2}\left(\frac{\partial f}{\partial \theta}\right)^2.$$

さらに，$f(r\cos\theta, r\sin\theta) = \sqrt{b^2-(r-a)^2}$ なので，被積分関数は

$$\sqrt{1 + \left(\frac{\partial f}{\partial r}\right)^2 + \frac{1}{r^2}\left(\frac{\partial f}{\partial \theta}\right)^2} = \frac{b}{\sqrt{b^2-(r-a)^2}}$$

となる．ヤコビアンは r なので，トーラスの表面積は次で与えられる：

$$\mu(T) = 8\int_{a-b}^{a+b}\left\{\int_0^{\pi/2}\frac{b}{\sqrt{b^2-(r-a)^2}}|r|\,d\theta\right\}dr = 4\pi^2 ab. \qquad ■$$

5.6.3 重　　心

以降，力学にでてくる積分による量をいくつか示しながら，3 重積分の計算方法とその応用を述べる．

空間に置かれた物体およびその占める区域を $U \subset \mathbf{R}^3$ と表すことにする．点 $(x, y, z) \in U$ における点密度を $\rho(x, y, z)$ としたとき，

$$m = \iiint_U \rho(x, y, z)\,dx\,dy\,dz$$

が U の**質量** (mass) を表すことは，密度の定義から明らかである．このとき，

$$\frac{1}{m}\left(\iiint_U x\rho(x, y, z)\,dxdydz, \iiint_U y\rho(x, y, z)\,dxdydz, \iiint_U z\rho(x, y, z)\,dxdydz\right)$$

なる位置ベクトルを U の**質量中心**とよぶ．平面上での区域 $D \subset \mathbf{R}^2$ に密度関数 $\rho(x, y)$ を考えるときは，次の位置ベクトルが質量中心になる：

$$\frac{1}{\displaystyle\iint_D \rho(x, y)\,dx\,dy}\left(\iint_D x\rho(x, y)\,dx\,dy, \iint_D y\rho(x, y)\,dx\,dy\right).$$

密度一定な物体において，上記の位置ベクトルの $\rho \equiv 1$ としたものを U の，または D の**重心**とよぶ．

問 5.23. 二等辺三角形の重心を求めよ．

問 5.24. 直円錐の重心を求めよ．

◆**例 5.14.** ある図形 $D \subset \mathbf{R}^2$ を x 軸に関して回転させて得られる回転体を U とする．図形 D の重心 C と x 軸との距離を r とおく．回転体 U の体積は，$2\pi r \cdot \mu(D)$ に等しくなることを説明しよう．まずは，図 5.20 のような座標系および図形 D を考える．図形 D が長方形 $R = [a, b] \times [c, d]$ であるときの回転体 U の体積 $\mathrm{vol}\,(U)$ は，

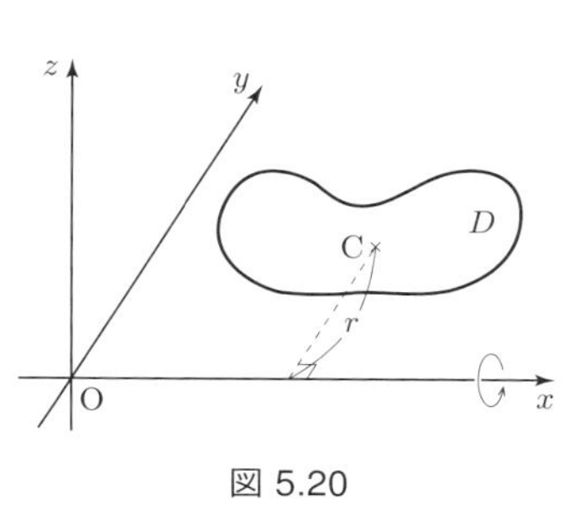

図 5.20

$$\mathrm{vol}\,(U) = \pi d^2(b-a) - \pi c^2(b-a) = 2\pi \frac{d+c}{2}(d-c)(b-a) = 2\pi y_0 \cdot \mu(R)$$

となる．ただし，$c \geq 0$, $y_0 = \dfrac{1}{2}(d+c)$ とした．

同様に，D が長方形の和集合 $D = \displaystyle\bigcup_{i=1,\ldots,\ell} R_i$ でかつ $\mu(R_i \cap R_j) = 0\,(i \neq j)$ であれば，回転体の体積は $\displaystyle\sum_{i=1}^{\ell} 2\pi y_i \cdot \mu(R_i)$ となる．ここで $R_i = [a_i, b_i] \times [c_i, d_i]$, $y_i = \dfrac{1}{2}(d_i + c_i)$．したがって，図形 D を長方形で分割して，各分割の直径を小さくすることにより，

$$\lim_{\ell\to\infty}\left(2\pi \sum_{i=1}^{\ell} y_i \cdot \mu(R_i)\right) = 2\pi \iint_D y\,dx\,dy = 2\pi \left\{\frac{\displaystyle\iint_D y\,dx\,dy}{\displaystyle\iint_D dx\,dy}\right\} \iint_D dx\,dy$$

となる．ここで $\{\cdots\}$ の項は D の重心と x 軸との距離 r を表す．以上より，

$$\mathrm{vol}\,(U) = 2\pi r \cdot \mu(D)$$

である．ここで，$2\pi r$ が重心の描く円周の長さであることは，いうまでもない．■

この例と同様に，回転面の曲面積も次のようにして得られる．回転体 U の表面を S とする．D の境界 $\Gamma = \partial D$ の長さを λ，D の重心と x 軸との距離を r とすると，$\mu(S) = 2\pi r \cdot \lambda$ として求まる．これらを，回転体の体積と回転面の曲面積についての**パップス・グルダン** (Pappus–Guldin) **の定理**という．

5.6.4 慣性モーメント

剛体の回転運動を調べるときの重要な量として，慣性モーメントがある．剛体 U が固定された軸 ℓ のまわりを角速度 $\omega = \omega(t)$ で回転しているものとする．時刻 t に剛体 U の占める区域を U_t とおくと，そのときの運動エネルギーは $\dfrac{\omega(t)^2}{2}\displaystyle\iiint_{U_t} r^2\rho\,dx\,dy\,dz$ と表せる．ここで，点 $(x,y,z)\in U_t$ と軸 ℓ との距離を $r = r(x,y,z)$，密度関数を $\rho = \rho(x,y,z)$ とした．重積分の値は時刻 t によって変化しない量であることがわかる．そこで，与えられた剛体 U とその回転軸 ℓ とのある特性を表す量 $I = \displaystyle\iiint_U r^2\rho\,dx\,dy\,dz$ を U の ℓ に関する**慣性モーメント**という．

◆**例 5.15.** U を半楕円体 $\left\{\dfrac{x^2}{a^2}+\dfrac{y^2}{b^2}+\dfrac{z^2}{c^2}\le 1,\ z\ge 0\right\}$，ただし，$a,b,c>0$ とする．このときの U の重心と，$\rho\equiv 1$ としたときの z 軸に関する慣性モーメントを求めよう．

質量 m，重心の z 座標 z_*，慣性モーメント I は，それぞれ

$$m = \iiint_U dx\,dy\,dz,\quad z_* = \frac{1}{m}\iiint_U z\,dx\,dy\,dz,\quad I = \iiint_U (x^2+y^2)\,dx\,dy\,dz$$

となる．まず，変数変換 $\Phi : x = au,\ y = bv,\ z = cw$ を用いる．この変換 Φ によって，半球体 $H = \{u^2+v^2+w^2\le 1,\ w\ge 0\}\to U$ に移される．ヤコビアン $|J_\Phi| = abc$ に注意すれば，容易に

$$m = abc\cdot\mathrm{vol}\,(H) = abc\cdot\left(\frac{4\pi\cdot 1^3}{3}\right)\cdot\left(\frac{1}{2}\right) = \frac{2}{3}\pi abc$$

が導かれる．

次に，z_* を計算するのに際して，球面座標 (例 5.12) を用いる：

$$\Psi : u = r\cos\theta\sin\alpha,\quad v = r\sin\theta\sin\alpha,\quad w = r\cos\alpha.$$

ヤコビアンは $\det J_\Psi = r^2\sin\alpha$ であった．この変換 Ψ によって

$$B = \left\{0\le r\le 1,\ 0\le\theta<2\pi,\ 0\le\alpha\le\frac{\pi}{2}\right\}\ \to\ H$$

に移されるので，

$$\iiint_U z = abc^2\iiint_H w = abc^2\iiint_B r(\cos\alpha)|r^2\sin\alpha|\,dr\,d\theta\,d\alpha$$
$$= abc^2\int_0^1 r^4\,dr\int_0^{2\pi}d\theta\int_0^{\pi/2}\sin\alpha\cos\alpha\,d\alpha = \frac{1}{4}\pi abc^2$$

が従う．ゆえに，$z_* = \dfrac{3c}{8}$ であり，重心の位置は $\left(0, 0, \dfrac{3c}{8}\right)$ となる．

I については，積分領域の対称性と被積分関数の対称性より，$\displaystyle\iiint_U x^2\,dx\,dy\,dz$ のみ計算すればよい．

$$\begin{aligned}\iiint_U x^2 dx\,dy\,dz &= a^3bc\iiint_H u^2 dx\,dy\,dz \\ &= a^3bc\iiint_B r^4\sin^2\theta\sin^3\alpha\,dr\,d\theta\,d\alpha = \frac{2}{15}\pi a^3bc\end{aligned}$$

同様に，$\displaystyle\iiint_U y^2 dx\,dy\,dz = \frac{2}{15}\pi ab^3c$ を導く．ゆえに，U の z 軸に関する慣性モーメントは

$$I = \frac{2}{15}\pi ab(a^2+b^2)c$$

となる． ∎

問 5.25. $\rho \equiv 1$ とする．立体 $Q = \{-1 \leq x, y, z \leq 1\}$ の z 軸に関する慣性モーメントを求めよ．

問 5.26. 物体 U の質量を m とする．U の重心を通る軸 ℓ に関する慣性モーメントを I とする．ℓ に平行で距離 a にある直線を ℓ_a とし，U の 軸 ℓ_a に関する慣性モーメントを I_a とする．このとき，$I_a = I + ma^2$ が成り立つことを示せ．

5.6.5 高等関数 (難)*

以下の議論は，内容がやや高度なので初学者はとばしてもよい．本項では，初等的でない関数について扱う．解析学で用いられるほとんどの高等関数は，積分関数 $G(t) = \displaystyle\int_0^t g(x)\,dx$ として登場するか，あるいは被積分関数がパラメータに依存する $F(t) = \displaystyle\int_a^b f(x,t)\,dx$ というような形の積分表示をもっている．典型的な例として，

ガンマ関数 $\quad \Gamma(t) = \displaystyle\int_0^\infty x^{t-1}e^{-x}\,dx \qquad (t > 0)$

ベータ関数 $\quad B(p,q) = \displaystyle\int_0^1 x^{p-1}(1-x)^{q-1}\,dx \qquad (p, q > 0)$

ベッセル関数 $\quad J_n(t) = \dfrac{1}{\pi}\displaystyle\int_0^\pi \cos(t\sin x - nx)\,dx \qquad (n \in \mathbb{N},\ t \in \mathbf{R})$

$f(x)$ のラプラス変換 $\quad \mathcal{L}f(t) = \displaystyle\int_0^\infty f(x)e^{-tx}\,dx \qquad (t > 0)$

があげられる．ここでは，ガンマ関数とベータ関数について，基本的な性質を調べることを目標とする．なお，これらの積分表示による関数の微分や積分および定積分と極限の順序交換は可能だとする，すなわち，

$$\int_a^b \left(\int_c^d f(x,y)\,dy\right) dx = \int_c^d \left(\int_a^b f(x,y)\,dx\right) dy, \tag{5.13}$$

$$F'(t) = \frac{d}{dt}\left(\int_a^b f(x,t)\,dx\right) = \int_a^b \frac{\partial}{\partial t} f(x,t)\,dx \tag{5.14}$$

は常に成り立つもの (積分領域が非有界でも) とする．

◆**例 5.16.** $F(t) = \displaystyle\int_1^\pi \frac{\sin(tx)}{x}\,dx$ に対して，

$$F'(t) = \int_1^\pi \cos(tx)\,dx, \quad F''(t) = \int_1^\pi (-x)\sin(tx)\,dx.$$ ■

◆**例 5.17.** ガンマ関数の高階微分について，

$$\frac{d^n}{dt^n}\Gamma(t) = \int_0^\infty \frac{\partial^n}{\partial t^n}\left(x^{t-1}e^{-x}\right) dx = \int_0^\infty (\log x)^n x^{t-1} e^{-x}\,dx$$

がすべての $t > 0$, $n \in \mathbb{N}$ について成り立つ．ここで右辺の広義積分は常に収束する．ゆえに，ガンマ関数は定義域 $t > 0$ でなめらか，すなわち，C^∞ 級関数である． ■

◆**例 5.18.** $I(t) = \displaystyle\int_0^\infty e^{-x^2}\cos(2tx)\,dx$ とおき，これを求めよう．部分積分より，

$$I'(t) = -2\int_0^\infty xe^{-x^2}\sin(2tx)\,dx = -2t\int_0^\infty e^{-x^2}\cos(2tx)\,dx = -2tI(t)$$

となる．ここにおいて，$t = 0$ のときは，$I(0) = \displaystyle\int_0^\infty e^{-x^2}\,dx = \frac{\sqrt{\pi}}{2}$ である (例 5.9 を参照)．一方，$(e^{t^2}I(t))' \equiv 0$，すなわち，$I(t) = ce^{-t^2}$ (ただし c は定数) である．$c = I(0)$ なので，$I(t) = \dfrac{\sqrt{\pi}}{2}e^{-t^2}$ を導く．同様の考察から，次の等式が導かれる：

$$\int_{-\infty}^\infty e^{-bx^2}\cos(2ax)\,dx = \sqrt{\frac{\pi}{b}}\exp\left(-\frac{a^2}{b}\right) \qquad (b > 0), \tag{5.15}$$

$$\int_{-\infty}^\infty e^{-x^2}\frac{\sin(2ax)}{x}\,dx = \sqrt{\pi}\int_{-a}^a e^{-x^2}\,dx. \tag{5.16}$$

■

問 5.27. 例 5.18 における $I(t)$ の導出，および式 (5.15), (5.16) を確かめよ．

◆**例 5.19.** $\displaystyle\iint_D \varphi(x+y)x^{p-1}y^{q-1}\,dx\,dy$, $D = \{x, y > 0,\ x + y < t\}$ を 1 変数関数の積分に直すことを試みよう．ここで，$\varphi(x,y)$ は区間 $(0,t)$ 上の連続関数とする．ただし $t = \infty$ でもよい．変数変換 $x = uv$, $y = u(1-v)$ を考える．

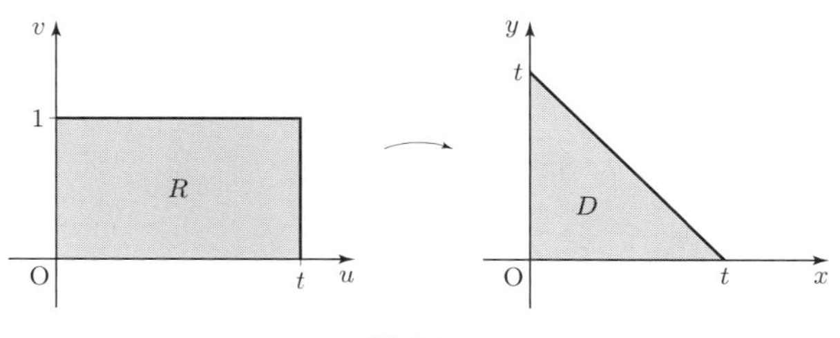

図 5.21

この変換は，$R = \{0 < u < t,\, 0 < v < 1\} \to D$ への 1 対 1 対応かつ

$$\frac{\partial(x,y)}{\partial(u,v)} = \det\begin{pmatrix} v & u \\ 1-v & -u \end{pmatrix} = -u$$

を与える．ゆえに，

$$\begin{aligned}\iint_D \varphi(x+y)x^{p-1}y^{q-1}\,dx\,dy &= \iint_R \varphi(u)u^{p+q-1}v^{p-1}(1-v)^{q-1}\,du\,dv \\ &= \int_0^1 v^{p-1}(1-v)^{q-1}\,dv \int_0^t \varphi(u)u^{p+q-1}\,du \\ &= B(p,q)\int_0^t \varphi(u)u^{p+q-1}\,du.\end{aligned}$$

ただし，$p, q > 0$ である．これを**リウヴィル** (Liouville) **の公式**という．

リウヴィルの公式において，$\varphi(u) = e^{-u}$ かつ $t = \infty$ とおくと，

$$B(p,q) = \frac{\Gamma(p)\Gamma(q)}{\Gamma(p+q)} \qquad (p, q > 0)$$

を得る．実際，次の計算から容易にわかる：

$$\begin{aligned}\Gamma(p)\Gamma(q) &= \iint_{x,y>0} e^{-x-y}x^{p-1}y^{q-1}\,dx\,dy \\ &= B(p,q)\int_0^\infty e^{-u}u^{p+q-1}\,du = B(p,q)\,\Gamma(p+q).\end{aligned}$$ ∎

注意 5.1. 本項の計算は，すべて形式的に行われている．しかし，すべて数学的に正しい計算である．なお証明は割愛する．

問 5.28. $a, r > 0$ とする．$|x|^a + |y|^a \leq r^a$ の面積をガンマ関数を用いて示せ．

章末問題

1. 次の積分値を求めよ．

(1) $I_1 = \iint_{D_1} \sin(x+y)\,dx\,dy, \quad D_1 = \left\{0 \leq x, y \leq \frac{\pi}{2}\right\}$

(2) $I_2 = \iint_{D_2} x\log(xy)\,dx\,dy, \quad D_2 = [1,4] \times [2,3]$

(3) $I_3 = \iint_{D_3} \log(\sin(y-x))\,dx\,dy, \quad D_3 = \{0 \leq x < y < \pi\}$

(4) $I_4 = \iint_{D_4} \tan^{-1}\left(\frac{y}{x}\right)dx\,dy, \quad D_4 = \left\{4 \leq x^2+y^2 \leq 9,\ 0 \leq y \leq 2x\right\}$

2. 次の積分値を求めよ．ただし，$a \in \mathbf{R},\, b > 0$ とする．

(1) $J_1 = \int_0^\infty \exp\left(-x^2 - \frac{a^2}{x^2}\right)dx$ (2) $J_2 = \int_0^\infty \exp\left\{-\left(\frac{x}{b} - \frac{a}{x}\right)\right\}dx$

3. 積分値 $K = \int_0^\infty \frac{1-e^{-x}}{x}\cos x\,dx$ を求めよ．

4. $q \in \mathbf{R}, P_q = \left\{0 < x \leq 1,\ |y| \leq x^q\right\}$ とおく．$\iint_{P_q} \frac{y^2}{x^3}\,dx\,dy$ が収束する q の範囲と，そのときの値を求めよ．

5. $\gamma < -2,\ a, b, c > 0$ とする．$\iint_{x,y \geq 0} (ax+by+c)^\gamma\,dx\,dy$ の値を求めよ．

6. 曲面 $\left\{z = \sqrt{2xy}\right\}$ を球面 $\left\{x^2+y^2+z^2 = r^2\right\}$ で切り取った部分の面積を求めよ．

7. トーラスの曲面積をパップス・グルダンの定理から導け．

8. $a \in (0,1),\, b > 0$ とする．不等式 $\left(b\sqrt{x^2+y^2} - b\right)^2 + (az)^2 \leq (ab)^2$ による立体の体積を求めよ．

9. 2 変数関数 $z = f(x,y)$ が長方形 $R = [a,b] \times [c,d]$ 上で連続であるとする．$x \in (a,b),\ y \in (c,d)$ に対して，2 変数関数 $z = F(x,y)$ を

$$F(x,y) = \iint_{R_{xy}} f(u,v)\,du\,dv, \qquad R_{xy} = [a,x] \times [c,y]$$

と定める．このとき，$\frac{\partial^2}{\partial x \partial y}F(x,y) = f(x,y)$ が成り立つことを示せ．

10. $p, q > 0,\ D = \left\{x^2+y^2 \leq 1,\ x \geq 0,\ y \geq 0\right\}$ とする．次の等式を示せ：

$$\iint_D x^p y^q\,dx\,dy = \frac{1}{2(p+q+2)}B\left(\frac{p+1}{2}, \frac{q+1}{2}\right).$$

11. $\displaystyle\int_0^1 \frac{dx}{\sqrt{1-x^3}}, \int_0^1 \frac{dx}{\sqrt{1-x^4}}$ をそれぞれガンマ関数で表せ.

12. (1) $n \in \mathbb{N}, n \geq 2, r > 0$ とする. 半径 r の n 次元球の体積 $V_n(r)$ を求めよ.

(2) n 次元単位立方体 $[0,1]^n = \big\{(x_1, \ldots, x_n) \mid 0 \leq x_i \leq 1\big\}$ を含む最小の n 次元球の体積を求めよ.

13. $a > 0$ とする. 円柱 $x^2 + y^2 \leq ax$ と球 $x^2 + y^2 + z^2 \leq a^2$ の共通部分の体積 V を求めよ.

14. $c > 0$ とする. 不等式 $c|x| \leq x^2 + y^2 \leq c^2 - z^2$ かつ $y \geq 0$ による立体の体積を求めよ.

15. $E = \big\{(u,v) \,\big|\, u^2 + v^2 \leq 1\big\}$, $D = \big\{(x,y) \,\big|\, x^2 + y^2 \leq 1\big\}$ とする. $x = \varphi(u,v) = u^2 - v^2$, $y = \psi(u,v) = 2uv$ とおく. $\Phi(u,v) = \big(\varphi(u,v), \psi(u,v)\big)$ は E から D の上への写像であるが, $\displaystyle\iint_D dx\,dy \neq \iint_E \left|\frac{\partial(x,y)}{\partial(u,v)}\right| du\,dv$ となることを示せ. また, なぜこれらの重積分値が一致しないのかを考察せよ.

6
級数・関数列・関数項級数*

各項が関数であるような数列や級数をそれぞれ関数列，関数項級数という．本章ではそれらに対する基礎理論を与える．また，その準備として通常の級数についての基礎理論も紹介する．第 2 章で学んだテイラー級数・テイラー展開は関数項級数の重要な具体例であり，それに対する明快な理論も展開される[1]．

6.1 級　数

数列 $\{a_n\}$ に対して S_n を

$$\sum_{k=1}^{n} a_k = a_1 + a_2 + \cdots + a_n \equiv S_n$$

とおく．この数列 $\{S_n\}$ が有限の極限値 S をもつ場合に (無限) 級数 $\sum_{k=1}^{\infty} a_k$ は**収束する**といい，その値は S であると定義する．数式では

$$\sum_{k=1}^{\infty} a_k = S \quad \left(= \lim_{n\to\infty} S_n\right)$$

と書き表す．有限な極限値 $\lim_{n\to\infty} S_n$ が存在しない場合には級数 $\sum_{k=1}^{\infty} a_k$ は**発散する**という．ただし，$\lim_{n\to\infty} S_n = \infty$ のときは

1)　本章の内容は必ずしも大学初年次生を対象に講義されるものではないので初学者は省略してもよいし，適宜取捨選択して学んでもよい．しかし読者が今後種々の数学・数理科学を学んでいく際には是非とも必要となる理論であろう．

$$\sum_{k=1}^{\infty} a_k = \infty$$

という表現をするほうがわかりやすいであろう．$\lim_{n\to\infty} S_n = -\infty$ のときも同様である．S_n は級数 $\sum_{k=1}^{\infty} a_k$ の n 部分和とよばれる．

級数の収束は実質的には数列の収束を考えることと同等なので，以下のことがすぐ証明できる．

定理 6.1. 級数 $\sum_{n=1}^{\infty} a_n$, $\sum_{n=1}^{\infty} b_n$ がともに収束するならば，級数 $\sum_{n=1}^{\infty}(a_n \pm b_n)$, $\sum_{n=1}^{\infty} ca_n$ (c：定数) も収束して

$$\sum_{n=1}^{\infty}(a_n \pm b_n) = \sum_{n=1}^{\infty} a_n \pm \sum_{n=1}^{\infty} b_n, \qquad \sum_{n=1}^{\infty} ca_n = c\sum_{n=1}^{\infty} a_n.$$

次にみるように，第 1 章で述べた実数の連続性から級数が収束するためのひとつの必要十分条件を与えることができる．

定理 6.2. 級数 $\sum_{n=1}^{\infty} a_n$ が収束するための必要十分条件は，次である：

$$\lim_{m,n\to\infty} \left|a_m + a_{m+1} + \cdots + a_{n-1} + a_n\right| = 0, \quad \text{つまり} \quad \lim_{m,n\to\infty} \left|\sum_{k=m}^{n} a_k\right| = 0.$$

証明. $S_n = \sum_{k=1}^{n} a_k$ とおこう．数列 $\{S_n\}$ が収束するための必要十分条件は $\lim_{m,n\to\infty} |S_n - S_m| = 0$ であることに注意すればよい． □

上記の定理からすぐわかる次の系は，級数が収束しないことを示すためによく用いられる．

系 6.1. $\lim_{n\to\infty} a_n = 0$ でなければ級数 $\sum_{n=1}^{\infty} a_n$ は発散する．

◆**例 6.1.** 級数 $\sum_{n=1}^{\infty} \frac{1}{n}$ は収束しない (じつは ∞ に発散する)．実際，

$$\frac{1}{n} + \frac{1}{n+1} + \cdots + \frac{1}{2n} \geq \frac{1}{2n} + \frac{1}{2n} + \cdots + \frac{1}{2n} = \frac{n}{2n} = \frac{1}{2}$$

となり，$\lim_{n\to\infty} \sum_{k=n}^{2n} \frac{1}{k} \neq 0$ である． ■

$a_n \geq 0$ のとき，級数 $\sum_{n=1}^{\infty} a_n$ を**正項級数**とよぶ．第 1 章で学んだ実数の連続性を用いて，正項級数の収束・発散について次のような使いやすい判定法が得られる．

定理 6.3. 正項級数 $\sum_{n=1}^{\infty} a_n$ が収束するための必要十分条件は，部分和の数列 $\{S_n\}$，$S_n = \sum_{k=1}^{n} a_k$ が上に有界なことである．

注意 6.1. 収束しない正項級数は必ず ∞ に発散する．

証明. 正項級数 $\sum_{n=1}^{\infty} a_n$ が実数 S に収束すると仮定しよう．$a_n \geq 0$ より，各 $n = 1, 2, \ldots$ に対して $S_n \leq \sum_{k=1}^{n} a_k \leq \sum_{k=1}^{\infty} a_k = S$，つまり数列 $\{S_n\}$ は上に有界となる．

逆に，数列 $\{S_n\}$ が上に有界と仮定しよう．つまり，ある実数 K で

$$\text{すべての } n \text{ に対して} \quad S_n \leq K$$

となるものが存在する．よって $a_n \geq 0$ であることから $S_1 \leq S_2 \leq \cdots \leq S_n \leq \cdots \leq K$ となり，数列 $\{S_n\}$ は上に有界な単調増加列となる．実数の連続性 (第 1 章の定理 1.2) により，$\{S_n\}$ はある値に収束する．つまり $\sum_{n=1}^{\infty} a_n$ は収束する．□

定理 6.4. 正項級数 $\sum_{n=1}^{\infty} a_n$，$\sum_{n=1}^{\infty} A_n$ が $a_n \leq A_n$ を満たすとする．

(1) $\sum_{n=1}^{\infty} A_n$ が収束するならば $\sum_{n=1}^{\infty} a_n$ も収束する．

(2) $\sum_{n=1}^{\infty} a_n = \infty$ ならば $\sum_{n=1}^{\infty} A_n = \infty$.

証明. (1) $\sum_{n=1}^{\infty} A_n = S$ とおこう．仮定 $a_n \leq A_n$ により $n = 1, 2, \ldots$ に対して $\sum_{k=1}^{n} a_k \leq \sum_{k=1}^{n} A_n \leq S$ となるので，定理 6.3 により $\sum_{n=1}^{\infty} a_n$ は収束する．

(2) 収束しない正項級数は必ず ∞ に発散する．よって，これは (1) の対偶命題である．□

◆**例 6.2.** (1) $\displaystyle\sum_{n=1}^{\infty}\frac{3+\sin n}{2^n}$ は収束する．実際，

$$0<\frac{3+\sin x}{2^n}<\frac{4}{2^n}$$

であり，$\displaystyle\sum_{n=1}^{\infty}\frac{4}{2^n}$ は収束するので定理 6.4(1) を用いればよい．

(2) $\displaystyle\sum_{n=1}^{\infty}\frac{1}{\sqrt{n}}$ は ∞ に発散する．実際，

$$\frac{1}{\sqrt{n}}=\frac{2}{2\sqrt{n}}>\frac{2}{\sqrt{n}+\sqrt{n+1}}=2(\sqrt{n+1}-\sqrt{n})$$

であり，$\displaystyle\sum_{n=1}^{\infty}2(\sqrt{n+1}-\sqrt{n})=\infty$ なので，定理 6.4(2) を用いればよい．■

$f(x)$ を $\mathbf{R}$ 上の正値の関数とするとき，正項級数 $\displaystyle\sum_{n=1}^{\infty}f(n)$ の収束・発散を広義積分 (無限積分) の収束・発散で判定できる場合がある．

◆**例 6.3 (積分判定法).** $f(x)$ を区間 $[1,\infty)$ で定義される正値かつ広義の単調減少関数とする．このとき，正項級数 $\displaystyle\sum_{n=1}^{\infty}f(n)$ が収束するための必要十分条件は，無限積分 $\displaystyle\int_1^{\infty}f(x)\,dx$ が収束することである．

証明. f の単調性により，$k=2,3,\ldots$ に対して

$$\int_k^{k+1}f(x)\,dx\le f(k)\le\int_{k-1}^{k}f(x)\,dx$$

がわかる．($f(x)$ のグラフを描いて考えると自明であろう．) よって，

$$\sum_{k=2}^{n}\int_k^{k+1}f(x)\,dx\le\sum_{k=2}^{n}f(k)\le\sum_{k=2}^{n}\int_{k-1}^{k}f(x)\,dx,\quad \text{つまり，}$$

$$\int_2^{n+1}f(x)\,dx\le\sum_{k=2}^{n}f(k)\le\int_1^{n}f(x)\,dx. \tag{6.1}$$

さて，$\displaystyle\sum_{n=1}^{\infty}f(n)$ が収束するとしよう．(6.1) の左側の不等式から $\displaystyle\int_2^{x}f(t)\,dt$ は上に有界な増加関数とわかる．よって無限積分 $\displaystyle\int_2^{\infty}f(x)\,dx$ は収束する．

逆に，無限積分 $\displaystyle\int_1^{\infty}f(x)\,dx$ が収束するとしよう．(6.1) の右側の不等式から無限級数 $\displaystyle\sum_{n=1}^{\infty}f(n)$ の n 部分和が上に有界とわかる．よって，定理 6.3 により

$\sum_{n=1}^{\infty} f(n)$ は収束する. ∎

◆**例 6.4.** $\alpha > 0$ とする. $\sum_{n=1}^{\infty} \dfrac{1}{n^{\alpha}}$ は $\alpha > 1$ のときに収束し, $\alpha \leq 1$ のときに ∞ に発散する.

実際, $f(x) = \dfrac{1}{x^{\alpha}}$ とおけば $\sum_{n=1}^{\infty} \dfrac{1}{n^{\alpha}} = \sum_{n=1}^{\infty} f(n)$ なので例 6.3 によりこの級数の収束・発散は無限積分 $\displaystyle\int_1^{\infty} \frac{dx}{x^{\alpha}}$ のそれに帰着する. ∎

問 6.1. $\alpha > 0$ を定数とする. 次の級数の収束・発散を判定せよ.

(1) $\sum_{n=1}^{\infty} ne^{-\alpha n}$ (2) $\sum_{n=2}^{\infty} \dfrac{1}{n(\log n)^{\alpha}}$ (3) $\sum_{n=1}^{\infty} \dfrac{1}{(n^2+1)^{\alpha}}$

以下の 2 つは有名な判定法である.

定理 6.5 (**ダランベール** (d'Alembert) **の判定法**). 正項級数 $\sum_{n=1}^{\infty} a_n$ $(a_n \neq 0)$ に対して極限値

$$r = \lim_{n\to\infty} \frac{a_{n+1}}{a_n}$$

が存在するとしよう. このとき,

(1) $0 \leq r < 1$ ならば級数 $\sum_{n=1}^{\infty} a_n$ は収束する.

(2) $1 < r \leq \infty$ ならば級数 $\sum_{n=1}^{\infty} a_n$ は ∞ に発散する.

定理 6.6 (**コーシーの判定法**). 正項級数 $\sum_{n=1}^{\infty} a_n$ に対して極限値

$$r = \lim_{n\to\infty} a_n^{1/n}$$

が存在するとしよう. このとき,

(1) $0 \leq r < 1$ ならば級数 $\sum_{n=1}^{\infty} a_n$ は収束する.

(2) $1 < r \leq \infty$ ならば級数 $\sum_{n=1}^{\infty} a_n$ は ∞ に発散する.

定理 6.5 の証明. (1) $r < \rho < 1$ となる数 ρ を任意にとってくる. 極限に関する仮定により

$$n \geq N_0 \quad \text{ならば} \quad \frac{a_{n+1}}{a_n} \leq \rho$$

となる自然数 N_0 が存在する．つまり

$$n \geq N_0 \quad ならば \quad a_{n+1} \leq \rho a_n$$

である．よって，$n \geq N_0$ のとき

$$a_n \leq \rho a_{n-1} \leq \rho^2 a_{n-2} \leq \cdots \leq \rho^{n-N_0} a_{N_0} = \rho^{-N_0} a_{N_0} \rho^n.$$

$0 < \rho < 1$ より正項級数 $\sum_{n=N_0}^{\infty} \rho^{-N_0} a_{N_0} \rho^n$ は収束する．よって，定理 6.4 により $\sum_{n=N_0}^{\infty} a_n$ も収束する．つまり $\sum_{n=1}^{\infty} a_n$ も収束する．

(2) $1 < \rho < r$ となる数 ρ を任意にとってくる．極限に関する仮定により

$$n \geq N_0 \quad ならば \quad \frac{a_{n+1}}{a_n} \geq \rho$$

となる自然数 N_0 が存在する．つまり

$$n \geq N_0 \quad ならば \quad a_{n+1} \geq \rho a_n.$$

よって (1) と同様に考えて，$n \geq N_0$ のとき $a_n \geq \rho^{n-N_0} a_{N_0}$ を得て，$\lim_{n\to\infty} a_n = \infty$ である．系 6.1 により $\sum_{n=1}^{\infty} a_n$ は ∞ に発散する． □

定理 6.6 の証明も上記の証明とほぼ同様なので読者に委ねよう．

◇**例題 6.1.** 次の級数の収束・発散を判定せよ．

(1) $\displaystyle\sum_{n=1}^{\infty} \frac{2^n + 3^n}{3^n + 4^n}$ (2) $\displaystyle\sum_{n=1}^{\infty} \left(\frac{an+b}{cn+d}\right)^n$ (a, b, c, d は正定数で $a \neq c$)

解答例. ともに正項級数である．与えられた級数の一般項を a_n と書くことにする．

(1) $\displaystyle\lim_{n\to\infty} \frac{a_{n+1}}{a_n} = \frac{3}{4}$ なのでダランベールの判定法により収束する．

(2) $\displaystyle\lim_{n\to\infty} a_n^{1/n} = \lim_{n\to\infty} \frac{an+b}{cn+d} = \frac{a}{c}$. よって，$a < c$ ならば収束，$a > c$ ならば発散する． □

定理 6.7. 級数 $\sum_{n=1}^{\infty} |a_n|$ が収束すれば級数 $\sum_{n=1}^{\infty} a_n$ も収束する．

証明. 不等式 $\left|\sum_{k=m}^{n} a_k\right| \leq \sum_{k=m}^{n} |a_k|$ に注意して定理 6.2 を用いればよい． □

級数 $\sum_{n=1}^{\infty} |a_n|$ が収束するから級数 $\sum_{n=1}^{\infty} a_n$ も収束すると判断できる場合，“級数 $\sum_{n=1}^{\infty} a_n$ は絶対収束する” という．なお，この主張の逆は必ずしも成立しない．(後述の例 6.5 を参照せよ．)

級数 $\sum_{n=1}^{\infty} |a_n|$ は正項級数なので，$\sum_{n=1}^{\infty} a_n$ が絶対収束することの判定は比較的考察しやすいであろう．

◇**例題 6.2.** 次の級数が絶対収束することを示せ．

(1) $\displaystyle\sum_{n=1}^{\infty} \frac{\sin n}{n^2}$　　(2) $\displaystyle\sum_{n=1}^{\infty} \frac{n!\sin n}{n^n}$

解答例. (1) $\left|\dfrac{\sin n}{n^2}\right| \leq \dfrac{1}{n^2}$ であり級数 $\displaystyle\sum_{n=1}^{\infty} \frac{1}{n^2}$ は収束するので，与えられた級数は絶対収束する．

(2) $\left|\dfrac{n!\sin n}{n^n}\right| \leq \dfrac{n!}{n^n}$ であり，級数 $\displaystyle\sum_{n=1}^{\infty} \frac{n!}{n^n}$ は収束する．(例えば，ダランベールの判定法を用いよ．) よって与えられた級数は絶対収束する． □

級数 $\sum_{n=1}^{\infty} a_n$ は $a_n a_{n+1} \leq 0$ のとき**交代級数**とよばれる．交代級数の収束性については次の定理が有名である．

定理 6.8. 数列 $\{b_n\}$ が減少数列で $\lim_{n\to\infty} b_n = 0$ ならば，交代級数

$$\sum_{n=1}^{\infty} (-1)^{n+1} b_n = b_1 - b_2 + b_3 - b_4 + \cdots + (-1)^{n+1} b_n + \cdots$$

は収束する．

証明. $S_n = \sum_{k=1}^{n} (-1)^{k+1} b_k$ とおく．n 部分和の数列 $\{S_n\}$ が収束することを示す．

$\{b_n\}$ の減少性から $S_{2(n+1)} - S_{2n} = b_{2n+1} - b_{2n+2} \geq 0$ なので，数列 $\{S_{2n}\}$ は増加数列とわかる．さらに

$$S_{2n} = b_1 - (b_2 - b_3) - (b_4 - b_5) - \cdots - (b_{2n-2} - b_{2n-1}) - b_{2n} \leq b_1$$

なので，数列 $\{S_{2n}\}$ は上に有界となる．よって，実数の連続性 (第 1 章の定理 1.2) により，数列 $\{S_{2n}\}$ はある実数 (仮に S とおく) に収束する：$\lim_{n\to\infty} S_{2n} = S$.

一方，$S_{2n+1} = S_{2n} + b_{2n+1}$ なので，$\lim_{n\to\infty} b_n = 0$ より $\lim_{n\to\infty} S_{2n+1} = S$ となる．つまり $\lim_{n\to\infty} S_n = S$ とわかる． □

◆**例 6.5.** 交代級数 $\sum_{n=1}^{\infty} \frac{(-1)^{n+1}}{n} = 1 - \frac{1}{2} + \frac{1}{3} - \frac{1}{4} + \cdots$ は定理 6.8 により収束する．しかし，$\sum_{n=1}^{\infty} \left| \frac{(-1)^{n+1}}{n} \right| = \sum_{n=1}^{\infty} \frac{1}{n} = \infty$ なので絶対収束ではない． ■

2 つの収束級数 $\sum_{n=1}^{\infty} a_n$, $\sum_{n=1}^{\infty} b_n$ に対して，その積 $\left(\sum_{n=1}^{\infty} a_n\right)\left(\sum_{n=1}^{\infty} b_n\right)$，つまり

$$(a_1 + a_2 + \cdots + a_n + \cdots)(b_1 + b_2 + \cdots + b_n + \cdots)$$

を "形式的" の展開してみると，結果は $a_i b_j$ (ただし，$i, j = 1, 2, 3, \ldots$) という形の無限個の項の和になることがわかる．(各 (i, j) に対して，項 $a_i b_j$ は 1 つのみ必ず現れることに注意せよ．) これらを適当に並び替え括弧を適宜はさみこむと次のように書ける：

$$\left(\sum_{n=1}^{\infty} a_n\right)\left(\sum_{n=1}^{\infty} b_n\right) = a_1 b_1 + (a_1 b_2 + a_2 b_1) + (a_1 b_3 + a_2 b_2 + a_3 b_1) + \cdots$$
$$\cdots + (a_1 b_n + a_2 b_{n-1} + a_3 b_{n-2} + \cdots + a_{n-1} b_2 + a_n b_1) + \cdots .$$

そこで，新たな数列 $\{c_n\}$ を上記の形式的計算の一般項

$$\begin{aligned} c_n &= a_1 b_n + a_2 b_{n-1} + a_3 b_{n-2} + \cdots + a_{n-1} b_2 + a_n b_1 \\ &= \sum_{k=1}^{n} a_k b_{n+1-k} \end{aligned} \tag{6.2}$$

と定義しておくと，

$$\left(\sum_{n=1}^{\infty} a_n\right)\left(\sum_{n=1}^{\infty} b_n\right) = \sum_{n=1}^{\infty} \left(\sum_{k=1}^{n} a_k b_{n+1-k}\right) = \sum_{n=1}^{\infty} c_n \tag{6.3}$$

と書き換えることができる．

上記の形式的計算が，じつは絶対収束級数に対しては正しいことが次の定理からわかる：

定理 6.9. $\sum_{n=1}^{\infty} a_n, \sum_{n=1}^{\infty} b_n$ は絶対収束する級数とする．このとき $\{c_n\}$ を (6.2) で定義すれば級数 $\sum_{n=1}^{\infty} c_n$ も絶対収束し，(6.3) が成立する．

証明. まず級数 $\sum_{n=1}^{\infty} c_n$ が絶対収束することを示そう.

$$\sum_{k=1}^{n} |c_k| \leq \sum_{k=1}^{n} (|a_1 b_k| + |a_2 b_{k-1}| + \cdots + |a_{k-1} b_2| + |a_k b_1|)$$

であり，右辺の総和に現れるのは $|a_i b_j|$ という形の項のうち $i + j \leq n + 1$ のもののみである．よって

$$\begin{aligned}\sum_{k=1}^{n} |c_k| &\leq (|a_1| + |a_2| + \cdots + |a_n|)(|b_1| + |b_2| + \cdots + |b_n|) \\ &= \left(\sum_{k=1}^{n} |a_k|\right)\left(\sum_{k=1}^{n} |b_k|\right) \leq \left(\sum_{k=1}^{\infty} |a_k|\right)\left(\sum_{k=1}^{\infty} |b_k|\right) : \text{ある非負定数}\end{aligned}$$

となり，仮定より級数 $\sum_{k=1}^{\infty} |c_k|$ の n 部分和は上に有界とわかる．定理 6.3 により，$\sum_{n=1}^{\infty} c_n$ は絶対収束する．

次に，(6.3) が成立することを示そう．

$$A_n = \sum_{k=1}^{n} a_k, \quad B_n = \sum_{k=1}^{n} b_k, \quad C_n = \sum_{k=1}^{n} c_k$$

とおこう．仮定，および前述の結果から $\{A_n\}, \{B_n\}, \{C_n\}$ はすべて収束する数列である．

$$|A_{2n} B_{2n} - C_{2n}| \leq \sum_{1 \leq i,j \leq 2n;\ i+j \geq 2n+2} |a_i b_j|$$

がわかる．ここで，右辺の総和記号はその条件を満たすすべての自然数 i, j の組全部にわたる和を意味する．よって，

$$\begin{aligned}&|A_{2n} B_{2n} - C_{2n}| \\ &\quad \leq \sum_{n+1 \leq i \leq 2n;\ 1 \leq j \leq n} |a_i b_j| + \sum_{n+1 \leq i,j \leq 2n} |a_i b_j| + \sum_{1 \leq i \leq n;\ n+1 \leq j \leq 2n} |a_i b_j|\end{aligned}$$

と評価でき，これより

$$\begin{aligned}|A_{2n} B_{2n} - C_{2n}| \leq &(|a_{n+1}| + \cdots + |a_{2n}|)(|b_1| + \cdots + |b_n|) \\ &+ (|a_{n+1}| + \cdots + |a_{2n}|)(|b_{n+1}| + \cdots + |b_{2n}|) \\ &+ (|a_1| + \cdots + |a_n|)(|b_{n+1}| + \cdots + |b_{2n}|)\end{aligned}$$

を得る．$n \to \infty$ のとき，仮定よりこれの右辺は 0 に収束する．よって，

$$\lim_{n\to\infty} C_{2n} = \lim_{n\to\infty} (C_{2n} - A_{2n} B_{2n}) + \lim_{n\to\infty} A_{2n} B_{2n} = \left(\sum_{n=1}^{\infty} a_n\right)\left(\sum_{n=1}^{\infty} b_n\right).$$

$\{C_n\}$ はすでに収束することがわかっているので $\lim_{n\to\infty} C_n = \left(\sum_{n=1}^{\infty} a_n\right)\left(\sum_{n=1}^{\infty} b_n\right)$ となり (6.3) が成立する. □

◆**例 6.6.** $|r| < 1$ のとき

$$\sum_{n=1}^{\infty} r^{n-1} = 1 + r + r^2 + \cdots + r^{n-1} + \cdots = \frac{1}{1-r}$$

であり，この収束は絶対収束である.（読者はこれを確認せよ.） よって両辺を 2 乗した等式

$$\left(\sum_{n=1}^{\infty} r^{n-1}\right)^2 = \frac{1}{(1-r)^2}$$

の左辺に定理 6.9 を使うことができて次を得る：

$$\frac{1}{(1-r)^2} = \sum_{n=1}^{\infty}\left(\sum_{k=1}^{n} r^{k-1} r^{n-k}\right) = \sum_{n=1}^{\infty} n r^{n-1}.$$

問 6.2. 次の級数の収束・発散を判定せよ.

(1) $\sum_{n=1}^{\infty}\left(1+\frac{1}{n}\right)^{-n^2}$ (2) $\sum_{n=1}^{\infty}\frac{(n!)^2}{(2n)!}\cos n$

(3) $\sum_{n=1}^{\infty}(-1)^{n+1}\sin\frac{1}{n}$ (4) $\sum_{n=0}^{\infty} n^p c^n$ $(p, c$：正定数$)$

6.2 関 数 列

区間 I 上で定義される無限個の関数のなす列

$$f_1(x),\ f_2(x),\ \ldots,\ f_n(x),\ \ldots$$

を**関数列**とよび，数列同様に $\{f_n(x)\}$ と表す. なお，通常の数列 $\{c_n\}$ は各項が定数関数 $f_n(x) \equiv c_n$ となった特別な関数列と考えることができる. 前節で導入した数列や級数に関する術語はそのまま関数列にも流用される.

区間 I 上の関数列 $\{f_n(x)\}$ に対して，

$$\text{各 } x \in I \text{ に対して } \lim_{n\to\infty} f_n(x) = f(x) \text{ が存在する}$$

となるとき，$f(x)$ を関数列 $\{f_n(x)\}$ の（区間 I 上の）**極限関数**とよぶ.

◆**例 6.7.** $I = [0,1]$ とする.

(1) 関数列 $\{x^2 + (x/n)\}$ の I 上の極限関数は $f(x) = x^2$ である.

(2) 関数列 $\{x^n\}$ の I 上の極限関数 $f(x)$ は

$$f(x) = \begin{cases} 0 & (0 \leq x < 1), \\ 1 & (x = 1) \end{cases}$$

である．

(3) 関数列 $\{\sin nx\}$ は $x = 0$ のときしか $n \to \infty$ とした極限をもたない．よって，I 上では極限関数をもたない． ∎

上記で導入した関数列の極限 (関数) の概念は実質的には数列の極限である．そこで，関数列の極限としてよりふさわしい極限概念を導入しよう．そのために若干の準備をする．

定義 6.1. $f(x)$ を区間 I 上の関数とする．

(1) 次の条件を満たす実数 M を $f(x)$ の I 上の**上界**という：

$$\text{すべての } x \in I \text{ に対して } f(x) \leq M.$$

(2) $f(x)$ の I 上の上界のうちで最小のものを $f(x)$ の I 上の**上限** (supremum) といい，それを記号で $\sup_I f$, $\sup_I f(x)$, $\sup_{x \in I} f$, $\sup_{x \in I} f(x)$ などと表す．

(3) $|f(x)|$ の I 上の上限 $\sup_I |f(x)|$ を $f(x)$ の I 上の**上限ノルム** (または単に**ノルム**) といい，$\|f\|$, $\|f(x)\|$, $\|f\|_I$, $\|f(x)\|_I$ などと表す．

◆**例 6.8.** (1) $\|x^2\|_{[0,1]} = 1$. また $\|x^2\|_{[0,1)} = 1$ でもある．

(2) $\|1 - e^{-x}\|_{[0,\infty)} = 1$, $\|\sin x\|_{[0,2\pi]} = 1$.

(3) 関数 x^2 を区間 $[0, \infty)$ で考えると，$\lim_{x \to \infty} x^2 = \infty$ なことから上界は存在しない．このような場合には便宜的に $\|x^2\|_{[0,\infty)} = \infty$ と表記することもある． ∎

注意 6.2. 例 6.8 からもわかるように，区間 I 上の関数 $f(x)$ に対して，$|f(x)|$ が I で最大値をとるならば最大値が $\|f(x)\|_I$ となる．

定義 6.2. 区間 I 上の関数列 $\{f_n(x)\}$ とその極限関数 $f(x)$ に対して，

$$\lim_{n \to \infty} \|f - f_n\| = 0$$

となるとき，$\{f_n(x)\}$ は $f(x)$ に I 上で**一様収束する**という．

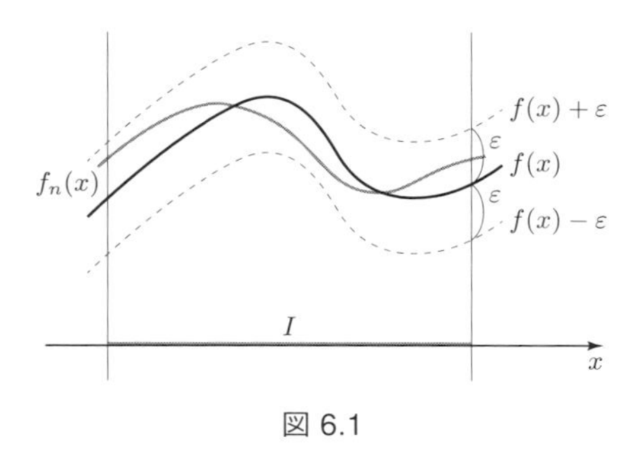

図 6.1

上限の定義を用いて，いわゆる ε–N 論法で上記の定義を書き換えると次のようになる：

任意の $\varepsilon > 0$ に対して，次のような自然数 $N = N_\varepsilon$ を見いだすことができる：

$$n > N \text{ ならば任意の } x \in I \text{ に対して } |f(x) - f_n(x)| < \varepsilon.$$

◆**例 6.9** (例 6.7(1) 参照)．区間 $[0,1]$ 上の関数列 $\left\{x^2 + \dfrac{x}{n}\right\}$ は $[0,1]$ 上で x^2 に一様収束する．実際，$\left\|\left(x^2 + \dfrac{x}{n}\right) - x^2\right\| = \left\|\dfrac{x}{n}\right\| = \dfrac{1}{n} \to 0\ (n \to \infty)$ となる． ∎

第 1 章で紹介した実数の完備性 (定理 1.3) を用いて次を示すことができる (証明は割愛する)．

定理 6.10. 区間 I 上の関数列 $\{f_n(x)\}$ が (ある関数に) 一様収束するための必要十分条件は次である：

$$\lim_{m,n\to\infty} \|f_m - f_n\| = 0.$$

上限の定義を用いてこの定理の条件を ε–N 論法で (上限を用いずに) 書き換えると次のようになる：

任意の $\varepsilon > 0$ に対して，次のような自然数 $N = N_\varepsilon$ を見いだすことができる：

$$m, n > N \text{ ならば任意の } x \in I \text{ に対して } |f_m(x) - f_n(x)| < \varepsilon.$$

一様収束する関数列の極限関数は以下にみるように，よい性質をもっている．これらが一様収束性を重要視する理由のひとつである．

定理 6.11. 区間 I 上の連続関数からなる関数列 $\{f_n(x)\}$ が $f(x)$ に I 上で一様収束するならば，極限関数 $f(x)$ も I 上で連続である．

証明. 任意の $a \in I$ をとる． $\lim_{x \to a} |f(x) - f(a)| = 0$ を示せばよい．

$$|f(x) - f(a)| \leq |f(x) - f_n(x)| + |f_n(x) - f_n(a)| + |f_n(a) - f(a)|$$

なので

$$|f(x) - f(a)| \leq 2\|f - f_n\| + |f_n(x) - f_n(a)|.$$

よって，$x \to a$ として $\lim_{x \to a} |f_n(x) - f_n(a)| = 0$ から

$$\lim_{x \to a} |f(x) - f(a)| \leq 2\|f - f_n\|.$$

ここで $n \to \infty$ として $\lim_{n \to \infty} \|f - f_n\| = 0$ から (左辺は n には無関係な定数なので) $\lim_{x \to a} |f(x) - f(a)| \leq 0$，つまり $\lim_{x \to a} |f(x) - f(a)| = 0$. □

◆**例 6.10** (例 6.7(2) 参照)． 区間 $[0, 1]$ 上の関数列 $\{x^n\}$ は (極限関数はもつが) その収束は一様収束ではない．実際，仮に一様収束だとすると，定理 6.11 により極限関数は連続関数になるはずである．しかし，そこでみたように極限関数は不連続である．よって，一様収束ではありえない． ■

問 6.3. 区間 $[0, \frac{1}{2}]$ において，次の関数列は一様収束するか？
(1) $1 + nx^n$ (2) $\dfrac{\sin nx}{n}$

定理 6.12 (**積分と極限との交換定理**)． 区間 $[a, b]$ 上の連続関数からなる関数列 $\{f_n(x)\}$ が $[a, b]$ 上で $f(x)$ に一様収束するならば，関数列 $\left\{ \int_a^x f_n(t)\,dt \right\}$ も $[a, b]$ 上で一様収束し，$x \in [a, b]$ に対して

$$\lim_{n \to \infty} \int_a^x f_n(t)\,dt = \int_a^x f(t)\,dt, \quad \text{つまり,}$$

$$\lim_{n \to \infty} \int_a^x f_n(t)\,dt = \int_a^x \lim_{n \to \infty} f_n(t)\,dt.$$

証明. $$\left| \int_a^x f_n(t)\,dt - \int_a^x f(t)\,dt \right| \leq \int_a^x |f_n(t) - f(t)|\,dt$$

$$\leq (b - a)\|f_n - f\|_{[a,b]} \to 0 \quad (n \to \infty)$$

よりわかる． □

定理 6.13 (微分と極限との交換定理). $\{f_n(x)\}$ を区間 $[a,b]$ 上の C^1 級関数からなる関数列とする．ある一点 $c \in [a,b]$ で $\{f_n(c)\}$ が収束し，$\{f'_n(x)\}$ が $[a,b]$ で一様収束すれば $\{f_n(x)\}$ は $[a,b]$ で一様収束し，極限関数 $\lim_{n\to\infty} f_n(x)$ も C^1 級となり，かつ

$$\frac{d}{dx}\lim_{n\to\infty} f_n(x) = \lim_{n\to\infty}\frac{d}{dx}f_n(x).$$

証明． $x \in [a,b]$ とする．

$$f_n(x) = f_n(c) + \int_c^x f'_n(t)\,dt$$

である．よって定理 6.12 を用いて，$\{f_n(x)\}$ の一様収束性がわかり，かつ

$$\begin{aligned}\lim_{n\to\infty} f_n(x) &= \lim_{n\to\infty} f_n(c) + \lim_{n\to\infty}\int_c^x f'_n(t)\,dt \\ &= \lim_{n\to\infty} f_n(c) + \int_c^x \lim_{n\to\infty} f'_n(t)\,dt\end{aligned}$$

となる．この両辺を微分して結論を得ることができる：

$$\left(\lim_{n\to\infty} f_n(x)\right)' = \lim_{n\to\infty} f'_n(x).$$

□

6.3 関数項級数

各項が関数であるような級数 $\sum_{n=1}^{\infty} f_n(x)$ を**関数項級数**という．区間 I 上の関数 $f_n(x)$ からなる関数項級数 $\sum_{n=1}^{\infty} f_n(x)$ に対して，その n 部分和 $S_n(x)$ を

$$S_n(x) = \sum_{k=1}^{n} f_k(x) = f_1(x) + f_2(x) + \cdots + f_n(x)$$

で定義しよう．関数列 $\{S_n(x)\}$ が I 上で一様収束するとき，関数項級数 $\sum_{n=1}^{\infty} f_n(x)$ は I 上で**一様収束する**という．

前節の関数列に対する結果を関数列 $\{S_n(x)\}$ に応用すれば，関数項級数に対する種々の結果を得ることができる．特に，次の結果は関数項級数の一様収束を示すために多用される．

定理 6.14 (**ワイエルシュトラス** (Weierstrass) **の優級数定理**). $\{f_n(x)\}$ を区間 I 上で定義される関数列とする．このとき，以下のような数列 $\{a_n\}$ が存在すれば関数項級数 $\sum_{n=1}^{\infty} f_n(x)$ は I 上で絶対収束かつ一様収束する：

・ I において $|f_n(x)| \leq a_n$,

・ 級数 $\sum_{n=1}^{\infty} a_n$ は収束する．

証明. 定理 6.10 により $\lim_{m,n\to\infty} \left\| \sum_{k=n}^{m} f_k \right\| = 0$ を示せばよい．仮定より

$$\left| \sum_{k=n}^{m} f_k(x) \right| \leq \sum_{k=n}^{m} |f_k(x)| \leq \sum_{k=n}^{m} a_k$$

である．よって上限を考えれば

$$\left\| \sum_{k=n}^{m} f_k(x) \right\| \leq \sum_{k=n}^{m} a_k \to 0 \quad (n, m \to \infty)$$

となる． □

次の定理は，それぞれ定理 6.12, 6.13 からの直接の帰結である．

定理 6.15 (**項別積分定理**). 区間 $[a, b]$ 上の連続関数からなる関数項級数 $\sum_{n=1}^{\infty} f_n(x)$ が $[a, b]$ で一様収束すれば，$x \in [a, b]$ に対して

$$\int_a^x \sum_{n=1}^{\infty} f_n(t)\, dt = \sum_{n=1}^{\infty} \int_a^x f_n(t)\, dt.$$

定理 6.16 (**項別微分定理**). $\sum_{n=1}^{\infty} f_n(x)$ を区間 $[a, b]$ 上の C^1 級関数からなる関数項級数とする．ある一点 $c \in [a, b]$ で $\sum_{n=1}^{\infty} f_n(c)$ が収束し，$\sum_{n=1}^{\infty} f_n'(x)$ が $[a, b]$ で一様収束すれば $\sum_{n=1}^{\infty} f_n(x)$ は $[a, b]$ で一様収束し，極限関数 $\sum_{n=1}^{\infty} f_n(x)$ も C^1 級となり，かつ

$$\frac{d}{dx} \sum_{n=1}^{\infty} f_n(x) = \sum_{n=1}^{\infty} \frac{d}{dx} f_n(x).$$

◆**例 6.11.** 数列 $\{a_n\}$ を $\sum_{n=1}^{\infty} n|a_n|$ が絶対収束するようなものとして，関数項級数 $\sum_{n=1}^{\infty} a_n \sin nx$ を考えよう．

$|a_n \sin nx| \leq |a_n|$ であり $\sum_{n=1}^{\infty} |a_n|$ は収束するので，定理 6.14 によりこの級数は $\mathbf{R}$ において一様収束し連続関数になる．よって，定理 6.15 から

$$\int_0^x \sum_{n=1}^{\infty} a_n \sin nt\, dt = \sum_{n=1}^{\infty} a_n \int_0^x \sin nt\, dt = \sum_{n=1}^{\infty} \frac{a_n}{n} - \sum_{n=1}^{\infty} \frac{a_n}{n} \cos nx.$$

また，各項を形式的に微分した級数 $\sum_{n=1}^{\infty} na_n \cos nx$ も $|na_n \cos nx| \leq n|a_n|$ より再び定理 6.14 を用いて $\mathbf{R}$ において一様収束とわかる．よって定理 6.16 により

$$\left(\sum_{n=1}^{\infty} a_n \sin nx\right)' = \sum_{n=1}^{\infty} na_n \cos nx. \qquad \blacksquare$$

問 6.4. 次の関数項級数は $\mathbf{R}$ において一様収束することを示せ．

(1) $\sum_{n=1}^{\infty} \frac{x^{2n}}{n^2(1+x^{2n})}$ (2) $\sum_{n=1}^{\infty} \frac{\sin(n^2 x)}{n^2}$

6.4 冪級数

a を実数，$\{c_n\}$ を与えられた数列とする．

$$\sum_{n=0}^{\infty} c_n(x-a)^n = c_0 + c_1(x-a) + c_2(x-a)^2 + \cdots + c_n(x-a)^n + \cdots$$

の形の関数項級数を (a を中心とした) **冪級数** (または**整級数**) とよぶ．例えば，第 2 章で学んだ初等関数のテイラー (マクローリン) 展開

$$e^x = \sum_{n=0}^{\infty} \frac{x^n}{n!}, \quad \sin x = \sum_{n=0}^{\infty} \frac{(-1)^n}{(2n+1)!} x^{2n+1}$$

の右辺がその実例である．

以下では簡単のために，$a = 0$ とした

$$\sum_{n=0}^{\infty} c_n x^n = c_0 + c_1 x + c_2 x^2 + \cdots + c_n x^n + \cdots$$

の形の冪級数のみ考えることにする．

定理 6.17. (1) ある $x_0 \neq 0$ に対して級数 $\sum_{n=0}^{\infty} c_n x_0^n$ が収束するならば，冪級数 $\sum_{n=0}^{\infty} c_n x^n$ は $|x| < |x_0|$ において (絶対) 収束する．

(2) ある $x_0 \neq 0$ に対して級数 $\sum_{n=0}^{\infty} c_n x_0^n$ が発散するならば，冪級数 $\sum_{n=0}^{\infty} c_n x^n$

は $|x| > |x_0|$ において発散する．

証明． (1) $\sum_{n=0}^{\infty} c_n x_0^n$ が収束するので，定理 6.2 の系により $\lim_{n\to\infty} c_n x_0^n = 0$ である．よって，ある定数 $M \geq 0$ に対して，$|c_n x_0^n| \leq M$ とできる．ゆえに

$$|c_n x^n| = |c_n x_0^n| \left|\frac{x}{x_0}\right|^n \leq M \left|\frac{x}{x_0}\right|^n$$

と評価できる．$|x| < |x_0|$ のとき級数 $\sum_{n=0}^{\infty} M \left|\frac{x}{x_0}\right|^n$ は収束する．よって定理 6.4 により級数 $\sum_{n=0}^{\infty} |c_n x^n|$ も収束する．つまり級数 $\sum_{n=0}^{\infty} c_n x^n$ は絶対収束する．

(2) 背理法で示そう．$|y_0| > |x_0|$ となるある y_0 で級数 $\sum_{n=0}^{\infty} c_n y_0^n$ が収束するとしてみよう．すると，(1) と同じ論法で，$|x| < |y_0|$ となる x で級数 $\sum_{n=0}^{\infty} c_n x^n$ は収束する．特に，級数 $\sum_{n=0}^{\infty} c_n x_0^n$ は収束する．これは仮定に反している． □

上記の定理により，冪級数 $\sum_{n=0}^{\infty} c_n x^n$ の収束性に対して次の 3 つの場合のうちただ一つのみが必ず起きるとわかる：

(a) すべての実数 x で収束する．

(b) 次のような正数 R が存在する：$|x| < R$ では収束し，$|x| > R$ では発散する．

(c) すべての実数 $x \neq 0$ で発散する．

そこで次のような定義を与えることにする．

定義 6.3. (1) 上記の (b) が起きるとき，R を冪級数 $\sum_{n=0}^{\infty} c_n x^n$ の**収束半径**とよぶ．

(2) 上記 (a) が起きるとき，冪級数 $\sum_{n=0}^{\infty} c_n x^n$ の収束半径は ∞ と定義し，(c) が起きるとき，冪級数 $\sum_{n=0}^{\infty} c_n x^n$ の収束半径は 0 と定義する．

注意 6.3. 冪級数 $\sum_{n=0}^{\infty} c_n x^n$ の収束半径が R のとき，$x = \pm R$ でのこの級数の収束・発散の状況にはさまざまな場合がある．(章末問題 7 を参照せよ．)

冪級数の収束半径を与える定理を 2 つ紹介しよう．

定理 6.18 (ダランベールの定理)**.** 冪級数 $\sum_{n=0}^{\infty} c_n x^n$ に対して，

$$\lim_{n\to\infty}\left|\frac{c_n}{c_{n+1}}\right| = R \geq 0 \quad (R = \infty \text{ も可})$$

が存在すれば，R がこの冪級数の収束半径である．

定理 6.19 (コーシーの定理)**.** 冪級数 $\sum_{n=0}^{\infty} c_n x^n$ に対して，

$$\lim_{n\to\infty} |c_n|^{-1/n} = R \geq 0 \quad (R = \infty \text{ も可})$$

が存在すれば，R がこの冪級数の収束半径である．

◇**例題 6.3.** 次の冪級数の収束半径を求めよ．

(1) $\sum_{n=1}^{\infty} n^{\alpha} x^n$ (α は実数)　　(2) $\sum_{n=0}^{\infty} n^n x^n$

解答例. (1) $\lim_{n\to\infty} \dfrac{n^{\alpha}}{(n+1)^{\alpha}} = 1$ なので，定理 6.18 により収束半径は 1.

(2) $\lim_{n\to\infty} (n^n)^{-1/n} = 0$ なので，定理 6.19 により収束半径は 0. ∎

定理 6.18 の証明. $0 < R < \infty$ の場合を考えよう．$x \neq 0$ に対して

$$\lim_{n\to\infty} \frac{|c_{n+1}x^{n+1}|}{|c_n x^n|} = \frac{|x|}{R} \tag{6.4}$$

となることに注意する．

$0 < |x| < R$ とする．(6.4) において $\dfrac{|x|}{R} < 1$ なので定理 6.5 により $\sum_{n=0}^{\infty} |c_n x^n|$ は収束する．つまり $\sum_{n=0}^{\infty} c_n x^n$ は絶対収束する．

$|x| > R$ とする．(6.4) において $\dfrac{|x|}{R} > 1$ である．よって，番号 n が十分大きいとき，$\dfrac{|c_{n+1}x^{n+1}|}{|c_n x^n|} > 1$，つまり $|c_{n+1}x^{n+1}| > |c_n x^n|$ となり，数列 $\{|c_n x^n|\}$ は番号があるところから先は狭義の増加数列となってしまう．よって $\lim_{n\to\infty} c_n x^n = 0$ とはなりえないので，系 6.1 により $\sum_{n=0}^{\infty} c_n x^n$ は発散する．

$R = 0, \infty$ の場合も同様に考えて証明できる． □

定理 6.19 の証明も定理 6.6 を用いて同様にできるので読者に委ねることにする．

問 6.5. 次の冪級数の収束半径を求めよ．

(1) $\sum_{n=1}^{\infty} \frac{(2n+1)!}{\{(n+1)!\}^2} x^n$　(2) $\sum_{n=1}^{\infty} \frac{(n^2)!}{n^n} x^n$　(3) $\sum_{n=1}^{\infty} x^{n^2}$

(4) $\sum_{n=1}^{\infty} \frac{\alpha(\alpha+1)(\alpha+2)\cdots(\alpha+n-1)\beta(\beta+1)(\beta+2)\cdots(\beta+n-1)}{\gamma(\gamma+1)(\gamma+2)\cdots(\gamma+n-1)n!} x^n$

(α, β, γ は定数で γ は非整数とする．この冪級数は**超幾何級数**とよばれる重要な関数である．)

$\sin x$ のマクローリン展開

$$\sin x = x - \frac{x^3}{3!} + \frac{x^5}{5!} - \frac{x^7}{7!} + \cdots$$

の右辺を "形式的に" 微分した場合，左辺の導関数，すなわち $\cos x$ が得られるであろうか？　実際に実行してみると右辺の微分は

$$1 - \frac{x^2}{2!} + \frac{x^4}{4!} - \frac{x^6}{6!} + \cdots$$

となりこれはまさしく $\cos x$ のマクローリン展開である．つまりこの場合，形式的な微分計算は結果的には正しかったことになる．

冪級数で表される関数に対してはこのような導関数の計算法 ("項別微分" とよばれる) が正当化できる．また，同様に項別積分も可能である．これらを以下で示そう．そのために若干の準備をする．

補題 6.1. 冪級数 $\sum_{n=0}^{\infty} c_n x^n$ の収束半径を $R\ (>0)$ とする．

(1) $0 < r < R$ となる任意の r に対して冪級数 $\sum_{n=0}^{\infty} c_n x^n$ は区間 $[-r, r]$ で一様収束する．

(2) 冪級数 $\sum_{n=1}^{\infty} n c_n x^{n-1}$ の収束半径も R である．

証明. (1) $r < \rho < R$ となる定数 ρ をとり固定しておく．級数 $\sum_{n=0}^{\infty} c_n \rho^n$ は収束するので，$|c_n \rho^n| \leq M$ となる定数 $M > 0$ が存在する．よって $-r \leq x \leq r$ のとき

$$|c_n x^n| = |c_n \rho^n| \cdot \left(\frac{|x|}{\rho}\right)^n \leq M \left(\frac{r}{\rho}\right)^n.$$

ここで $\dfrac{r}{\rho} < 1$ より $\displaystyle\sum_{n=0}^{\infty} M\left(\frac{r}{\rho}\right)^n$ は収束するので，優級数定理 (定理 6.14) により $\displaystyle\sum_{n=0}^{\infty} c_n x^n$ は区間 $[-r, r]$ で一様収束する．

(2) $|x| < R$ とする．$|x| < \rho < R$ となる定数 ρ をとり，固定しておこう．$|c_n \rho^n| \leq M$ となる定数 $M > 0$ が存在する．よって

$$|nc_n x^{n-1}| = n|c_n \rho^n| \left(\frac{|x|}{\rho}\right)^{n-1} \cdot \frac{1}{\rho} \leq \frac{M}{\rho} n \left(\frac{|x|}{\rho}\right)^{n-1}$$

であり，$\dfrac{|x|}{\rho} < 1$ より $\displaystyle\sum_{n=0}^{\infty} \frac{M}{\rho} n \left(\frac{|x|}{\rho}\right)^{n-1}$ は収束する (問 6.2 (4) 参照)．よって $\displaystyle\sum_{n=1}^{\infty} nc_n x^{n-1}$ は絶対収束する．つまり，級数 $\displaystyle\sum_{n=1}^{\infty} nc_n x^{n-1}$ の収束半径を R' と書くならば $R' \geq R$ がわかる．(収束半径の定義！)

さて $R' = R$ を示したいので，仮にそうではない，つまり $R' > R$ と仮定してみよう．そうすると，$R < |x| < R'$ となるある x で $\displaystyle\sum_{n=0}^{\infty} c_n x^n$ は発散するが $\displaystyle\sum_{n=1}^{\infty} nc_n x^{n-1}$ は収束することになる．特に (1) の論法により後者は絶対収束，つまり $\displaystyle\sum_{n=1}^{\infty} |nc_n x^{n-1}|$ が収束することになる．$|c_n x^n| \leq |x| \cdot |nc_n x^{n-1}|$ であり $\displaystyle\sum_{n=1}^{\infty} |x| \cdot |nc_n x^{n-1}|$ は収束なので，定理 6.4 により $\displaystyle\sum_{n=0}^{\infty} |c_n x^n|$ は収束，つまり $\displaystyle\sum_{n=0}^{\infty} c_n x^n$ は収束することになる．しかしこれは $\displaystyle\sum_{n=0}^{\infty} c_n x^n$ が発散することに反している．よって $R' = R$ となる． □

定理 6.20. 冪級数 $\displaystyle\sum_{n=0}^{\infty} c_n x^n$ の収束半径を $R\,(> 0)$ とする．このとき，$|x| < R$ となる x に対して

(1) **(項別積分定理)** $$\int_0^x \sum_{n=0}^{\infty} c_n t^n\, dt = \sum_{n=0}^{\infty} \int_0^x c_n t^n\, dt = \sum_{n=0}^{\infty} \frac{c_n}{n+1} x^{n+1}.$$

(2) **(項別微分定理)** $$\frac{d}{dx} \sum_{n=0}^{\infty} c_n x^n = \sum_{n=0}^{\infty} \frac{d}{dx}(c_n x^n) = \sum_{n=1}^{\infty} nc_n x^{n-1}.$$

証明. (1) 補題 6.1(1) により，冪級数は収束域 $|x| < R$ の内部の任意の閉区間で一様収束するので定理 6.12 を用いればよい．

(2) 補題 6.1 により，冪級数 $\displaystyle\sum_{n=1}^{\infty} nc_n x^{n-1}$ が区間 $(-R, R)$ の内部の任意の

閉区間で一様収束するので，定理 6.13 を用いればよい．□

系 6.2. 冪級数 $\sum_{n=0}^{\infty} c_n x^n$ の収束半径を $R\ (>0)$ とする．このとき，関数 $f(x) = \sum_{n=0}^{\infty} c_n x^n$ は $|x| < R$ において C^∞ 級で

$$c_n = \frac{f^{(n)}(0)}{n!}.$$

証明. 定理 6.20(2) を繰り返し用いることにより，$f(x)$ が C^∞ 級なことはすぐにわかり，$p = 1, 2, \ldots$ に対して

$$f^{(p)}(x) = \sum_{n=p}^{\infty} n(n-1)(n-2)\cdots(n-p+1)c_n x^{n-p}$$

となる．よって，$x = 0$ とおいて $f^{(p)}(0) = p!c_p$ から結論が得られる．□

◆**例 6.12.** 冪級数の項別積分定理を用いて $\tan^{-1} x$ のマクローリン展開を求めてみよう．等比級数の公式より

$$\frac{1}{1+x^2} = 1 - x^2 + x^4 - \cdots + (-1)^n x^{2n} + \cdots$$

である．右辺は収束半径 1 の冪級数である．$|x| < 1$ として両辺を $[0, x]$ で積分すると，項別積分定理から

$$\tan^{-1} x = x - \frac{x^3}{3} + \frac{x^5}{5} - \cdots + (-1)^n \frac{x^{2n+1}}{2n+1} + \cdots$$

を得る．■

第 2 章では，マクローリンの定理をもとにしてマクローリン展開を求めた．その方針で $\tan^{-1} x$ のマクローリン展開を求めようとすると，まず $\tan^{-1} x$ の n 階導関数を求める必要がある．しかし，これは難しい問題であろう．上記の方法のほうが見通しがよいといえる．

問 6.6. マクローリン級数 $-\log(1-x) = \sum_{n=1}^{\infty} \frac{x^n}{n}$, $|x| < 1$ を用いて次を示せ：

$$\sum_{n=1}^{\infty} \frac{1}{2^n n(n+1)} = \log 2 - 1.$$

本節の最後に定理 6.9 を冪級数に応用した結果を述べる．証明は読者に委ねることにする．

定理 6.21. 冪級数 $\sum_{n=0}^{\infty} a_n x^n$, $\sum_{n=0}^{\infty} b_n x^n$ の収束半径をそれぞれ $R_a, R_b > 0$ とする．このとき冪級数

$$\sum_{n=0}^{\infty} c_n x^n, \quad c_n = a_0 b_n + a_1 b_{n-1} + a_2 b_{n-2} + \cdots + a_{n-1} b_1 + a_n b_0 = \sum_{k=0}^{n} a_k b_{n-k}$$

の収束半径 R_c は $R_c \geq \min\{R_a, R_b\}$ であり，$|x| < \min\{R_a, R_b\}$ に対して次が成立する：

$$\left(\sum_{n=0}^{\infty} a_n x^n\right)\left(\sum_{n=0}^{\infty} b_n x^n\right) = \sum_{n=0}^{\infty} c_n x^n = \sum_{n=0}^{\infty}\left(\sum_{k=0}^{n} a_k b_{n-k}\right) x^n.$$

章末問題

1. 次の級数の収束・発散を判定せよ．

(1) $\sum_{n=1}^{\infty} \dfrac{a^n + b^n}{c^n + d^n}$ $(a, b, c, d > 0$ で，$a > b,\ c > d$ とする$)$

(2) $\sum_{n=1}^{\infty} \dfrac{(2n)!}{n!a^n}$ $(a > 0)$ (3) $\sum_{n=1}^{\infty} \dfrac{\sin cn}{2^{cn}}$ $(c > 0)$

(4) $\sum_{n=1}^{\infty} \left(\dfrac{n}{n+c}\right)^{n^2}$ $(c > 0)$ (5) $\sum_{n=1}^{\infty} \dfrac{n^q}{n^p + 1}$ $(p, q > 0)$

2. 正項級数 $\sum_{n=1}^{\infty} a_n$ が収束すれば，$p > 1$ に対して $\sum_{n=1}^{\infty} a_n^p$ も収束することを示せ．また，この逆は必ずしも成立しないことを実例をあげて説明せよ．

3. (1) $b > 1$ を定数とする．$x > 0$ において $b^x > 1 + (\log b)x$ が成立することを示せ．

(2) $a > 0$ とする．(1) の不等式を用いて級数 $\sum_{n=1}^{\infty} (a^{1/n} - 1)$ の収束・発散を判定せよ．

4. 次の関数列の区間 $[0, 1]$ での極限関数を求めよ．また，その収束は区間 $[0, 1]$ において一様収束ではないことを示せ．

(1) $f_n(x) = \dfrac{n^\alpha x}{1 + n^{2\alpha} x^2}$ $(\alpha > 0$ は定数$)$

(2) $f_n(x) = nx(1-x)^n$

5. $f_n(x) = nxe^{-nx^2}$ とおく．

(1) 関数列 $\{f_n(x)\}$ の極限関数 $f(x)$ を求めよ．

(2) $\lim_{n\to\infty} \int_0^1 f_n(x)\,dx \neq \int_0^1 \lim_{n\to\infty} f_n(x)\,dx$ を示せ．

(3) $\{f_n(x)\}$ の $f(x)$ への収束は，区間 $[0,1]$ において一様収束ではないことを示せ．
(補足：本問は定理 6.12 (積分と極限の交換定理) の仮定から一様収束性の条件を一般にはおとせないことを意味している．)

6. 冪級数 $\sum_{n=0}^{\infty} c_n x^n$ の収束半径を R とする．次の冪級数の収束半径を R を用いて表せ．

(1) $\sum_{n=0}^{\infty} \alpha^n c_n x^n$ ($\alpha > 0$ は定数)　　(2) $\sum_{n=0}^{\infty} c_n x^{2n}$

(ヒント：収束半径の定義を用いてみよ．)

7. (1) 冪級数 $\sum_{n=0}^{\infty} x^n$ の収束半径は 1 で，$x = \pm 1$ においてこの冪級数は発散することを示せ．

(2) $0 < \alpha \leq 1$ とする．冪級数 $\sum_{n=0}^{\infty} \frac{x^n}{n^\alpha}$ の収束半径は 1 で，この冪級数は $x = 1$ では発散し，$x = -1$ では収束することを示せ．

(3) $\alpha > 1$ とする．冪級数 $\sum_{n=0}^{\infty} \frac{x^n}{n^\alpha}$ の収束半径は 1 で，$x = \pm 1$ においてこの冪級数は収束することを示せ．

8. $|x| < 1$ に対して

$$1 + x + x^2 + \cdots + x^n + \cdots = \frac{1}{1-x}$$

であるが，この冪級数の収束は区間 $[0,1)$ においては一様収束ではないことを示せ．

9. 冪級数 $f(x) = \sum_{n=1}^{\infty} \frac{x^{n+1}}{n(n+1)}$ を考える．

(1) $f(x)$ の収束半径を求めよ．

(2) $f''(x)$ を求めることにより，$f(x)$ を初等関数で書き下してみよ．

10. 定理 6.21 を用いて，関数 $f(x) = e^x \sin x$ のマクローリン展開の最初の数項を求めよ．

11. 冪級数 $\sum_{n=0}^{\infty} c_n x^n$ の収束半径 R を $R \geq 1$ とする．このとき $|x| < 1$ で冪級数

$$\sum_{n=0}^{\infty} (c_0 + c_1 + \cdots + c_n) x^n$$

も絶対収束することを示せ．(ヒント：この冪級数と収束半径 1 の冪級数 $\sum_{n=0}^{\infty} x^n = \frac{1}{1-x}$ に定理 6.21 を適応してみよ．)

問題の略解

—— 第 1 章 ——

問 1.1 (p.5) (1) $A=\sqrt[3]{1-\dfrac{1}{n}},\ B=\sqrt[3]{1+\dfrac{1}{n}}$ とおく．すると $\displaystyle\lim_{n\to\infty}A=\lim_{n\to\infty}B=1$ である．これより $\left(\sqrt[3]{1-\dfrac{1}{n}}-\sqrt[3]{1+\dfrac{1}{n}}\right)n=(A-B)n=\dfrac{(A-B)(A^2+AB+B^2)n}{A^2+AB+B^2}$ $=\dfrac{(A^3-B^3)n}{A^2+AB+B^2}=\dfrac{-2}{A^2+AB+B^2}\to-\dfrac{2}{3}\ (n\to\infty)$ だから，
$\displaystyle\lim_{n\to\infty}\left(\sqrt[3]{1-\frac{1}{n}}-\sqrt[3]{1+\frac{1}{n}}\right)n=-\frac{2}{3}.$

(2) $A=\sqrt[3]{a+n+1},\ B=\sqrt[3]{a+n-1}$ とおく．すると $\displaystyle\lim_{n\to\infty}\frac{A}{\sqrt[3]{n}}=\lim_{n\to\infty}\frac{B}{\sqrt[3]{n}}=1$ である．$\sqrt[3]{n^2}\left(\sqrt[3]{a+n+1}-\sqrt[3]{a+n-1}\right)=\dfrac{\sqrt[3]{n^2}(A-B)(A^2+AB+B^2)}{A^2+AB+B^2}$ $=\dfrac{\sqrt[3]{n^2}(A^3-B^3)}{A^2+AB+B^2}=\dfrac{2}{(A/\sqrt[3]{n})^2+(A/\sqrt[3]{n})(B/\sqrt[3]{n})+(B/\sqrt[3]{n})^2}\to\dfrac{2}{3}\ (n\to\infty).$
したがって $\displaystyle\lim_{n\to\infty}\sqrt[3]{n^2}\left(\sqrt[3]{a+n+1}-\sqrt[3]{a+n-1}\right)=\frac{2}{3}.$

(3) $\displaystyle\lim_{n\to\infty}\frac{n^{\frac{1}{\sqrt{n}}}}{n^{\frac{1}{\sqrt{n}}}-n^{\frac{1}{\sqrt{n+1}}}}=+\infty$．これを示すには次の方法をとる．まず，
$\displaystyle\lim_{n\to\infty}\frac{n^{\frac{1}{\sqrt{n}}}}{n^{\frac{1}{\sqrt{n}}}-n^{\frac{1}{\sqrt{n+1}}}}=\lim_{n\to\infty}\frac{1}{1-n^{\frac{1}{\sqrt{n+1}}-\frac{1}{\sqrt{n}}}}$ である．また，$0<n^{\frac{1}{\sqrt{n+1}}-\frac{1}{\sqrt{n}}}<1$ である．そこで $\displaystyle\lim_{n\to\infty}n^{\frac{1}{\sqrt{n+1}}-\frac{1}{\sqrt{n}}}=1$ を示せばよい．

$$0>\frac{1}{\sqrt{n+1}}-\frac{1}{\sqrt{n}}=\frac{\sqrt{n}-\sqrt{n+1}}{\sqrt{n}\sqrt{n+1}}=\frac{n-(n+1)}{\sqrt{n}\sqrt{n+1}(\sqrt{n}+\sqrt{n+1})}$$
$$=\frac{-1}{\sqrt{n}\sqrt{n+1}(\sqrt{n}+\sqrt{n+1})}>\frac{-1}{2n\sqrt{n}}>\frac{-1}{n}$$

であるので，$n^0>n^{\frac{1}{\sqrt{n+1}}-\frac{1}{\sqrt{n}}}>n^{\frac{-1}{n}}\to1\ (n\to\infty)$ となる．これより，
$\displaystyle\lim_{n\to\infty}\frac{n^{\frac{1}{\sqrt{n}}}}{n^{\frac{1}{\sqrt{n}}}-n^{\frac{1}{\sqrt{n+1}}}}=\lim_{n\to\infty}\frac{1}{1-n^{\frac{1}{\sqrt{n+1}}-\frac{1}{\sqrt{n}}}}=+\infty$ が得られた．

問 1.2 (p.6) $n > k$ とする．$a > 1$ のとき $a = 1 + \varepsilon$ とすると $\varepsilon > 0$ である．

$$\begin{aligned}\frac{a^n}{n^k} = \frac{(1+\varepsilon)^n}{n^k} &= \frac{1 + n\varepsilon + \cdots + \binom{n}{k+1}\varepsilon^{k+1} + \cdots + \varepsilon^n}{n^k} \\ &\geq \frac{1 + n\varepsilon + \cdots + \binom{n}{k+1}\varepsilon^{k+1}}{n^k} \\ &= \frac{1}{n^k} + \frac{\varepsilon}{n^{k-1}} + \cdots + \binom{n}{k+1}\frac{\varepsilon^{k+1}}{n^k} \to \infty \quad (n \to \infty)\end{aligned}$$

ここで

$$\begin{aligned}\binom{n}{k+1}\frac{1}{n^k} &= \frac{n!}{(k+1)!(n-k-1)!}\frac{1}{n^k} = \frac{1}{(k+1)!}\frac{n(n-1)\cdots(n-k)}{n^k} \\ &= \frac{1}{(k+1)!}\cdot 1\left(1 - \frac{1}{n}\right)\cdots\left(1 - \frac{k-1}{n}\right)(n-k)\end{aligned}$$

だから，$n \to \infty$ とすると $\binom{n}{k+1}\frac{1}{n^k} \to \infty$ となる．したがって，$\lim_{n\to\infty}\frac{a^n}{n^k} = \infty$ となる．$0 < a < 1$ のときは，$b = \frac{1}{a}$ とおくと $b > 1$ であるので，$\lim_{n\to\infty}\frac{b^n}{n^k} = \infty$ となり，$\lim_{n\to\infty} n^k a^n = \lim_{n\to\infty}\frac{n^k}{b^n} = 0$ である．

問 1.3 (p.11) (1) 任意の $\varepsilon > 0$ に対して，$N_\varepsilon = \lceil 1/\varepsilon^2 \rceil$ とすると，$n \geq N_\varepsilon$ に対して $|a_n - 0| = \frac{1}{\sqrt{n}} \leq N_\varepsilon$.

(2) $a_n = \frac{1}{\sqrt{n^2+n+1}} < \frac{1}{n}$ だから $N_\varepsilon = \lceil 1/\varepsilon \rceil$ としておけば十分.

(3) $n \geq N_\varepsilon$ で $a_n = \frac{1}{\log n} < \varepsilon$ となるようにすればよいのだから $n > e^{1/\varepsilon}$ であればよく，$N_\varepsilon = \lceil e^{1/\varepsilon} \rceil$ としておけば十分である．

問 1.4 (p.17) (1) $\left(1 - \frac{1}{n}\right)^n = \left(\frac{n-1}{n}\right)^n = \left(\frac{n}{n-1}\right)^{-n} = \left(\frac{n-1+1}{n-1}\right)^{-n}$ $= \left(1 + \frac{1}{n-1}\right)^{-n+1} \times \left(1 + \frac{1}{n-1}\right)^{-1}$ ここで $n \to \infty$ とすれば，$\lim_{n\to\infty}\left(1 - \frac{1}{n}\right)^n = \frac{1}{e}$ となることが証明される．

(2) $m = -n$ とすると，$\lim_{n\to-\infty}\left(1 + \frac{1}{n}\right)^n = \lim_{m\to+\infty}\left(1 - \frac{1}{m}\right)^{-m} = \left(\frac{1}{e}\right)^{-1} = e.$

問 1.5 (p.19) (1) $[-24, 0]$ (2) $[-1, 1]$

問 1.7 (p.26) (1) (略)

(2) $f(x) = x^2$, $g(x) = 1 - x^2$, $(f \circ g)(x) = (1 - x^2)^2$, $(g \circ f)(x) = 1 - x^4$．この場合，$(g \circ f)(x) \geq (f \circ g)(x)$ である．グラフは図の左 (下に開いているグラフが $1 - x^4$).

(3) $f^{-1}(x)=\sqrt{x}$, $g^{-1}(x)=\sqrt{1-x}$, $(f\circ g)^{-1}(x)=g^{-1}\circ f^{-1}(x)=\sqrt{1-\sqrt{x}}$, $(g\circ f)^{-1}(x)=f^{-1}\circ g^{-1}(x)=\sqrt[4]{1-x}$. グラフは図の右 (下側のグラフが $\sqrt[4]{1-x}$).

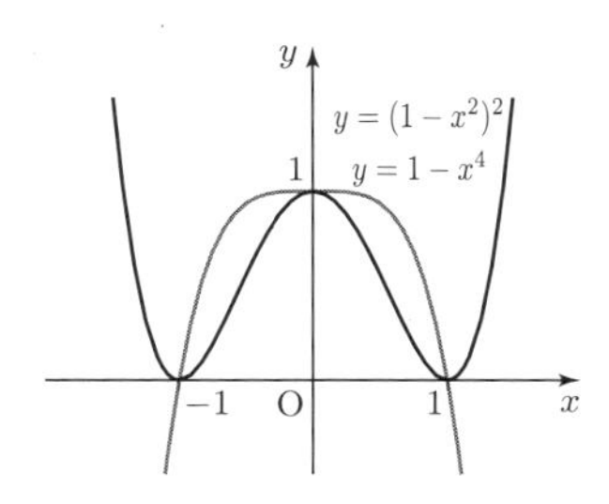

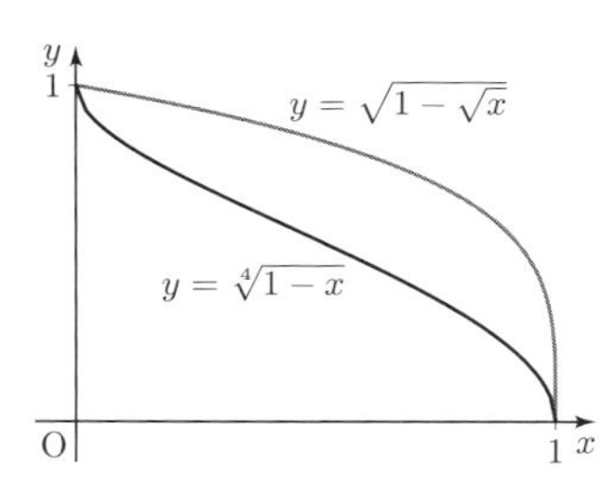

問 1.8 (p.27) (1) 正しい. (2) 正しくない.

問 1.9 (p.29) $f(x)=x^{\sqrt{2}}$ の逆関数は $f^{-1}(x)=x^{1/\sqrt{2}}$ で, 定義域はともに $[0,\infty)$ で値域も $[0,\infty)$. $f(x)=x^{-\sqrt{2}}$ の逆関数は $f^{-1}(x)=x^{-1/\sqrt{2}}$ で, 定義域はともに $(0,\infty)$ で値域も $(0,\infty)$. 下図の左が $f(x)=x^{\sqrt{2}}$ とその逆関数 $f^{-1}(x)=x^{1/\sqrt{2}}$ のグラフ ($x\to\infty$ での増加が速いのが $f(x)=x^{\sqrt{2}}$). 右が $f(x)=x^{-\sqrt{2}}$ とその逆関数 $f^{-1}(x)=x^{-1/\sqrt{2}}$ のグラフ ($x\to\infty$ での減少が速いのが $f(x)=x^{-\sqrt{2}}$).

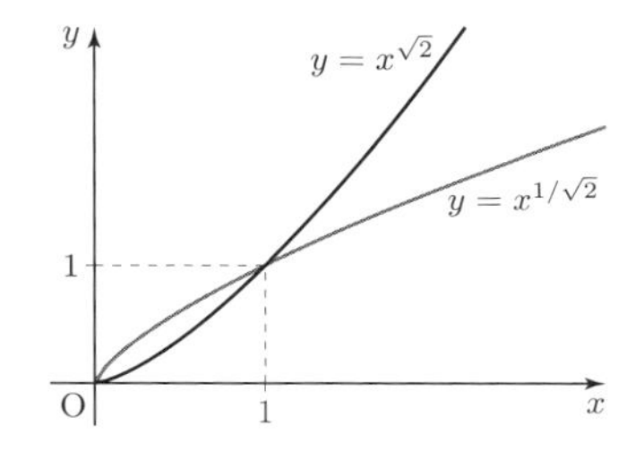

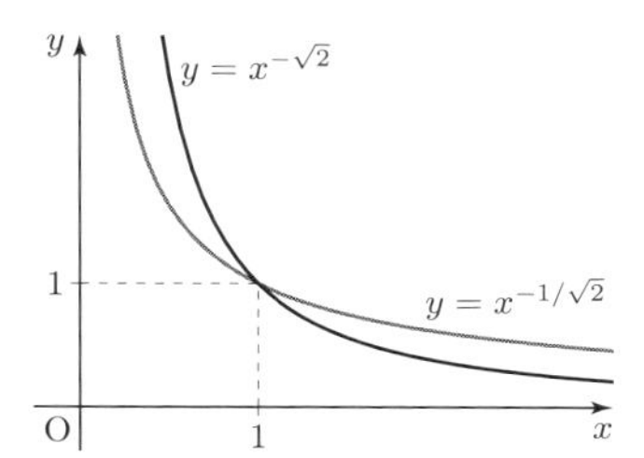

問 1.10 (p.31) x を $n\leq x<n+1$ となる実数とする. このとき,

$$\left(1+\frac{1}{n+1}\right)^n<\left(1+\frac{1}{x}\right)^n\leq\left(1+\frac{1}{x}\right)^x\leq\left(1+\frac{1}{n}\right)^x<\left(1+\frac{1}{n}\right)^{n+1}$$

となる. ここで, $n\to\infty$ とするとき

$$\lim_{n\to\infty}\left(1+\frac{1}{n+1}\right)^n=\lim_{n\to\infty}\left(\left(1+\frac{1}{n+1}\right)^{n+1}\right)^{\frac{n}{n+1}}=e,$$

$$\lim_{n\to\infty}\left(1+\frac{1}{n}\right)^{n+1}=\lim_{n\to\infty}\left(1+\frac{1}{n}\right)^n\left(1+\frac{1}{n}\right)=e$$

なので, $n\to\infty$ であれば $x\to\infty$ となり $\displaystyle\lim_{x\to\infty}\left(1+\frac{1}{x}\right)^x=e$.

同様にして,

$$\lim_{x\to-\infty}\left(1+\frac{1}{x}\right)^x=\lim_{x\to\infty}\left(1-\frac{1}{x}\right)^{-x}=\lim_{x\to\infty}\frac{1}{(1-\frac{1}{x})^x}$$
$$=\lim_{x\to\infty}\left(\frac{x}{x-1}\right)^x=\lim_{x\to\infty}\left(1+\frac{x}{1}\right)^{x-1}=e,$$
$$\lim_{x\to\infty}\left(1-\frac{1}{x}\right)^x=\lim_{x\to\infty}\frac{1}{(1-\frac{1}{x})^{-x}}=\lim_{x\to-\infty}\frac{1}{(1+\frac{1}{x})^x}=\frac{1}{e},$$
$$\lim_{x\to-\infty}\left(1-\frac{1}{x}\right)^x=\lim_{x\to\infty}\left(1+\frac{1}{x}\right)^{-x}=\lim_{x\to\infty}\frac{1}{(1+\frac{1}{x})^x}=\frac{1}{e}.$$

問 1.11 (p.31) $\displaystyle\lim_{x\to\infty}\left(1+\frac{1}{x}\right)^x=\lim_{x\to-\infty}\left(1+\frac{1}{x}\right)^x=e$

であるから，$u=\dfrac{1}{x}$ とおくと，$x\to\pm\infty$ であれば $u\to 0$ であって

$$\lim_{u\to 0}(1+u)^{1/u}=e.$$

したがって，

$$\lim_{u\to 0}\frac{\log(1+u)}{u}=\lim_{u\to 0}\log(1+u)^{1/u}=\log e=1.$$

ここで $u=x$ とおけば

$$\lim_{x\to 0}\frac{\log(x+1)}{x}=1$$

となる．また $u=e^x-1$ とおけば $x=\log(1+u)$．$x\to 0$ のとき $u\to 0$ であるから

$$\lim_{x\to 0}\frac{e^x-1}{x}=\lim_{u\to 0}\frac{u}{\log(1+u)}=\lim_{u\to 0}\frac{1}{\frac{1}{u}\log(1+u)}=1.$$

問 1.12 (p.31) $\displaystyle\lim_{x\to 0}\frac{a^x-1}{x}=\lim_{x\to 0}\frac{e^{x\log a-1}}{x}=\lim_{x\to 0}\frac{e^{x\log a-1}}{x\log a}\frac{x\log a}{x}=\log a,$

$$\lim_{x\to 0}\frac{\log_a(x+1)}{x}=\lim_{x\to 0}\frac{\log(x+1)/\log a}{x}=\lim_{x\to 0}\frac{\log(x+1)}{x}\frac{1}{\log a}=\frac{1}{\log a}$$

問 1.13 (p.33) (1) $\dfrac{\pi}{6}$ (2) $\dfrac{\pi}{3}$ (3) $\dfrac{\pi}{3}$ (4) $\dfrac{\pi}{6}$ (5) $-\dfrac{\pi}{3}$ (6) $\dfrac{2\pi}{3}$
(7) $-\dfrac{\pi}{6}$ (8) $\dfrac{5\pi}{6}$

問 1.15 (p.35) (1) 定義より $0\le\cos^{-1}x\le\pi$ であるので，$\sin(\cos^{-1}x)\ge 0$ であって，したがって

$$\sin(\cos^{-1}x)=+\sqrt{1-(\cos(\cos^{-1}x))^2}=\sqrt{1-x^2}.$$

$\cos(\sin^{-1}x)=\sqrt{1-x^2}$ も同様に証明できる．

(2) まず, $\sin^{-1}(\sin x)+\cos^{-1}(\sin x)=\frac{\pi}{2}$ である．また, $|x|\le\frac{\pi}{2}$ ならば $\sin^{-1}(\sin x)=x$ であるので

$$\cos^{-1}(\sin x)=\frac{\pi}{2}-\sin^{-1}(\sin x)=\frac{\pi}{2}-x.$$

(3) $|x| \leq 1$ のとき $0 \leq \sqrt{1-x^2} \leq 1$ だから，$0 \leq \cos^{-1}\sqrt{1-x^2} \leq \frac{\pi}{2}$．したがって，$0 \leq \sin(\cos^{-1}\sqrt{1-x^2}) \leq 1$．さらに，(1) の結果より $\sin(\cos^{-1}\sqrt{1-x^2}) = \sqrt{1-(\sqrt{1-x^2})^2} = \sqrt{x^2} = |x|$．これより，$\sin^{-1}|x| = \sin^{-1}(\sin(\cos^{-1}\sqrt{1-x^2})) = \cos^{-1}\sqrt{1-x^2}$ となって，結論が得られる．

(4) (1) の結果より $\tan(\sin^{-1}x) = \dfrac{\sin(\sin^{-1}x)}{\cos(\sin^{-1}x)} = \dfrac{x}{\sqrt{1-x^2}}$．これより $\sin^{-1}x = \tan^{-1}(\tan(\sin^{-1}x)) = \tan^{-1}\dfrac{x}{\sqrt{1-x^2}}$．

問 1.19 (p.38) (1) $y = \sinh^{-1}x$ とおくと，定義域は実数全体 $\mathbf{R}$ である．このとき，$x = \sinh y$，つまり $x = \dfrac{e^y - e^{-y}}{2}$．よって $e^{2y} - 2xe^y - 1 = 0$ となる．これを e^y に関する 2 次方程式と考えれば $e^y = x \pm \sqrt{x^2+1}$ となる．ここで $e^y > 0$ だから $e^y = x + \sqrt{x^2+1}$ となり，$y = \log(x + \sqrt{x^2+1})$ が得られる．

(2) $y = \cosh^{-1}x$ とおくと定義域は $x \geq 1$ である．$x = \cos y$ であって，ここから $x = \dfrac{e^y + e^{-y}}{2}$ が得られる．$e^{2y} - 2xe^y + 1 = 0$ となり，前問同様にこれを e^y に関する 2 次方程式と考えれば $e^y = x \pm \sqrt{x^2-1}$ となる．ここで $e^y > 0$ だから $e^y = x + \sqrt{x^2-1}$ となり，$y = \log(x + \sqrt{x^2-1})$ が得られる．

(3) $y = \tanh^{-1}x$ とおくと定義域は $-1 < x < 1$ である．$x = \tan y$ であって，ここから $x = \dfrac{e^y - e^{-y}}{e^y + e^{-y}}$ が得られ，$(x-1)e^y + (x+1)e^{-y} = 0$，これを解くと $e^{2y} = \dfrac{1+x}{1-x}$ となり，$y = \dfrac{1}{2}\log\left(\dfrac{1+x}{1-x}\right)$ が得られる．

章末問題

1. (1) $\dfrac{1}{3}$ (2) 0 (3) $+\infty$

(4)
$$\begin{aligned}
&\lim_{n\to\infty}(\sqrt{(n+a_1)(n+a_2)} - n) \\
&= \lim_{n\to\infty}\frac{(\sqrt{(n+a_1)(n+a_2)} - n)(\sqrt{(n+a_1)(n+a_2)} + n)}{\sqrt{(n+a_1)(n+a_2)} + n} \\
&= \lim_{n\to\infty}\frac{(n+a_1)(n+a_2) - n^2}{\sqrt{(n+a_1)(n+a_2)} + n} = \lim_{n\to\infty}\frac{(a_1+a_2)n + a_1a_2}{\sqrt{(n+a_1)(n+a_2)} + n} \\
&= \lim_{n\to\infty}\frac{(a_1+a_2) + a_1a_2/n}{\sqrt{(1+a_1/n)(1+a_2/n)} + 1} = \frac{a_1+a_2}{2}
\end{aligned}$$

(5) $A_n = \sqrt[3]{(n+a_1)(n+a_2)(n+a_3)}$ とおくと $\displaystyle\lim_{n\to\infty}\frac{A_n}{n} = 1$ である．また，$A_n^3 - n^3 = (a_1+a_2+a_3)n^2 + (a_1a_2+a_2a_3+a_3a_1)n + a_1a_2a_3$ である．

$$\begin{aligned}
&\lim_{n\to\infty}(\sqrt[3]{(n+a_1)(n+a_2)(n+a_3)} - n) \\
&= \lim_{n\to\infty}\frac{(A_n - n)(A_n^2 + A_n n + n^2)}{A_n^2 + A_n n + n^2} = \lim_{n\to\infty}\frac{A_n^3 - n^3}{A_n^2 + A_n n + n^2} \\
&= \lim_{n\to\infty}\frac{(a_1+a_2+a_3)n^2 + (a_1a_2+a_2a_3+a_3a_1)n + a_1a_2a_3}{A_n^2 + A_n n + n^2}
\end{aligned}$$

$$= \lim_{n\to\infty} \frac{(a_1+a_2+a_3)+(a_1a_2+a_2a_3+a_3a_1)/n+a_1a_2a_3/n^2}{(A_n/n)^2+(A_n/n)+1}$$
$$= \frac{a_1+a_2+a_3}{3}$$

2. $a_0=\sqrt{a}=a^{1/2}$, $a_1=\sqrt{aa_0}=a^{1/2+1/4}$, $a_2=\sqrt{aa_1}=a^{1/2+1/4+1/8}$ のように計算していくと，$a_n=\sqrt{aa_1}=a^{1/2+1/4+1/8+\cdots+1/2^{n+1}}$ であることがわかる．これより，$\lim_{n\to\infty} a_n = a^{1/2+1/4+1/8+\cdots}=a$ となる．

3. (1) $0 \le \left|x\left(1-\cos\frac{1}{x}\right)\right| \le |x|\cdot\left(1+\left|\cos\frac{1}{x}\right|\right) \le 2|x|$ であるので，ここで $x\to+0$ とすれば，はさみうちの原理により $\lim_{x\to+0} x\left(1-\cos\frac{1}{x}\right)=0$.

(2) $0 \le \left|x\left(\sin\frac{1}{x}\right)\right| \le |x|$ であるので，ここで $x\to+0$ とすれば，はさみうちの原理により $\lim_{x\to+0} x\left(\sin\frac{1}{x}\right)=0$.

(3) 1　　(4) 2

4. $a_1>a_2>\cdots>a_n$ なので

$$a_1 \le (a_1^x+a_2^x+\cdots+a_n^x)^{1/x} \le n^{1/x}a_1$$

を得る．はさみうちの原理より

$$\lim_{x\to\infty}(a_1^x+a_2^x+\cdots+a_n^x)^{1/x}=a_1.$$

5. すべての関係式を加えると，$n\ge 1$ に対して

$$a_n+b_n+c_n=a_{n-1}+b_{n-1}+c_{n-1}$$

だから $a_n+b_n+c_n=a_0+b_0+c_0$．また，2つの漸化式を引くと

$$a_n-b_n=-\frac{1}{2}(a_{n-1}-b_{n-1}), \qquad a_n-c_n=-\frac{1}{2}(a_{n-1}-c_{n-1})$$

より

$$a_n-b_n=\left(-\frac{1}{2}\right)^n(a_0-b_0), \qquad a_n-c_n=\left(-\frac{1}{2}\right)^n(a_0-c_0).$$

これらの関係式を加えると

$$3a_n=a_0+b_0+c_0+\left(-\frac{1}{2}\right)^n(a_0-b_0)+\left(-\frac{1}{2}\right)^n(a_0-c_0).$$

したがって，$\lim_{n\to\infty} a_n=\frac{a_0+b_0+c_0}{3}$．同様に $\lim_{n\to\infty} b_n=\lim_{n\to\infty} c_n=\frac{a_0+b_0+c_0}{3}$.

6. $\alpha_n=\log a_n$，$\beta_n=\log b_n$，$\gamma_n=\log c_n$ とおくと，漸化式の関係式は

$$\alpha_n=\frac{\beta_{n-1}+\gamma_{n-1}}{2},\ \beta_n=\frac{\gamma_{n-1}+\alpha_{n-1}}{2},\ \gamma_n=\frac{\alpha_{n-1}+\beta_{n-1}}{2}$$

となり，前問より $\lim_{n\to\infty}\alpha_n=\lim_{n\to\infty}\beta_n=\lim_{n\to\infty}\gamma_n=\frac{\alpha_0+\beta_0+\gamma_0}{3}$．これより

$$\lim_{n\to\infty} a_n = \lim_{n\to\infty} b_n = \lim_{n\to\infty} c_n = \sqrt[3]{a_0 b_0 c_0}$$

7. (1) 関数のグラフは下図のようになる．したがって，定義域を $[0,2]$ とすれば値域は $[1,3]$ である．

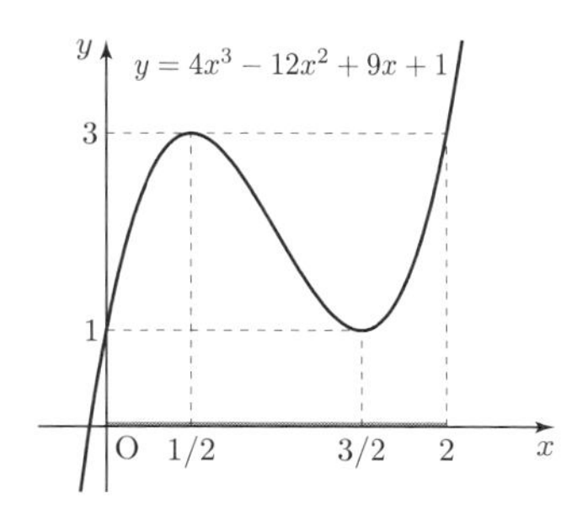

(2) この関数の定義域 $[0,2]$ は次の 3 つの閉区間 $[0,\frac{1}{2}]$，$[\frac{1}{2},\frac{3}{2}]$，$[\frac{3}{2},2]$ の合併である．そして，各々の閉区間において単調な関数になっている．各区間をこれ以上拡げると単調な関数ではなくなる．

(3) $f(0)=f(\frac{1}{2})=1$, $f(\frac{1}{2})=f(2)=3$ であり，各々の区間 $[0,\frac{1}{2}]$, $[\frac{1}{2},\frac{3}{2}]$, $[\frac{3}{2},2]$ において，関数 $f(x)$ は単調であるので，それらの値域は $[1,3]$ である．

8. ここでは簡単のため $ab\neq 1$ を仮定してその場合だけ証明する．もちろん，そのほかの場合も証明できる．$\alpha=\tan^{-1}a$, $\beta=\tan^{-1}b$ とおく．証明すべきことは $\alpha+\beta=\frac{\pi}{4}$ と $(a+1)(b+1)=2$ が同値なことである．まず，$\alpha+\beta=\frac{\pi}{4}$ を仮定する．

$$\tan(\alpha+\beta)=\frac{\tan\alpha+\tan\beta}{1-\tan\alpha\tan\beta}=\frac{a+b}{1-ab}=\tan\left(\frac{\pi}{4}\right)=1$$

したがって $a+b=1-ab$ だから

$$ab+a+b+1-2=(a+1)(b+1)-2=0$$

となって $(a+1)(b+1)=2$ が得られる．逆に $(a+1)(b+1)=2$ とすると $a+b=1-ab$ が得られ，これより

$$\tan(\alpha+\beta)=\frac{a+b}{1-ab}=1$$

が得られるので，$\alpha+\beta=\frac{\pi}{4}$ が得られる．

10. (1) $x\in[-\frac{1}{\sqrt{2}},\frac{1}{\sqrt{2}}]$ ならば $2\sin^{-1}x\in[-\frac{\pi}{2},\frac{\pi}{2}]$ であり (定義より)，また，$\sin^{-1}(2x\sqrt{1-x^2})\in[-\frac{\pi}{2},\frac{\pi}{2}]$ である．一方，sin の加法公式により

$$\sin(2\sin^{-1}x)=2\sin(\sin^{-1}x)\cos(\sin^{-1}x)=2\,x\sqrt{1-x^2}$$

(ここでは $\cos(\sin^{-1}x)=\sqrt{1-x^2}$ が $x\in[-1,1]$ で成立することを使う) である．また，

$$\sin\left(\sin^{-1}(2\,x\sqrt{1-x^2})\right)=2\,x\sqrt{1-x^2}$$

である．一般に，$a,b\in[-\frac{\pi}{2},\frac{\pi}{2}]$ に対して $\sin a=\sin b$ ならば $a=b$ なので，これより

$$2\sin^{-1}x=\sin^{-1}(2\,x\sqrt{1-x^2}).$$

(2) $x\in[-\frac{1}{2},\frac{1}{2}]$ ならば $3\sin^{-1}x\in[-\frac{\pi}{2},\frac{\pi}{2}]$ であり (定義より), また, $\sin^{-1}(3x-4x^3)\in[-\frac{\pi}{2},\frac{\pi}{2}]$ である．一方，sin の 3 倍角の公式により

$$\sin(3\sin^{-1}x)=3\sin(\sin^{-1}x)-4\left(\sin(\sin^{-1}x)\right)^3=3x-4x^3$$

である．また，

$$\sin\left(\sin^{-1}(3x-4x^3)\right)=3x-4x^3$$

である．したがって，$\sin(3\sin^{-1}x)=\sin\left(\sin^{-1}(3x-4x^3)\right)$ で，これより

$$3\sin^{-1}x=\sin^{-1}(3x-4x^3).$$

—— 第 2 章 ——

問 2.4 (p.50) (1) $y=\sinh^{-1}x$ とする．逆関数の微分公式によれば

$$\{\sinh^{-1}x\}'=\frac{1}{\{\sinh y\}'}=\frac{1}{\cosh y}=\frac{1}{\cosh(\sinh^{-1}x)}$$
$$=\frac{1}{\sqrt{1+(\sinh(\sinh^{-1}x))^2}}=\frac{1}{\sqrt{1+x^2}}.$$

(2) $y=\cosh^{-1}x$ とする．この関数の定義域は $x\geq 0$ である．

$$\{\cosh^{-1}x\}'=\frac{1}{\{\cosh y\}'}=\frac{1}{\sinh y}=\frac{1}{\sinh(\cosh^{-1}x)}$$
$$=\frac{1}{\sqrt{-1+\left(\cosh(\cosh^{-1}x)\right)^2}}=\frac{1}{\sqrt{-1+x^2}}$$

となるが，$x=1$ では微分可能ではないので $\{\cosh^{-1}x\}'$ の定義域は $x>1$.

(3) $y=\tanh^{-1}x$ とおく．この定義域は $|x|<1$ である．

$$\{\tanh^{-1}x\}'=\frac{1}{\{\tanh y\}'}=\frac{1}{1-(\tanh y)^2}$$
$$=\frac{1}{1-\left(\tanh(\tanh^{-1}x)\right)^2}=\frac{1}{1-x^2}$$

問 2.5 (p.56)

$$\lim_{x\to\infty}\left(\frac{1}{1+x+x^2}+1\right)^{x^2}=\lim_{x\to\infty}\exp\left(\log\left(\frac{1}{1+x+x^2}+1\right)^{x^2}\right)$$
$$=\exp\left(\lim_{x\to\infty}\log\left(\frac{1}{1+x+x^2}+1\right)^{x^2}\right)=\exp\left(\lim_{x\to\infty}\frac{\log\left(\frac{1}{1+x+x^2}+1\right)}{1/x^2}\right)$$

ここで $\displaystyle\lim_{x\to\infty}\frac{\log\left(\frac{1}{1+x+x^2}+1\right)}{1/x^2}$ をロピタルの定理を使って計算してみる．

$$\lim_{x\to\infty}\frac{\log\left(\frac{1}{1+x+x^2}+1\right)}{1/x^2}=\lim_{x\to\infty}\frac{\left(\frac{1}{1+x+x^2}+1\right)^{-1}\frac{-(1+2x)}{(1+x+x^2)^2}}{-2x^{-3}}$$
$$=\lim_{x\to\infty}\frac{(1+2x)x^3}{2(2+x+x^2)(1+x+x^2)}=1$$

したがって

$$\lim_{x\to\infty}\left(\frac{1}{1+x+x^2}+1\right)^{x^2}=e.$$

もっとも，ロピタルの定理は使わないで

$$\lim_{x\to\infty}\frac{\log\left(\frac{1}{1+x+x^2}+1\right)}{1/x^2}=\lim_{x\to\infty}\frac{\log\left(\frac{1}{1+x+x^2}+1\right)}{\frac{1}{1+x+x^2}}\frac{\frac{1}{1+x+x^2}}{1/x^2}$$
$$=\lim_{x\to\infty}\frac{\log\left(\frac{1}{1+x+x^2}+1\right)}{\frac{1}{1+x+x^2}}\times\lim_{x\to\infty}\frac{x^2}{1+x+x^2}=1$$

とやったほうが計算は早いだろう．

問 2.7 (p.61) $f(x)=\tan^{-1}x$ とおくと $f'(x)=\dfrac{1}{1+x^2}$．したがって，$(1+x^2)f'(x)=1$．両辺を n 回微分すると $(n\geq 1)$，

$$\{(1+x^2)f'(x)\}^{(n)}=\sum_{k=0}^{n}\binom{n}{k}(1+x^2)^{(k)}f^{(n-k+1)}(x)$$
$$=(1+x^2)f^{(n+1)}(x)+2nxf^{(n)}(x)+n(n-1)f^{(n-1)}(x)=0.$$

ここで，$x=0$ を代入して $f^{(n+1)}(0)+n(n-1)f^{(n-1)}(0)=0$ であるので，$n\geq 2$ に対して $f^{(n)}(0)=-(n-1)(n-2)f^{(n-1)}(0)$ となり，この漸化式を繰り返し使うことにより，n が奇数のときは $f^{(n)}(0)=-(n-1)(n-2)f^{(n-1)}(0)=(n-1)(n-2)(n-3)(n-4)f^{(n-3)}(0)=\cdots=(-1)^{(n-1)/2}(n-1)!$，$n$ が偶数のときは $f^{(n)}(0)=0$ になる．

問 2.8 (p.66) (1) $\dfrac{2}{3}$ (2) 0 (3) $\dfrac{1}{12}$

問 2.9 (p.69) (1) $2\sum_{n=0}^{\infty}\dfrac{x^{2n+1}}{2n+1}$ (2) $\sum_{n=0}^{\infty}\dfrac{x^{2n+1}}{(2n+1)!}$ (3) $\sum_{n=1}^{\infty}nx^{n-1}$

(4) $1+\sum_{n=1}^{\infty}(-1)^n\dfrac{1\cdot 3\cdot 5\cdots(2n-1)}{2^n n!}x^{2n}$ (5) $\sum_{n=0}^{\infty}\dfrac{(-1)^n 2^{2n}}{(2n+1)!}x^{2n+1}$

問 2.11 (p.72) 最大値は $f(1)=2^{\alpha-1}$．最小の C の値は $2^{\alpha-1}$．

章末問題

1. (1) $2x(\cos x)\log\left(x^2\right)-x^2(\sin x)\log\left(x^2\right)+2x\cos x$

(2) $(\sinh x)^{x^2}\left(2x\log(\sinh x)+\dfrac{x^2\cosh x}{\sinh x}\right)$ (3) $\dfrac{6\left(x^2-2\right)}{(x+1)^2(x+2)^2}$

2. (1) 2 (2) $\dfrac{1}{2}$

(3) $\lim_{x\to-\infty}(1-x)^{1/x} = \lim_{y\to+0}\left(1+\frac{1}{y}\right)^{-y} = 1$ ($y = -\frac{1}{x}$ と置き換えてみると $x \to -\infty$ は $y \to +0$ である)

(4) 1　　(5) -2

3. (1) $f(x) = \sqrt{x}$ とおく．$x > 0$ とする．$f(x)$ は微分可能なので，平均値の定理によれば

$$\frac{f(x+1)-f(x)}{(x+1)-x} = f'(x+t)$$

となる t $(0 \leq t \leq 1)$ が存在する．$f'(x) = \frac{1}{2\sqrt{x}}$ であり，$f'(x)$ は単調減少なので，$0 \leq t \leq 1$ ならば $f'(x+1) \leq f'(x+t) = \frac{f(x+1)-f(x)}{(x+1)-x} = \sqrt{x+1}-\sqrt{x} \leq f'(x)$ が得られる．これより，

$$\frac{1}{2}\frac{1}{\sqrt{x+1}} \leq \sqrt{x+1}-\sqrt{x} \leq \frac{1}{2}\frac{1}{\sqrt{x}}.$$

(2) 同様にして，$f(x) = \tan^{-1}x$ とおく．このとき，$f'(x) = \frac{1}{1+x^2}$ である．平均値の定理により

$$\frac{f(x+1)-f(x)}{(x+1)-x} = f'(x+t)$$

となる t $(0 \leq t \leq 1)$ が存在する．$x > 0$ のとき $f'(x)$ は単調減少であるから，$0 \leq t \leq 1$ に対して $f'(x+1) \leq f'(x+t) \leq f'(x)$ となる．したがって $f'(x+1) = \frac{1}{x^2+2x+2} \leq f(x+1)-f(x) = \tan^{-1}(x+1)-\tan^{-1}(x) \leq f'(x) = \frac{1}{x^2+1}$ より結論が得られる．

4. (1)
$$f^{(n)}(x) = \sum_{k=0}^{n}\binom{n}{k}\{x^3\}^{(k)}\{e^x\}^{(n-k)}$$
$$= (x^3+3nx^2+3n(n-1)x+n(n-1)(n-2))e^x$$

(2)
$$f^{(n)}(x) = \sum_{k=0}^{n}\binom{n}{k}\{\sin x\}^{(k)}\{\cos 2x\}^{(n-k)}$$
$$= \sum_{k=0}^{n}\binom{n}{k}2^{n-k}\sin\left(x+\frac{k\pi}{2}\right)\cos\left(2x+\frac{(n-k)\pi}{2}\right).$$

あるいは

$$f^{(n)}(x) = \left[\frac{1}{2}(\sin 3x - \sin x)\right]^{(n)} = \frac{3^n}{2}\sin\left(3x+\frac{n}{2}\pi\right) - \frac{1}{2}\sin\left(x+\frac{n}{2}\pi\right).$$

5. $f(x) = \sin^{-1}x$ に対して，$f'(x) = \frac{1}{\sqrt{1-x^2}}$，$f''(x) = \frac{x}{(1-x^2)\sqrt{1-x^2}}$ であるので，これより $(1-x^2)f''(x) = xf'(x)$ が得られる．したがって $n = 0$ のときは与えられた式は成立する．$n \geq 1$ のときは $(1-x^2)f''(x) = xf'(x)$ の両辺をライプニッツの

公式を使って n 回微分すると，

$$(1-x^2)f^{(n+2)}(x)+\binom{n}{1}(-2x)f^{(n+1)}(x)+\binom{n}{2}(-2)f^{(n)}(x)$$
$$=xf^{(n+1)}(x)+\binom{n}{1}f^{(n)}(x)$$

となり，これより結論が得られる．このとき $x=0$ を代入すると $f^{(n+2)}(0)=n^2f^{(n)}(0)$ $(n\geq 0)$ が得られる．$f(0)=0$, $f'(0)=1$ に注意して，この漸化式を繰り返し使うことにより，結論を得る．

6. (1) $\lim_{x\to 0} f(x)=e$，および $\lim_{x\to -1+0} f(x)=\infty$.　(2) (略)

(3)

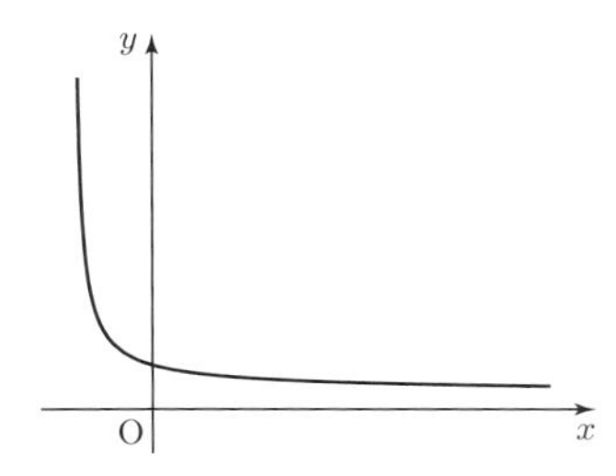

12. $ab\leq 1/e$

13. (1) 誤り　(2) 誤り

15. (1) 正しい　(2) 誤り．ひとつの反例は x^2 と $x^{-3/2}$.

第3章

不定積分の結果に現れる C は積分定数を意味する．

問 3.2 (p.80) (1) $\dfrac{x^3}{3}+\log|x|+\dfrac{1}{x^2}+C$　(2) $\dfrac{4}{5}\sqrt[4]{x^5}-4\sqrt{x}-\dfrac{3}{\sqrt[3]{x}}+C$

問 3.3 (p.80) (1) $2\sin x-\tan x+C$　(2) $\cos x+\log|x|+C$

問 3.4 (p.81) (1) $2\sqrt{x}-\sin^{-1}x+C$　(2) $\log|x|-\tan^{-1}x+C$

問 3.5 (p.81) (1) $\dfrac{x^{1-e}}{1-e}-e^x+C$　(2) $\dfrac{2\cdot 3^x}{\log 3}-\dfrac{x^4}{2}+2e^3x+C$

問 3.6 (p.82) (1) $\log|2x+3|+C$　(2) $3\sin\dfrac{x}{3}+C$

問 3.7 (p.82) (1) $\dfrac{1}{2\cos^2 x}+C$　(2) $\dfrac{1}{4\log 2}(2^x-1)^4+C$　(3) $\dfrac{1}{4}(\log x)^4+C$

問 3.8 (p.83) (1) $\log|\tan x|+C$　(2) $\log|\sin^{-1}x|+C$

問 3.9 (p.84) $\dfrac{(ax+b)^{n+1}}{a(n+1)}+C$

問 3.10 (p.85) (1) $-x\cos x+\sin x+C$　(2) $\dfrac{x^2}{2}\log x-\dfrac{x^2}{4}+C$

問 3.11 (p.85) $x\sin^{-1}x+\sqrt{1-x^2}+C$

問 3.12 (p.86) $\dfrac{e^{-x}}{2}(\sin x+\cos x)+C$

問 3.13 (p.87) (1) $\log\left|\dfrac{x+2}{x-3}\right|+C$ (2) $-\dfrac{1}{4}\log|x-3|+\dfrac{5}{4}\log|x+1|+C$

(3) $\dfrac{1}{2}\log|x^2+x+1|+\dfrac{1}{\sqrt{3}}\tan^{-1}\left(\dfrac{2}{\sqrt{3}}\left(x+\dfrac{1}{2}\right)\right)+C$

(4) $\log|x^2+2x+1|+\dfrac{1}{x+1}+C$ (5) $\dfrac{3}{4}\log|x+2|+\dfrac{1}{4}\log|x-2|+C$

(6) $-\dfrac{1}{2}\log|2x-1|+2\log|x-2|+C$

問 3.14 (p.87) $-\log|x-1|+\dfrac{1}{2}\log(x^2+1)+\tan^{-1}x+C$

問 3.15 (p.88) (1) $A=-3,\ B=4,\ C=3,\ D=-4,$

$-3\log|x-1|-\dfrac{4}{x-1}+\dfrac{3}{2}\log|x^2-x+1|-\dfrac{5}{\sqrt{3}}\tan^{-1}\left(\dfrac{2}{\sqrt{3}}\left(x-\dfrac{1}{2}\right)\right)+C$

(2) $A=\dfrac{1}{6}$, $B=\dfrac{1}{6}$, $C=-\dfrac{4}{3}$, $D=0$, $\dfrac{1}{6}\log|x^2-1|-\dfrac{2}{3}\log(x^2+2)+C$

問 3.16 (p.89) (1) $\log\left|1+\tan\dfrac{x}{2}\right|-\log\left|1-\tan\dfrac{x}{2}\right|+C$ (2) $\dfrac{2}{\tan\dfrac{x}{2}+1}+x+C$

(3) $\tan x-x+C$ (4) $\dfrac{1}{2}\log|\sin x|-\dfrac{1}{4}\log(1+\cos^2x)+C$

(5) $\dfrac{b}{a^2+b^2}\log|\cos x(a+b\tan x)|+\dfrac{ax}{a^2+b^2}+C$

(6) $\dfrac{2}{\sqrt{3}}\tan^{-1}\left(\dfrac{2}{\sqrt{3}}\tan x\right)-x+C$

問 3.17 (p.89) $\dfrac{e^{2x}-e^{-2x}}{8}+\dfrac{x}{2}+C$

問 3.18 (p.90) $2\tan^{-1}(\sqrt{x-1})+C$

問 3.19 (p.91) $\log|x+\sqrt{x^2+2x+2}+1|+C$

問 3.20 (p.94) (1) $\dfrac{1}{2}$ (2) $\dfrac{1}{3}$ **問 3.21 (p.98)** (1) 1 (2) $\dfrac{\pi}{12}$

問 3.22 (p.99) (1) $\dfrac{e}{2}-\dfrac{1}{2}$ (2) $\dfrac{1}{4}$ **問 3.23 (p.99)** (1) 1 (2) $-\dfrac{2}{e}+1$

問 3.24 (p.106) (1) 収束し，2 (2) 発散する

問 3.25 (p.107) (1) 発散する (2) 収束し，π

問 3.27 (p.112) $\dfrac{1}{6}$ **問 3.28 (p.112)** $\dfrac{1}{2}\pi ab$ **問 3.29 (p.114)** $\dfrac{3}{2}\pi a^2$

問 3.30 (p.116) $\dfrac{16}{15}\pi$ **問 3.31 (p.118)** πa **問 3.32 (p.119)** $\dfrac{13}{3}$

問 3.33 (p.119) π

章末問題

1. (1) $\tan^{-1}(e^x)+C$ (2) $\log|\sin x|+C$ (3) $x\cos^{-1}x-\sqrt{1-x^2}+C$

(4) $\dfrac{e^{2x}}{5}(\sin x+2\cos x)$ (5) $\log\left|\dfrac{(x+1)(x+3)}{x+2}\right|+C$

(6) $\dfrac{x^2}{2}-x+\log|x+1|+C$ (7) $-\dfrac{1}{\tan x}+C$ (8) $\log\left|\dfrac{x+\sqrt{x^2+1}-1}{x+\sqrt{x^2+1}+1}\right|+C$

(9) $\dfrac{x^2}{2}+x+\dfrac{1}{3}\log|x-1|+\dfrac{2}{3}\log|x+2|+C$

(10) $-\dfrac{1}{a(a^2-b^2)}\tan^{-1}\dfrac{x}{a}+\dfrac{1}{b(a^2-b^2)}\tan^{-1}\dfrac{x}{b}+C$

(11) $\dfrac{1}{2(b^2-a^2)}\log\dfrac{x^2+a^2}{x^2+b^2}+C$

2. (1) $\dfrac{1}{a}F(ax+b)+C$

(2) $c\neq -1$ のとき，$\dfrac{1}{c+1}F(x)^{c+1}+C$. $c=-1$ のとき，$\log|F(x)|+C$.

(3) $\dfrac{1}{2}F(x^2)+C$ (4) $f(e^x)+C$

(5) $x^2f'(x)-2xf(x)+2F(x)+C$

3. $e-1$

4. (1) $\displaystyle\int_1^2 f(x)\,dx$ (2) $\displaystyle\int_0^1 x^2f(x)\,dx$

5. (1) $\dfrac{1}{2}\log 2$ (2) $\dfrac{2}{3}-\dfrac{3}{8}\sqrt{3}$ (3) $\dfrac{\pi}{2}-1$ (4) $-\dfrac{1}{2}(e^{-\frac{\pi}{2}}-1)$

6. $\dfrac{m!n!}{(m+n+1)!}$

7. $(n!)^2\left(\dfrac{2^{2n+1}}{(2n+1)!}-\displaystyle\sum_{k=0}^{n}\dfrac{1}{(n+k+1)!(n-k)!}\right)$

14. (1) 発散する (2) 収束し，$\dfrac{1}{2}$

16. (1) (略) (2) $\dfrac{(-1)^n n!}{(m+1)^{n+1}}$

19. $\dfrac{3}{8}\pi a^2$ **20.** $\dfrac{4}{3}\pi ab^2$ **21.** $6a$

—— 第4章 ——

問 4.1 (p.127) (1) 存在しない (2) 存在する (極限値：0)

(3) 存在する (極限値：0) (4) 存在する (極限値：0)

問 4.2 (p.131) (1) $f_x=2x\cos(x^2+y)$, $f_y=\cos(x^2+y)$

(2) $f_x=\dfrac{2x}{x^2+y^2}$, $f_y=\dfrac{2y}{x^2+y^2}$

(3) $f_x=\dfrac{y^2}{|\,y\,|(x^2+y^2)}$, $f_y=-\dfrac{xy}{|\,y\,|(x^2+y^2)}$

問 4.3 (p.135)　(1) $z = 2x - 2y$　　(2) $z = \dfrac{\sqrt{2}\pi}{4}x + \dfrac{\sqrt{2}\pi}{4}y - \dfrac{\pi^2}{8}$

問 4.4 (p.138)

(1) $f_{xx} = \dfrac{y^2}{(x^2+y^2)^{3/2}},\ f_{xy} = f_{yx} = -\dfrac{xy}{(x^2+y^2)^{3/2}},\ f_{yy} = \dfrac{x^2}{(x^2+y^2)^{3/2}}$

(2) $f_{xx} = -4x^2\sin(x^2+y) + 2\cos(x^2+y),\ f_{xy} = f_{yx} = -2x\sin(x^2+y),$
$f_{yy} = -\sin(x^2+y)$

(3) $f_{xx} = -2\,\dfrac{x^2-y^2}{(x^2+y^2)^2},\ f_{xy} = f_{yx} = -4\,\dfrac{xy}{(x^2+y^2)^2},\ f_{yy} = 2\,\dfrac{x^2-y^2}{(x^2+y^2)^2}$

問 4.5 (p.143)　(1) $\dfrac{\partial^{i+j}}{\partial x^i \partial y^j}e^{x+y} = e^{x+y},\ \left(h\dfrac{\partial}{\partial x} + k\dfrac{\partial}{\partial y}\right)^n e^{x+y} = (h+k)^n e^{x+y}$

(2) $\dfrac{\partial^{i+j}}{\partial x^i \partial y^j}\dfrac{1}{1-x-y} = \dfrac{(i+j)!}{(1-x-y)^{i+j+1}},$
$\left(h\dfrac{\partial}{\partial x} + k\dfrac{\partial}{\partial y}\right)^n \dfrac{1}{1-x-y} = \dfrac{n!(h+k)^n}{(1-x-y)^{n+1}}$

問 4.6 (p.147)　(1) $(x, y) = \left(-\dfrac{7}{4}, -\dfrac{1}{4}\right)$ のとき極小値 $-\dfrac{33}{8}$，極大値なし

(2) $(x, y) = \left(\dfrac{1}{3}, \dfrac{1}{3}\right)$ のとき極大値 $\dfrac{1}{27}$，極小値なし

(3) $(x, y) = (0, 0)$ のとき極小値 0，極大値なし

問 4.7 (p.150)　(1) $y' = -\dfrac{2x+y+1}{x+2y-1},\ y'' = -\dfrac{6}{(x+2y-1)^3}$

(2) $y' = \dfrac{-x^3+y}{y^3-x},\ y'' = \dfrac{2xy(3+x^2y^2)}{(x-y^3)^3}$

問 4.8 (p.154)　(1) $(x, y) = (0, -1), (-1, 0)$ のとき最小値 -1，$(x, y) = \left(\dfrac{1}{\sqrt{2}}, \dfrac{1}{\sqrt{2}}\right)$ のとき最大値 $\dfrac{1}{2} + \sqrt{2}$.　　(2) $(x, y) = \left(-\dfrac{\sqrt{30}}{10}, -\dfrac{\sqrt{30}}{15}\right)$ のとき最小値 $-\dfrac{\sqrt{30}}{6}$, $(x, y) = \left(\dfrac{\sqrt{30}}{10}, \dfrac{\sqrt{30}}{15}\right)$ のとき最大値 $\dfrac{\sqrt{30}}{6}$.

章末問題

1.　(1) $f_x(0,0) + f_y(0,0)$　　(2) $2f(0,0)f_x(0,0)$　　(3) $-2f_x(0,0) + 2f_y(0,0)$
(4) $f_x(0,0)$　　(5) $\dfrac{1}{2}$

11.　(1) $\dfrac{4}{(1+4x^2+4y^2)^2}$　　(2) $-\dfrac{1}{a^2}$　　(3) $-\dfrac{a^2}{(a^2-2x^2-2y^2)^2}$

―― 第 5 章 ――

問 5.1 (p.160)　$\|\Delta_n\| = \dfrac{\sqrt{2}(2n-1)}{n^2}$

問 5.2 (p.163)　図は省略　(1) $D_1 = \{-\sqrt{2} \leq x \leq \sqrt{2},\ -\sqrt{2-x^2} \leq y \leq \sqrt{2-x^2}\}$

(2) $D_2 = \{-3 \leq x \leq 3,\ \max(1-|x|,0) \leq y \leq 3-|x|\} \cup \{-3 \leq x \leq 3,\ |x|-3 \leq y \leq \min(|x|-1,0)\}$

(3) $D_3 = \{-1 \leq x \leq 3,\ 3-2\sqrt{3+2x-x^2} \leq y \leq 3+2\sqrt{3+2x-x^2}\}$

(4) 第 1 象限のみ書くと，$D_4 \cap \{x \geq 0,\ y \geq 0\} = \{0 \leq x \leq 1,\ 0 \leq y \leq 1\} \cup \left\{1 \leq y \leq \omega,\ \sqrt{y^2-1} \leq x \leq \frac{1}{y}\right\} \cup \left\{1 \leq x \leq \omega,\ \sqrt{x^2-1} \leq y \leq \frac{1}{x}\right\}$，$\omega = \frac{\sqrt{1+\sqrt{5}}}{\sqrt{2}}$

問 5.3 (p.166) 図は省略 (1) $I_1 = \frac{1}{15}$ (2) $I_2 = \frac{225}{8}$ (3) $I_3 = \frac{1}{6\pi}$

(4) $I_4 = -\frac{34}{45}$

問 5.4 (p.167) (1) $\mu(D_1) = 2\pi$ (2) $\mu(D_2) = 16$ (3) $\mu(D_3) = 8\pi$

(4) $\mu(D_4) = 2\log\frac{11+5\sqrt{5}}{2}$

問 5.6 (p.172) 図は省略

(1) $1 \leq u := x+2y \leq 2,\ 1 \leq v := x-y \leq 3,\ K_1 = \frac{2+2\log 2}{3}$

(2) $0 \leq u := \sqrt{x} \leq 1,\ 0 \leq v := \sqrt{\frac{y}{2}} \leq 1-u,\ K_2 = \frac{2}{15}$

(3) $0 \leq r := \sqrt{x^2+y^2} \leq 2,\ -\frac{\pi}{2} \leq \theta := \tan^{-1}\frac{y}{x} \leq \frac{\pi}{2},\ K_3 = (3-\sqrt{5})\pi$

(4) $x = 1 + r\cos\theta,\ y = \frac{r(\sin\theta)}{2},\ 0 \leq r \leq 1,\ 0 \leq \theta \leq \pi,\ K_4 = \frac{5\pi}{8}$

問 5.8 (p.175) $I_{-1} = 2\log 2$

問 5.9 (p.176) 範囲は $\alpha < 1$，積分値は $\frac{1}{(1-\alpha)(2-\alpha)}$.

問 5.10 (p.176) $\int_{-\infty}^{\infty}\frac{dx}{1+x^2} = \left[\tan^{-1}x\right]_{x=-\infty}^{x=\infty} = \pi$ より，重積分値は π^2

問 5.12 (p.178) (5.6) は $z = \sqrt{\frac{1}{2\sigma^2}+\frac{1}{2\tau^2}}\,y - \frac{x}{2\sigma^2\sqrt{1/2\sigma^2+1/2\tau^2}}$ と変数変換する.

問 5.13 (p.179) 極座標変換を用いる，積分値は $2\pi a$.

問 5.14 (p.179) $u = \frac{\sqrt{3}(x+y)}{2},\ v = \frac{x-y}{2}$ と変数変換，積分値は $\frac{\sqrt{3}\pi}{6}$.

問 5.15 (p.181) 各 $z \in [-c,c]$ において，z 軸と直交する平面で E を切った断面 $E_z = \left\{x^2+y^2 \leq 1-\frac{z^2}{c^2}\right\} \Rightarrow \mu(E_z) = \pi\left(1-\frac{z^2}{c^2}\right)$. ゆえに，積分値は $\frac{4\pi c^3}{15}$.

問 5.18 (p.182) 図は省略，ヤコビアンは $a^3(\cosh^2\xi - \sin^2\eta)\cosh\xi\sin\eta$.

問 5.19 (p.184) $2\iint_H (cx-bx)\,dx\,dy = \frac{4a^3(c-b)}{3}$，ただし，
$H = \{x^2+y^2 \leq a^2,\ x \geq 0\}$.

問 5.20 (p.184) 図形はアステロイド曲線を参照. $\{\sqrt{x}+\sqrt{y} \leq 1\}$ 上で重積分する

と，$\mathrm{vol}\,(A)=\displaystyle\int_0^1\left\{\int_0^{(1-\sqrt{x})^2}\left(1-\sqrt{x}-\sqrt{y}\right)^2\,dy\right\}dx=\frac{1}{90}$.

問 5.21 (p.185) 積分領域 $\{x^2+y^2\le r^2,\ x\ge 0,\ y\ge 0\}$，関数 $z=\sqrt{r^2-x^2-y^2}$，表面積は $8\displaystyle\int_0^r\left\{\int_0^{\sqrt{r^2-x^2}}\frac{r}{\sqrt{r^2-x^2-y^2}}dy\right\}dx=4\pi r^2$.

問 5.22 (p.185) $\displaystyle\int_0^a\left\{\int_0^{b(1-x/a)}\sqrt{1+\frac{c^2}{a^2}+\frac{c^2}{b^2}}\,dy\right\}dx=\frac{1}{2}\sqrt{a^2b^2+b^2c^2+c^2a^2}$

問 5.23 (p.187) 二等辺三角形 $D=\left\{0\le x\le a,\ \dfrac{bx}{a}-b\le y\le -\dfrac{bx}{a}+b\right\}$ とすると，$\mu(D)=ab$, $\displaystyle\iint_D x\,dx\,dy=\frac{a^2b}{3}$，重心は $\left(\dfrac{a}{3},0\right)$.

問 5.24 (p.187) 底面の円の半径 r, 高さ h の直円錐 $U=\left\{0\le z\le h,\ 0\le x^2+y^2\le r^2\left(1-\dfrac{z}{h}\right)^2\right\}$ を考えると，$\mathrm{vol}\,(U)=\dfrac{\pi r^2h}{3}$, $\displaystyle\iiint_U z\,dx\,dy\,dz=\frac{\pi r^2h^2}{12}$，重心は $\left(0,0,\dfrac{h}{4}\right)$.

問 5.25 (p.189) $\displaystyle\int_{-1}^1\left[\int_{-1}^1\left\{\int_{-1}^1\left(x^2+y^2\right)dz\right\}dy\right]dx=\frac{16}{3}$

問 5.26 (p.189) ℓ を z 軸，$\ell_a=\{(a,0,z)\}$ とする．$I=\displaystyle\iiint_U(x^2+y^2)\rho\,dx\,dy\,dz$ である．あとは $\displaystyle\iiint_U x\rho\,dx\,dy\,dz=0$ に注意して，I_a を計算すればよい．

問 5.27 (p.190) (5.16) は，$\tilde{I}(t)=\displaystyle\int_{-\infty}^{\infty}e^{-x^2}\frac{\sin(2tx)}{x}\,dx$ とおくと，$\tilde{I}(0)=0$, $\tilde{I}'(t)=4I(t)=2\sqrt{\pi}e^{-t^2}$ より，$\tilde{I}(a)=2\sqrt{\pi}\displaystyle\int_0^a e^{-t^2}dt=\sqrt{\pi}\int_{-a}^a e^{-t^2}dt$ となる．

問 5.28 (p.191) 第 1 象限のみ計算して 4 倍する．$X=\dfrac{x^a}{r^a}$, $Y=\dfrac{y^a}{r^a}$ として，

$$4\iint_{x,y>0,\,x^a+y^a\le r^a}dx\,dy=\iint_{X,Y>0,\,X+Y\le 1}\frac{4r^2}{a^2}X^{1/a-1}Y^{1/a-1}dX\,dY$$
$$=\frac{4r^2}{a^2}B\left(\frac{1}{a},\frac{1}{a}\right)\int_0^1 u^{2/a-1}\,du=\frac{2r^2}{a}\frac{\Gamma(1/a)^2}{\Gamma(2/a)}.$$

章末問題

1. $I_1=2,\quad I_2=\dfrac{45}{4}(2\log 3-1)+\log 2,\quad I_3=-\dfrac{\pi^2}{2}\log 2,\quad I_4=\dfrac{5}{4}(\tan^{-1}2)^2$

2. $J_1=\dfrac{\sqrt{\pi}}{2}e^{-2|a|},\quad J_2=\dfrac{\sqrt{\pi}}{2}b\ (a\ge 0),\quad J_2=\dfrac{\sqrt{\pi}}{2}be^{4a/b}\ (a<0)$

3. $K=\displaystyle\int_0^\infty\left(\int_0^1 e^{-xy}\,dy\right)\cos x\,dx=\frac{1}{2}\log 2$

4. 範囲は $q > \dfrac{2}{3}$，積分値は $\dfrac{2}{3(3q-2)}$

5. $\dfrac{c^{\gamma+2}}{ab(\gamma+1)(\gamma+2)}$　　**6.** $\dfrac{\sqrt{2}}{2}\pi r^2$

8. $2\pi^2 ab$

10. 極座標変換を用いよ．

11. $\displaystyle\int_0^1 \frac{dx}{\sqrt{1-x^3}} = \frac{\sqrt{\pi}\,\Gamma(1/3)}{3\,\Gamma(5/6)}$,　$\displaystyle\int_0^1 \frac{dx}{\sqrt{1-x^4}} = \frac{\sqrt{\pi}\,\Gamma(1/4)}{4\,\Gamma(3/4)}$

12. (1) $V_n(r) = \dfrac{\pi^{n/2} r^n}{\Gamma(n/2+1)}$　　(2) $V_n\left(\dfrac{\sqrt{n}}{2}\right) = \dfrac{(\pi n/4)^{n/2}}{\Gamma(n/2)n/2}$

13. $\displaystyle V = 2\iint_{x^2+y^2\leq ax} \sqrt{a^2-x^2-y^2}\,dx\,dy = \frac{4a^3}{3}\left(\frac{\pi}{2}-\frac{1}{3}\right)$

14. $\dfrac{8c^3}{9}$

15. $\displaystyle\iint_D dx\,dy = \pi$, $\displaystyle\iint_E \left|\frac{\partial(x,y)}{\partial(u,v)}\right| du\,dv = 2\pi$. この不一致は，変数変換 Φ が 1 対 1 ではないから起こる．定理 5.4 の仮定を精査せよ．

―― 第 6 章 ――

問 6.1 (p.198) (1) 収束　(2) $\alpha > 1$ のとき収束，$0 < \alpha \leq 1$ のとき発散
(3) $\alpha > \dfrac{1}{2}$ のとき収束，$0 < \alpha \leq \dfrac{1}{2}$ のとき発散

問 6.2 (p.203) (1) 収束　(2) (絶対) 収束　(3) 収束
(4) $c \geq 1$ のとき発散，$0 < c < 1$ のとき収束

問 6.3 (p.206) (1) 一様収束する　(2) 一様収束する

問 6.5 (p.212) (1) $\dfrac{1}{4}$　(2) 0　(3) 1　(4) 1

章末問題

1. (1) $a \geq c$ のとき発散，$a < c$ のとき収束　(2) 発散　(3) (絶対) 収束
(4) 収束　(5) $p > q+1$ のとき収束，$p \leq q+1$ のとき発散

3. (2) $a > 1$ のとき発散，$a = 1$ のとき収束，$0 < a < 1$ のとき $(-\infty)$ に発散

4. (1) 極限関数は 0　(2) 極限関数は 0

5. (1) 極限関数は 0

6. (1) $\dfrac{R}{\alpha}$　(2) $\sqrt{R}$

9. (1) 1　(2) $f''(x) = \dfrac{1}{1-x}$, $f(x) = (1-x)\log(1-x) + x$

10. $e^x \sin x = x + x^2 + \dfrac{1}{3}x^3 - \dfrac{3}{40}x^5 + \cdots$.

索　引

さ 行

た　行

な　行

は　行

ま　行

や　行

ら　行

わ

著者紹介

宇佐美広介（うさみ ひろゆき）
現　在　岐阜大学工学部教授

澤田宙広（さわだ おきひろ）
現　在　北見工業大学工学部教授

橋本隆司（はしもと たかし）
現　在　鳥取大学教育支援・国際交流推進機構教授

宮島信也（みやじま しんや）
現　在　岩手大学理工学部教授

室　政和（むろ まさかず）
現　在　岐阜聖徳学園大学教育学部教授

2019年 1月22日　初 版 発 行
2024年 2月26日　初版第5刷発行

実例詳説 微分積分

著　者　宇佐美広介
　　　　澤田宙広
　　　　橋本隆司
　　　　宮島信也
　　　　室　政和
発行者　山本　格

発行所　株式会社 培風館
東京都千代田区九段南 4-3-12・郵便番号102-8260
電話(03) 3262-5256(代表)・振替 00140-7-44725

三美印刷・牧 製本

PRINTED IN JAPAN

ISBN 978-4-563-01212-0 C3041